职业院校"十四五"系列教材

机器人焊接技能训练

主 编 夏琦男
副主编 裘红军
参 编 潘蛟亮 李旭明 严振宁

机 械 工 业 出 版 社

本书是立足于焊接机器人的应用,以当前国内企业生产中常用的弧焊机器人品牌为例,参考相应专业教学标准和国家职业技能标准编写的。本书共8个模块,主要内容包括工业机器人的基础知识认知,焊接机器人编程及操作基础,典型堆焊和T形接头焊接、典型角接接头焊接、典型V形坡口焊接程序编制及调试,典型构件的机器人焊接,机器人焊接接头的焊后检验,焊接机器人的离线编程及应用。

本书可作为技工院校、高等职业院校机器人焊接操作专业的教材,也可作为企业机器人焊接岗位的培训用书。

本书配有电子课件,凡使用本书作为教材的教师可登录机械工业出版社教育服务网 www.cmpedu.com 注册后下载。咨询电话:010-88379534,微信号:jjj88379534,公众号:CMP-DGJN。

图书在版编目(CIP)数据

机器人焊接技能训练 / 夏琦男主编. -- 北京 : 机械工业出版社, 2025.4. -- (职业院校"十四五"系列教材). -- ISBN 978-7-111-77923-0

Ⅰ. TP242.2

中国国家版本馆 CIP 数据核字第 202513JC87 号

机械工业出版社(北京市百万庄大街 22 号　邮政编码 100037)
策划编辑:王晓洁　　　　　责任编辑:王晓洁　黄倩倩
责任校对:王　延　张　薇　封面设计:马精明
责任印制:常天培
河北虎彩印刷有限公司印刷
2025 年 6 月第 1 版第 1 次印刷
184mm×260mm・14.25 印张・349 千字
标准书号:ISBN 978-7-111-77923-0
定价:49.80 元

电话服务　　　　　　　　　网络服务
客服电话:010-88361066　　机 工 官 网:www.cmpbook.com
　　　　　010-88379833　　机 工 官 博:weibo.com/cmp1952
　　　　　010-68326294　　金 书 网:www.golden-book.com
封底无防伪标均为盗版　　　机工教育服务网:www.cmpedu.com

前 言 | PREFACE

本书全面落实党的二十大报告关于"实施科教兴国战略,强化现代化建设人才支撑""深入实施人才强国战略"重要论述,明确把培养大国工匠和高技能人才作为重要目标,大力弘扬劳模精神、劳动精神、工匠精神。深入产教融合,校企合作,为全面建设技能型社会提供有力的人才保障。

焊接技术广泛应用于钢结构、压力容器、船舶、航空航天等制造行业。随着工业技术的发展,机器人焊接技术在焊接领域的应用日益增多,焊接设备操作工已是焊工职业技能鉴定中的独立分支。在技工院校和职业院校的焊接加工专业建设中,机器人焊接技术已是高技能人才培养体系的有机组成部分。

本书立足于系统介绍焊接机器人的应用,简要介绍了工业机器人的基础知识和基本操作,涵盖从焊接机器人的焊前准备、控制指令、程序编制与调试等基本操作,到典型焊接接头的程序编制及调试,典型构件的焊接程序编制及调试,再到机器人焊接接头的焊后检验以及焊接机器人的离线编程与应用等。由基础到应用,从简单到复杂,学习内容逐次展开,符合学生的认知规律。本书列举了当前国内焊接机器人的常见品牌和常见焊接接头的操作技能,适应面广,实用性强,图文并茂,简单易懂。

本书由多年从事焊接机器人应用和研究工作,以及从事焊接专业教学的一线教师合作编写而成。书中实操内容均经过焊接机器人设备的程序编制、调试和焊接验证,可靠性强,具有可复制性。

本书由宁波技师学院夏琦男任主编,宁波技师学院裘红军任副主编,宁波技师学院潘蛟亮、李旭明、严振宁参与编写。其中,模块一由严振宁编写,模块二由李旭明编写,模块三、四由裘红军编写,模块五、六、八由夏琦男编写,模块七由潘蛟亮编写,全书由夏琦男、裘红军统稿。

本书附有各典型操作视频,视频内容均通过焊接机器人现场试焊,读者可按照视频中的操作步骤进行练习、焊接和优化。

在编写过程中,参阅了多个品牌焊接机器人和焊机生产厂家的技术和培训资料,以及从事焊接、机器人研究和教学人员的教学与研究成果,在此向原作表示衷心感谢!

由于编者水平有限,书中难免有不足之处,敬请广大读者和从业人士批评指正。

编 者

CONTENTS | 目 录

前言

模块一 工业机器人的基础知识认知 ······ 1
  单元一 工业机器人概述 ······ 1
  单元二 工业机器人的基本组成 ······ 5
  单元三 工业机器人的基本术语认知 ······ 7
  单元四 工业机器人的主要技术参数 ······ 10
  工匠风采 ······ 12

模块二 焊接机器人编程及操作基础 ······ 13
  单元一 机器人焊接实训前准备 ······ 13
  单元二 手动控制焊接机器人 ······ 26
  单元三 焊接机器人运动程序编制技能训练 ······ 39
  工匠风采 ······ 60

模块三 典型堆焊和 T 形接头焊接程序编制及调试 ······ 61
  单元一 机器人平板 1G 位直线堆焊技能训练 ······ 61
  单元二 机器人平板 1G 位摆动堆焊技能训练 ······ 66
  单元三 机器人 T 形接头 1F 位焊接技能训练 ······ 70
  单元四 机器人 T 形接头 2F 位焊接技能训练 ······ 75
  单元五 机器人 T 形接头 3F 位焊接技能训练 ······ 81
  工匠风采 ······ 86

模块四 典型角接接头焊接程序编制及调试 ······ 87
  单元一 机器人角接接头 1F 位焊接技能训练 ······ 87
  单元二 机器人角接接头 2F 位焊接技能训练 ······ 92
  单元三 机器人角接接头 3F 位焊接技能训练 ······ 97
  单元四 机器人管-板 1FG 位转动角焊技能训练 ······ 102
  单元五 机器人管-板 2FG 位角焊技能训练 ······ 105
  单元六 机器人管-板 5FG 位角焊技能训练 ······ 112

工匠风采 ··· 118

模块五　典型 V 形坡口焊接程序编制及调试 ·· 119

　　单元一　机器人平板 V 形坡口对接平焊技能训练 ··· 119
　　单元二　机器人平板 V 形坡口对接横焊技能训练 ··· 125
　　单元三　机器人平板 V 形坡口对接立焊技能训练 ··· 132
　　工匠风采 ··· 139

模块六　典型构件的机器人焊接 ··· 140

　　单元一　薄板密封构件的焊接技能训练 ·· 140
　　单元二　型材构件的焊接技能训练 ··· 147
　　单元三　中厚板密封构件的焊接技能训练 ·· 155
　　工匠风采 ··· 165

模块七　机器人焊接接头的焊后检验 ·· 166

　　单元一　焊接检测基础知识 ·· 166
　　单元二　焊接接头目视检测 ·· 178
　　单元三　焊接接头无损检测 ·· 182
　　单元四　焊接接头及母材理化检验 ··· 195
　　单元五　焊接接头耐压及泄漏试验 ··· 206
　　工匠风采 ··· 210

模块八　焊接机器人的离线编程及应用 ··· 211

　　单元一　工业机器人离线编程软件的安装 ·· 211
　　单元二　虚拟焊接机器人工作站的建立与应用 ··· 215
　　工匠风采 ··· 220

参考文献 ··· 221

模块一
工业机器人的基础知识认知

技能目标：掌握工业机器人基本组成和主要技术参数，熟悉工业机器人基本术语。
素养目标：培养专注力、信息收集归纳能力。

单元一　工业机器人概述

学习目标及技能要求

本单元主要介绍工业机器人的基本概念、工业机器人的定义、特点和工业机器人的发展历史。通过学习，读者可初步认识工业机器人，了解工业机器人的发展历史。

一、机器人的基本概念

机器人的种类比较多，按照应用领域可分为工业机器人和特种机器人两大类。工业机器人是指在工业生产中使用的机器人的总称，主要用于工业生产中的某些作业，它的种类也比较多，常见的有搬运机器人、焊接机器人、喷涂机器人、装配机器人和码垛机器人等。而特种机器人是指除了工业机器人之外的、用于非制造业并服务于人类的各种机器人的总称，它的种类也比较多，比如农业机器人、医用机器人、家务机器人、娱乐机器人、迎宾机器人、侦察机器人和消防机器人等。

本书主要介绍工业机器人。工业机器人虽然是目前技术最成熟、应用最广泛的机器人，但对于其具体的定义科学界还没有统一。每个国家都有自己的定义，目前公认的是国际标准化组织 ISO 的定义：工业机器人是一种能自动控制、可重复编程、多功能、多自由度的操作机，能够搬运材料、工件或者操持工具来完成各种作业。其中，自动控制是指机器人的程序设定好之后，它能自主运行，不受人类的干预；可重复编程是指能够完成不同的作业内容，进行不同的编程；多功能是指能完成不同的作业，比如焊接、打磨和装配等。

工业机器人有四个显著的特点，分别是拟人化、通用性、独立性和智能性。

拟人化是指在机械结构上类似于人的手臂或者一些其他的组织结构，如搬运机器人和弧焊机器人，它的基本结构与人的手臂相似，末端执行器像人的手一样，通过夹持工具来完成作业。焊接机器人的末端通过夹取焊枪来完成工件的焊接。

通用性是指可执行不同的作业任务，动作程序可按需求改变，如焊接机器人可针对不同形状的工件进行焊接，而搬运机器人可以搬运不同的工件，放置到不同的地方。

独立性是指完整的机器人系统在工作中不受人类的干预，如码垛机器人的程序设定好之后就可以自行进行自主的搬运，汽车生产线上的焊接机器人程序设定好之后，它能独立地对每个汽车进行焊接，在这个过程中是不受人类的干预的。

智能性是指具有不同程度的智能功能，如感知系统和记忆等，这些功能通常是通过传感器实现的，如检测机器人的末端装有智能相机，对工件进行拍摄，通过图像分析进行检测。

二、工业机器人发展史

现代机器人的研究始于20世纪中期，其技术背景是计算机、自动化的发展，以及原子能的开发利用。自1946年第一台电子计算机问世以来，计算机取得了惊人的进步，向高速度、大容量及低价格的方向发展。大批大量生产的迫切需求推动了自动化技术的进展，其结果之一便是1952年数控机床的诞生。与数控机床相关的控制、机械零件的研究又为机器人的开发奠定了基础。

另一方面，原子能实验室的恶劣环境要求某些操作机械代替人处理放射性物质。在这一需求背景下，美国原子能委员会的阿尔贡研究所于1947年开发了遥控机械手，1948年又开发了机械式的主从机械手。

1954年，美国的戴沃尔最早提出了工业机器人的概念，并申请了专利。该专利的要点是借助伺服技术控制机器人的关节，利用人手对机器人进行动作示教，机器人能实现动作的记录和再现，这就是所谓的示教再现机器人。现有的机器人几乎都采用这种控制方式。

机器人产品最早的实用机型（示教再现）是1962年美国AMF公司推出的"VERSTRAN"和UNIMATION公司推出的"UNIMATE"。这些工业机器人的控制方式与数控机床大致相似，但外形特征迥异，主要由类似人的手和臂组成。

1965年，MIT的Roborts演示了第一个具有视觉传感器的、能识别与定位简单积木的机器人系统。1967年，日本成立了人工手研究会（现改名为仿生机构研究会），同年召开了日本首届机器人学术会议。1970年，在美国召开了第一届国际工业机器人学术会议。1970年以后，机器人的研究得到了普及。1973年，辛辛那提·米拉克隆公司的理查德·豪恩制造了第一台由小型计算机控制的工业机器人，它是液压驱动的，能提升的有效负载达45kg。到了1980年，工业机器人才真正在日本普及，故称该年为"机器人元年"。随后，工业机器人在日本得到了巨大发展，日本也因此赢得了"机器人王国的美称"。

目前，国际上较有影响力的著名的工业机器人公司主要分为欧系和日系。具体来说可以分为四大家族和四小家族。四大家族是指瑞士的ABB、德国的库卡（KUKA，现已被中国的美的公司收购）、日本的发那科（FANUC）和安川（YASKAWA）。四小家族是指日本的松下、OTC、那智不二越（NACHI）和川崎（Kawasaki）。

ABB机器人产品主要包括控制系统、本体、伺服电动机和系统集成部分，它的产品优势是控制性能好，整体性能强。库卡机器人的产品主要包括本体、系统集成部分和控制器，其产品优势为具有开源系统平台，可标准化编程，轻量化，响应速度快。安川机器人的产品主要包括伺服电动机、变频器、本体和系统集成部分，产品优势在于高精度多轴机器人。发那科机器人的产品主要有数控系统、伺服电动机本体，它的产品优势为轻量化、标准化且操作简单。

而在四小家族中，松下、OTC主要为焊接机器人；那智机器人的产品主要有焊接机器人和搬运机器人；而川崎重工是日本军工企业，其机器人产品主要有涂装机器人、码垛机器人和焊接机器人。除了四大家族和四小家族以外，还有一些其他的知名企业，比如日本的爱普生、雅马哈、三菱，韩国的现代以及德国的克鲁斯等。

我国工业机器人起步于 20 世纪 70 年代初期，经过 40 多年的发展，大致经历了三个阶段：70 年代的萌芽期、80 年代的开发期、90 年代及以后的实用化期。20 世纪 70 年代，世界上工业机器人应用掀起了一个热潮，在此背景下，我国于 1972 年开始研制自己的工业机器人。进入 20 世纪 80 年代后，机器人轨迹控制精度和路径预测控制等关键技术实现突破。同年底，在中科院的支持下，蒋新松任总设计师的中国第 1 台水下机器人"海人 1 号"样机首航成功。它具有视觉功能，装有摄像机和照相机，可对静物和海底进行摄像和照相；具有自动躲避障碍、自动围绕静物巡游和自动返航等自主能力，开创了我国机器人研制的新纪元。从 20 世纪 90 年代初开始，中国的经济掀起了新一轮的经济体制改革和技术进步热潮，我国的工业机器人又在实践中迈进一大步，先后研制出点焊、弧焊、装配、涂装、切割、搬运和码垛等各种用途的工业机器人，形成了一批机器人产业基地。1995 年 5 月，上海交通大学研制成功我国第一台高性能精密装配智能机器人"精密一号"，它的诞生标志着我国已具备开发第二代工业机器人的技术水平。国内工业机器人企业出现了沈阳新松、芜湖埃夫特、南京埃斯顿、广州数控、哈工大机器人等多家具有很强竞争力的品牌。

工业机器人领域的发展趋势主要有：结构的模块化和可重构化，控制技术的开放化，多传感器融合技术的应用，伺服驱动技术的数字化以及人机协作。结构的模块化和可重构化是指机械结构向模块化、可重构化方向发展，例如关节模块中的伺服电动机、减速器和检测系统三维一体化，将关节模块、连杆模块以重组方式构造机器人整机，国外已有模块化装配机器人产品问世。控制技术的开放化是指控制系统向开放化、标准化和网络化的控制器方向发展，控制器可实现模块化，且集成度高、结构紧凑。多传感器融合技术的应用是指除采用传统位置、速度和加速度等传感器外，装配机器人、焊接机器人还应用了视觉、力觉等传感器，视觉、声觉、力觉和触觉等多传感器的融合配置技术在产品化系统中已有成熟应用。伺服驱动技术的数字化是指采用全数字处理器的伺服控制单元，以便应用先进的控制方法，使其响应速度和运动精度等得到全面提升。近年来，工业机器人在人机协作方面取得了突破性进展，工业机器人更加柔性化，采用引导式编程，降低了对系统集成技术人才的要求，便于自动化生产线改造。

三、工业机器人的分类及应用

常见的工业机器人分类方法有按结构运动方式分类、按运动控制方式分类、按程序输入方式分类和按发展程度分类四种。

1）按结构运动方式分类，工业机器人可以分为垂直多关节机器人、直角坐标机器人、水平多关节机器人、并联机器人和协作机器人等，详见表 1-1。

表 1-1 按照结构运动方式分类

本体类型	性能特点	应用行业及工艺	图示
垂直多关节机器人	自由度高、载荷灵活、轨迹灵活、功能强大	汽车、3C 等高附加值行业和工艺，如焊接、精密装配	

(续)

本体类型	性能特点	应用行业及工艺	图示
直角坐标机器人	结构简单、精度高、载荷低	制造业、物流设备，如搬运码垛、上下料	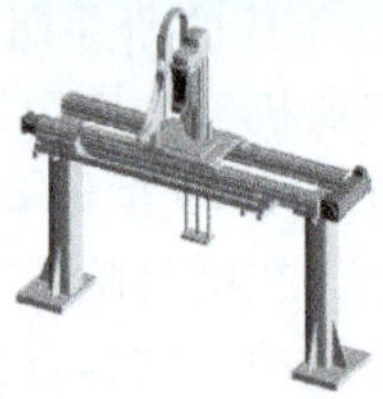
水平多关节机器人	在X、Y方向上具有顺从性，在Z轴方向上具有良好的刚度	半导体行业，如PCB、电子零部件的生产及各类装配搬运	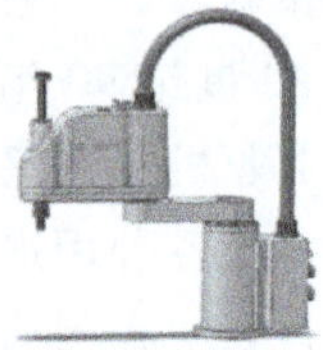
并联机器人	速度快、重复定位精度高、实时控制性好、载荷低	电子、食品等行业，如快节奏码垛、上下料	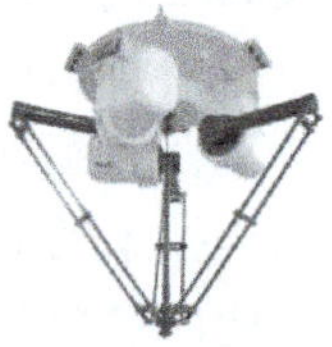
协作机器人	可人机协作，安全性高，适合非结构化环境	同多关节机器人	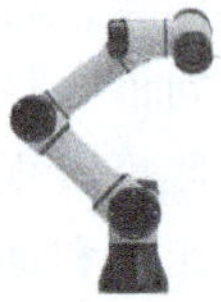

2）按运动控制方式分类可分为非伺服控制机器人和伺服控制机器人。

非伺服控制机器人按照预先编好的程序顺序进行工作，使用限位开关制动器、插销板和定位器等来控制机器人的运动。当机器人运动到由限位开关规定的位置时，限位开关切换工作状态，给定位器送去一个工作任务已经完成的信号，并使终端制动器动作，切断驱动电源，使机器人停止运动。非伺服控制机器人的工作能力比较有限。

伺服控制机器人是由伺服系统驱动的。伺服控制系统是使物体的位置、方位和状态等输出被控量能够随着输入目标量的变化而变化的自动控制系统。伺服控制系统是具有反馈的闭环自动控制系统。伺服控制机器人是指能进行反馈闭环控制的自动系统。

3）按程序输入方式分类，工业机器人可分为编程输入型机器人和示教输入型机器人。编程输入型机器人可将计算器上已经编好的作业程序、文件等通过串口或者以太网等通信方式传送到机器人的控制器上。而示教输入型机器人是指通过示教的方式将程序传送到控制器的机器人。示教的方法一般有两种：在线示教和拖动示教。在线示教是由操作者利用控制器将指令信号传给控制器，实现动作和作业；而拖动示教是由操作者直接拖动执行机构（如机械臂），按要求的动作顺序和运动轨迹操演一遍。示教输入型的工业机器人又称为示教在线工业机器人。

4）按发展程度分类，工业机器人可分为第一代机器人、第二代机器人和第三代机器人。

第一代机器人主要指只能以示教在线方式工作的工业机器人，通过按照预先设定的程序，自主完成规定动作或操作；当前在工业中应用最多。

第二代机器人是指感知机器人，带有一些可感知环境的装置，如视觉系统等，通过反馈控制使机器人在一定程度上能适应变换的环境；目前已进入应用阶段。

第三代机器人是指智能机器人，它具有多种感知功能，可进行复杂的推理判断以及决策，可在作业环境中独立运行，它具有发现问题且能自主解决问题的能力；尚处于实验研究阶段。

工业机器人的应用主要分为两大类。一类是代替人从事危险、有害、有毒、低温和高热等恶劣环境中的工作，比如热锻车间机器人，高温热锻工作环境恶劣，温度高，噪声大，用工业机器人操作是最合适的。再如压铸车间机器人，压铸车间操作人员在高温、粉尘、重体力环境下生产，条件恶劣，需要工业机器人代替人来完成浇注、上下料等工作。另一类是代替人完成单调的重复运动，提高劳动生产率，保证产品质量。工业机器人在自动化领域中的典型应用如搬运作业等。搬运作业是指将设备、物质或工件从一个加工位置移动到另一个加工位置。搬运机器人可安装不同的执行器，如机械手爪、真空吸盘等，可完成不同形状物体的搬运，大大减轻了人类的体力劳动。搬运机器人广泛应用于机床上下料、自动装配流水线、码垛搬运和集装箱等的自动搬运。

本书介绍的机器人焊接是目前机器人在工业领域的典型应用。焊接机器人能在恶劣的工作环境下连续工作，采用机器人焊接是焊接自动化的革命性进步。机器人焊接的优点如下：

1）稳定提高焊接质量。
2）提高劳动生产率。
3）改善工人的劳动强度，避免有害的工作环境。
4）降低了对工人操作技术的要求。
5）缩短了产品改型换代的准备周期，减少相应的设备投资。

因此，在各行各业焊接机器人已得到了广泛的应用。

单元二　工业机器人的基本组成

学习目标及技能要求

本单元主要介绍工业机器人是由哪些部分组成的。通过学习，读者应掌握工业机器人的基本组成。

第一代工业机器人主要由机器人本体、示教器和控制柜三个部分组成，而焊接机器人又增加了弧焊电源、送丝装置和焊枪等焊接应用部件，如图1-1所示。第二代以及第三代工业机器人还包括感知系统和分析决策系统，它们分别由传感器和相应的软件来实现。

一、控制柜

控制柜是用来控制工业机器人，使其能按规定要求进行动作，是机器人的关键和核心部分。它类似于人的大脑，控制着机器人的全部动作，也是机器人系统中更新发展最快的部

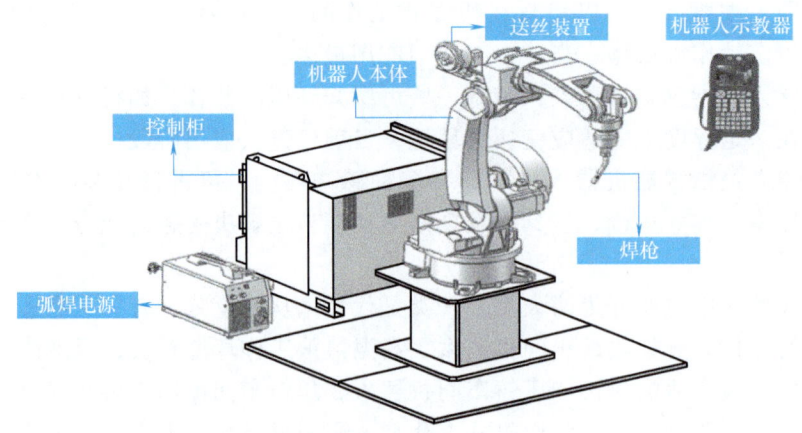

图 1-1　焊接机器人的组成

分。控制柜的任务是根据机器人的作业指令、程序以及传感器反馈的信号来支配执行机构完成规定的运动和功能。机器人功能的强弱以及性能的优劣主要取决于控制柜，它通过各种控制电路中硬件和软件的结合来操作机器人，并协调机器人与周边设备的关系。ABB 机器人的控制柜如图 1-2 所示。

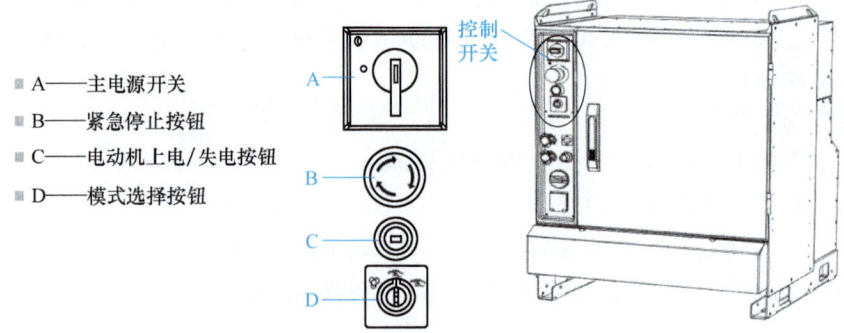

图 1-2　ABB 机器人的控制柜

（1）主电源开关　它是机器人系统的总开关。

（2）紧急停止按钮　在任何模式下，按下该按钮，机器人立即停止动作。要使机器人重新动作，必须使它恢复至原来位置。

（3）电动机上电/失电按钮　该按钮表示机器人电动机的工作状态。按键灯常亮，表示上电状态，机器人的电动机被激活，准备好执行程序；按键灯快闪，表示机器人未同步（未标定或计数器未更新），但电动机已激活；按键灯慢闪，表示至少有一种安全停止生效，电动机未激活。

（4）模式选择按钮　模式选择按钮一般有图 1-3 所示的两种样式，包含如下三种模式：

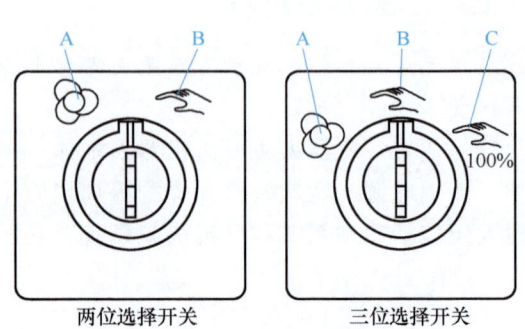

图 1-3　运行模式选择开关

A—自动模式　B—手动减速模式　C—手动全速模式

1) 自动模式。机器人运行时使用。在此状态下,手动操纵摇杆被禁用。

2) 手动减速模式。相应状态为手动状态,机器人只能以低速、手动控制运行。必须按住使能器才能激活电动机。

3) 手动全速模式。用于在与实际情况相近的情况下调试程序。

二、示教器

示教器也称示教盒或示教编程器,通过电缆与控制柜相连接,可由操作者手持移动。示教器是工业机器人的人机交互接口,机器人的绝大部分操作均可通过示教器来完成,如点动机器人,编写、测试和运行机器人的程序,查阅机器人状态设置和位置等。示教器拥有独立的 CPU 以及存储单元。

三、机器人本体

机器人本体是工业机器人的机械主体,是用来完成规定任务的执行机构,它主要由机械臂、驱动装置、传动装置和内部传感器等部分组成。图 1-4 所示是一台发那科机器人的本体,它的机械臂是由基座、腰部、大臂、小臂和手腕五个部分组成。每个连接部分都由伺服电动机进行驱动,依靠同步带或者齿轮进行传动。内部传感器通常采用编码器,它集成在伺服电动机中。由于机器人需要实现快速而频繁的起停、精确到位的运动,因此要采用位置传感器、速度传感器等检测单元,以实现速度、位置和加速度等控制。

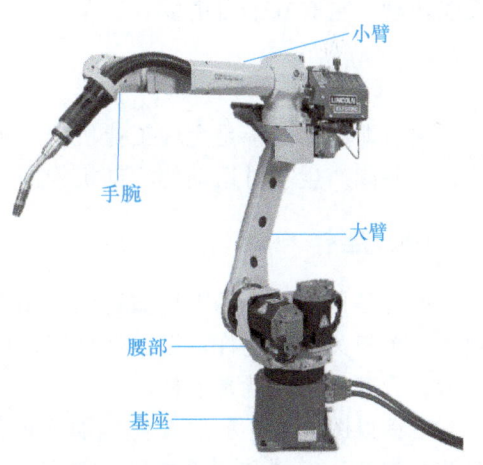

图 1-4 工业机器人本体的组成

为了适应工业生产中的不同作业和操作要求,工业机器人机械结构系统中最后一个轴的机械接口通常是一个连接法兰盘,处于手腕的末端。它的作用是可加装不同功能的机械操作装置及末端执行器,如夹紧爪、吸盘和焊枪等。图 1-4 就是加装了焊枪的焊接机器人。

单元三 工业机器人的基本术语认知

学习目标及技能要求

本单元主要介绍工业机器人的常用术语。通过学习,读者应熟悉工业机器人的基本术语及概念。

一、刚体

刚体是指在任何力的作用下,体积和形状都不发生改变的物体。在物理学上,理想的刚体是一种有限尺寸、可以忽略形变的固体,不论是否受力,刚体内部任意两点的距离都不会发生改变；在运动过程中，刚体上任意一条直线在各个时刻的位置都保持平行。根据相对论，这种物体不可能实际存在，但物体通常可以假定为完美刚体，前提是其运动速度远小于光速。

二、自由度

自由度就是确定物体在空间的位置所需独立坐标的数目。空间直角坐标系又称笛卡儿坐标系，它是以空间一点 O 为原点，建立三条两两相互垂直的数轴，即 X 轴、Y 轴和 Z 轴，且三个轴的正方向符合右手法则。如图 1-5 所示，右手大拇指指向 Z 轴正方向，食指指向 X 轴正方向，中指指向 Y 轴正方向。在三维空间中，描述一个物体的位置和姿态需要 6 个自由度，即沿着 X、Y、Z 三轴的移动和沿着 X、Y、Z 三轴的转动。比如，一列火车沿着铁轨运动，它只有一个自由度；一辆汽车可以左右前后移动，它有两个自由度；一架飞机既能移动又能转动，它有 6 个自由度。

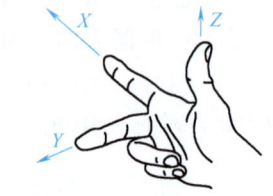

图 1-5 空间直角坐标系

三、关节

关节即运动副，是允许工业机器人机械臂各零件之间发生相对运动的机构，是两构件直接接触并能产生相对运动的活动机构。

四、连杆

连杆是指工业机器人机械臂上被相邻两个关节分开的部分，是保持各关节间固定关系的刚体。关于关节和连杆可以这样理解，比如人的手臂，大臂和小臂之间的连接处，手肘就是关节，大臂和小臂就是连杆。

下面以图 1-6 所示的工业机器人的简图为例来说明关节和连杆。大臂和腰部之间的连接部分就是关节。而被这个被关节分开的部分，大臂和腰部就是连杆。连杆连接的关节，它的作用是将一个运动形式转变为另一个运动形式。

典型的关节类型有四种，即转动关节、移动关节、回转移动关节和球关节。转动关节是指两个杆件中的一个相对于另一个绕固定的轴线转动的关节，两个构件之间只做相对转动。如果两个构件之间只做相对移动，则是移动关节。既做移动又做转动的是回转移动关节。球关节是使两个构件中的一个相对于另一个在三个自由度上绕一个固定点转动的关节。球关节可以绕 X 轴、Y 轴和 Z 轴转动，但是不能平移。

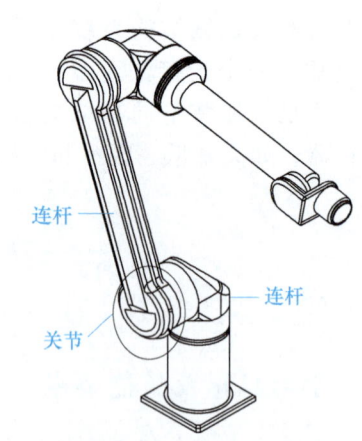

图 1-6 关节与连杆示意图

五、运动轴

通常工业机器人运动轴按其功能可划分为机器人轴、基座轴和工装轴。机器人轴又称本体轴,是指机器人操作机的机械臂运动轴。基座轴是指使机器人移动的轴的总称,主要指行走轴,如移动滑台、导轨等。工装轴是指除机器人轴、基座轴以外的轴的总称,是使工件、工装夹具翻转和回转的轴,比如回转台、变位机等。机器人本体轴属于机器人本身,而基座轴和工装轴属于外部轴。

六、坐标系

工业机器人操作主要使用的坐标系有关节坐标系、大地坐标系、工具坐标系和用户坐标系等,详见表1-2。

表1-2 机器人各坐标系的定义

坐标系	定义	图示
关节坐标系	机器人沿各轴轴线进行单独动作,所使用的坐标系称关节坐标系。关节坐标系在机器人调试完成后就设定完成了,不可更改	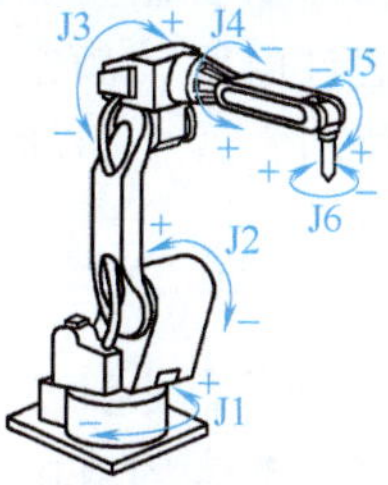
大地坐标系	大地坐标系也叫直角坐标系,每种机器人对应的直角坐标系方向不同,对应的直角坐标原点位置也不同。机器人相关参数设定完成后,直角坐标系的零点和方向就确定了,不修改参数的情况下无法修改直角坐标系。不管机器人处于什么位置,均可沿设定的X轴、Y轴、Z轴平行移动;对于6轴机器人,还可执行绕A、B、C轴的旋转,即A轴绕X轴旋转,B轴绕Y轴旋转,C轴绕Z轴旋转,遵从右手螺旋法则	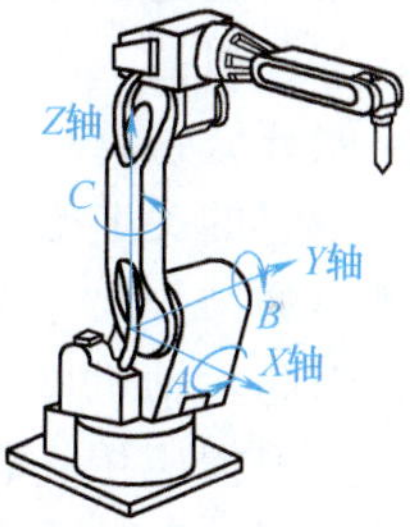
工具坐标系	工具中心点(TCP)是指机器人系统的控制点,出厂时默认为最后一个运动轴或连接法兰的中心。安装工具后,TCP将发生变化,变为工具末端的中心。为实现精确运动控制,当换装工具或发生工具碰撞时,需要重新进行TCP标定	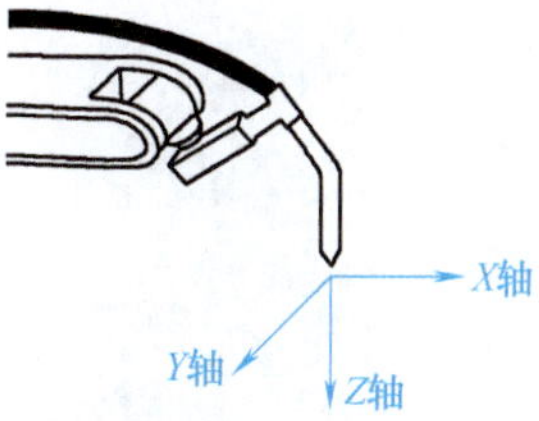
用户坐标系	用户坐标系也叫工件坐标系,机器人可沿着指定的用户坐标系各轴平行移动。用户坐标系往往是最合适、最方便示教编程的坐标系	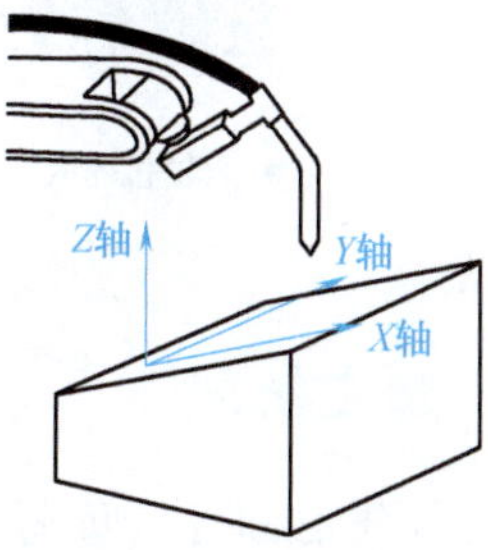

单元四　工业机器人的主要技术参数

学习目标及技能要求

本单元主要介绍工业机器人的主要技术参数。通过学习，读者应熟悉工业机器人常用的几个主要技术参数。

当需要选用一款工业机器人进行工作时，首先需要了解工业机器人的主要技术参数，然后根据生产和工艺的实际要求，通过工业机器人的技术参数来选择工业机器人的机械结构、坐标形式和传动装置。机器人的技术参数反映了机器人的使用范围和工作性能，主要包括工业机器人的自由度、额定负载、工作空间、分辨率、工作精度、最大工作速度以及其他参数，还有控制方式、驱动方式、安装方式、动力源容量、本体重量和环境参数等。

一、自由度

自由度是指工业机器人相对于坐标系来说，能进行独立运动的数目，但不包括末端执行器的动作。机器人的自由度反映了机器人动作的灵活性。自由度越高，机器人就越能接近人手的动作，通用性也就越好；但是自由度越多，结构就越复杂，对机器人的整体要求也就越高。因此，工业机器人的自由度是根据其用途设计的。

采用空间开链连杆机构的机器人，因为每个关节运动副仅有一个自由度，所以它的自由度数目就等于它的关节数目。由于开链式机器人具有 6 个旋转关节的铰链，从运动学上已被证明能以最小的结构尺寸获得最大的工作空间，并且能以较高的位置精度和最优的路径到达指定位置，因此六轴机器人在实际应用中非常广泛。目前，焊接机器人和喷涂机器人多为 6 个自由度。但根据应用场合的不同也存在四轴、七轴或更多轴的工业机器人。常见自由度的工业机器人如图 1-7 所示。

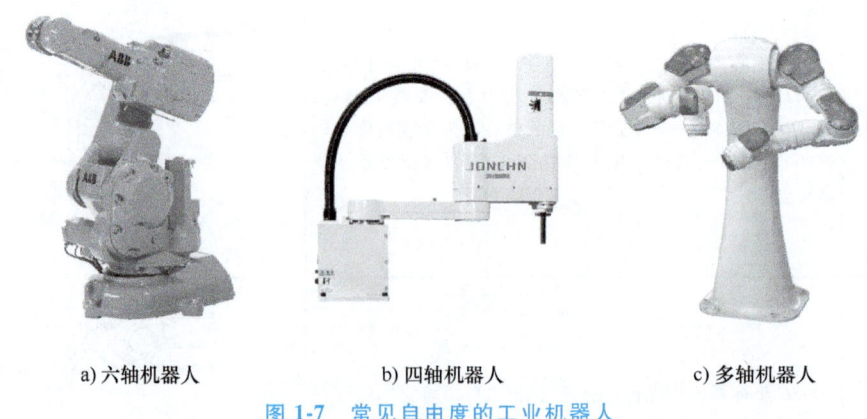

a) 六轴机器人　　　b) 四轴机器人　　　c) 多轴机器人

图 1-7　常见自由度的工业机器人

二、额定负载

额定负载也称有效负荷，是指在正常作业条件下，工业机器人在自身性能范围内，手腕末端所能承受的最大载荷。目前常用的工业机器人负载范围较大，较小的包括 ABB 的 YuMi 机器人，其额定负载为 0.5kg，较大的包括 FANUC 的 M200iA 机器人，其额定负载为 2300kg。机器人的额定负载通常采用载荷图表示，如图 1-8 所示。其原点为连接法兰的中心，纵轴 Z 表示负载中心离连接法兰中心的纵向距离，横轴 L 表示负载中心离连接法兰中心的横向距离。图 1-8 中，物件中心在法兰中心纵向 Z 轴 0.5m，横向 L 轴 0.3m 时。该物件重量不能超过 130kg，不然就会超载，导致机器人不能正常工作，或者损坏机器人。

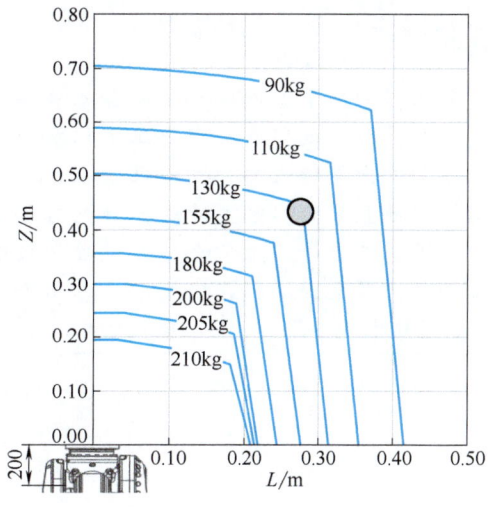

图 1-8　ABB IRB6700-200 机器人载荷图

三、工作空间

工作空间又称工作范围或者工作行程，是指工业机器人作业时，手腕参考点（也就是手腕旋转中心点），所能到达的空间区域，不包括手部本身所能到达的区域，如图 1-9 所示。

工作空间的形状和大小反映了机器人工作能力的大小，它不仅与机器人各连杆的职责有关，还与机器人的总体结构有关。工业机器人在作业时可能会因为存在手部不能到达的作业死区，而不能完成规定的任务。由于末端执行器的形状和尺寸是多样的，为真实反映机器人的特征参数，生产商给出的机器人工作范围一般是指不安装末端执行器时可以到达的区域。因此需要特别注意的是，在装上末端执行器后，需要同时保证工具姿态，实际的可达空间会比生产商给出的要小一些，因此需要通过比例作图或模型核算来判断是否满足实际需求。

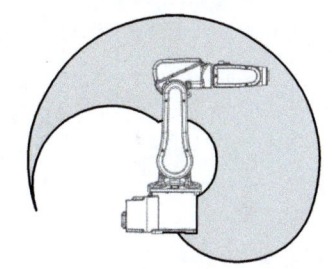

图 1-9　ABB IRB 120 机器人工作空间

四、最大工作速度

最大工作速度是指在各轴联动的情况下，机器人手腕中心或者 TCP 所能达到的最大线速度。不同生产商对工业机器人最大工作速度规定的内容有所不同，通常会在技术参数表格中加以说明，如 ABB IRB 120 机器人的性能参数表格中，TCP 的最大工作速度为 6.2m/s。显然，最大工作速度越高，工作效率就越高。

五、工作精度、重复精度和分辨率

简单来说，机器人的工作精度是指每次机器人定位一个位置产生的误差，重复精度是机器人反复定位一个位置产生误差的均值，而分辨率则是指机器人的每个轴能够实现的最小的移动距离或者最小的转动角度。这三个参数共同体现了机器人的工作精度。

工匠风采

艾爱国，湖南华菱湘潭钢铁有限公司焊接技术顾问。秉持"做事情要做到极致、做工人要做到最好"的信念，在焊工岗位奉献50多年。他凭借高超的技能为我国冶金、矿山、机械和电力等行业攻克技术难关400多个，多次参与我国重大项目焊接技术攻关和特种钢材焊接性能试验。他主持的湘钢板材焊接实验室被湖南省列为焊接工艺技术重点实验室，被全国总工会命名为"全国示范性劳模创新工作室"。作为我国焊接领域"领军人"，他倾心传艺，在全国培养焊接技术人才600多名，先后荣获"七一勋章""全国劳动模范""全国技术能手"和"全国十大杰出工人"等称号。

2

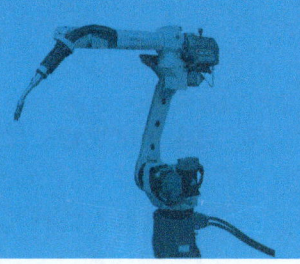

模块二
焊接机器人编程及操作基础

技能目标： 熟悉焊前准备工作，能熟练操控焊接机器人，并编制出合理的运动程序。
素养目标： 培养安全操作规范意识，综合考虑能力。

单元一　机器人焊接实训前准备

学习目标及技能要求

本单元主要介绍工业机器人的安全操作规程与注意事项、焊接机器人的维护与检查以及机器人示教器手持方法及功能。通过学习，读者应能够安全地使用和操作工业机器人，了解焊接机器人的维护与检查要求、示教器各画面菜单的内容和功能，能按要求填写"设备维护基准书"和"设备维护记录表"，能进行焊接机器人的开机、关机、换焊丝、备份与恢复及机器人回原点等操作，为正常开展实训打下良好的基础。

一、机器人焊接安全操作规程

工业机器人大多按照固定程序进行点位移动。在工业机器人的发展历史中，由于操作不当或者不遵循机器人操作规范导致的意外并不少见。

1978 年 9 月 6 日，日本广岛一个工业机器人在切割钢板的过程中，一名工人突然强行进入工作区间，结果被机器人当作钢板抓住，导致死亡。该事件也是世界上有媒体爆出的第一个机器人"杀人"事件。无独有偶，1979 年，美国密歇根的福特制造厂，有位工人在夜间试图从仓库取回一些零件而选择跨越机器人作业区间，结果被机器人"杀死"。1981 年 5 月，同样是在日本，山梨县阀门加工厂的一个工人由于不遵守安全准则调整机器，在机器人安全范围内进行调试时，处于停止状态的机器人突然动作并抓住他旋转，导致其头和胸部严重受伤而死亡。2018 年 12 月 5 日，美国新泽西州的亚马逊仓库发生了一起防熊喷雾泄漏事故，事故的原因是，一个自主移动机器人意外刺穿了喷雾罐导致了意外的发生，事故导致 24 人被送进医院进行救治。

大多数情况下，这些机器人相关的事故都是由于人为操作失误而酿成的。虽然现代机器人智能化高速提升，但相关操作人员安全意识依然没有得到足够的重视，毕竟安全生产才是最重要的。

所以在正式操作工业机器人之前，必须要有安全意识，也需要知道危险源在哪里。具体怎么做才能尽量避免发生安全事故，保护好自己以及他人的安全呢？这就必须要学习和掌握安全操作规程。

安全操作规程一般可以分为两类：行业安全操作规程和机器人安全操作规程。

1. 行业安全操作规程

焊接机器人的行业安全操作规程如下。

（1）操作前

1）必须进行设备开机前检查，确认设备完好才能开机工作。

2）检查电压、气压、指示灯显示是否正常，焊接夹具是否完好，工件安装是否到位。

3）检查清理现场，确保没有易燃易爆物品。

4）两个夹具工位之间要有隔离板，确保遮光效果良好、到位。

（2）工作时

1）开机时必须确认机器人工作区域内没有其他工作人员。

2）穿戴长袖的工作服装、工作手套，戴上防护眼镜，不要穿暴露脚面的鞋子，防止熔渣烫伤。

3）手指、毛发和衣物等不要靠近送丝装置的旋转部位，谨防卷入发生事故。

4）操作时要精细专心，工件要摆放到位，夹具工装的压紧装置必须压牢，取下焊接完毕的工件时必须远离焊接部位。

5）进行焊接工作时，严禁其他人员进入机器人工作范围内。

6）如发现机器人工作时异常或焊接质量发生问题，立即停机报修，非专业人员不可擅动。

7）清理现场、擦拭机器人本体、调试及维护等工作必须要在停机后方可进行。

（3）停机后

1）关闭气路装置，切断设备电源。

2）检查清理现场，确保没有安全隐患。

2. 机器人安全操作规程

除了行业安全操作规程，还必须遵守机器人安全操作规程。它也可以分为三个部分：操作机器人之前，示教和手动操作机器人时以及在线、生产运行时。

（1）操作机器人之前

1）禁止强制移动工业机器人，以免造成人员伤害或设备的损坏。

2）禁止依靠在机器人或控制器上。

3）禁止随意按动开关或者按钮，以免造成人员伤害或者设备的损坏。

4）未经许可，非操作人员不能擅自进入机器人的工作区域。

（2）示教和手动操作机器人时

1）操作示教器时不允许戴手套。

2）操作人员进入机器人工作区域时，需随身携带示教器，以防他人误操作。

3）示教前，需仔细确认安全保护装置（如急停键、安全开关等）是否能够正常工作。

4）在手动操作机器人时，要采用较低的速度倍率，以增强对机器人的控制。

5）在操作示教器进行机器人轴运动时，必须要提前预测机器人的运动趋势，判断机械臂是否会碰到周边物体或人等。要预先考虑好机器人的运动轨迹，并确定该轨迹不受干扰。在察觉到危险时，立即按下急停键，停止机器人运转。

（3）在线、生产运行时

1) 机器人处于自动模式时，严禁进入机器人本体动作范围。

2) 在运行作业程序时，需知道机器人根据所编程序将要执行的全部任务。

3) 须知道所有能影响机器人移动的开关、传感器和控制信号的位置和状态。

4) 必须知道机器人控制器和外围控制设备上的紧急键的位置，时刻准备在紧急情况下按下这些按钮。

5) 永远不要认为机器人没有移动，其程序就已经完成，此时的机器人很可能在等待让它继续移动的输入信号。

二、焊接机器人的维护与检查

焊接机器人能高精度、高效率地完成焊接作业，为企业提升了工作效率，创造了价值。但是，焊接机器人在长期使用过程中难免会遇到各类问题，为了使焊接机器人能发挥其高效率的工作特点，保证机器人正常运行，用户在使用机器人达到预定时间后，需对机器人本体及系统进行定期的维护和检查，同时也是为确保作业时设备和人员的安全。就如同人的身体一样，平时的修身养性再加上定期的检查才能给你一个好的躯体。维护得当的工业机器人可以使用多年，甚至几十年后才需要更换。所以，定期进行和维护与检查，可以加倍延长机器人的使用寿命，节省工业成本。

焊接机器人的维护与检查主要分为两大部分，即机器人的维护与检查和焊接系统的维护与检查。各品牌型号机器人的维护与检查都不是完全相同的，比如，松下 TA 系列机器人的检查分为日常检查、每 500h（或每 3 个月）检查、每 2000h（或每 1 年）检查、每 4000h（或每 2 年）检查、每 6000h（或每 3 年）检查、每 8000h（或每 4 年）检查、每 10000h（或每 5 年）检查，其中检查间隔根据标准操作小时来设定，实际实施时要按小时或年月短的一项来进行。

常见的几种机器人检查与维护内容如下。

1. 日常检查

日常检查包括闭合电源前需要检查的项目和闭合电源后需要检查的项目，其检查项目和维修要求见表 2-1 和表 2-2。应特别注意的是，在进行闭合电源检查时，必须先确认机器人工作范围内无其他人员，然后方可闭合电源。

表 2-1 闭合电源前需要检查的项目

部件	项目	维修	备注
接地电缆/其他电缆	是否松动、断开或损坏	再拧紧或更换	
机器人本体	是否有飞溅和灰尘	清除飞溅和灰尘	切勿使用压缩空气清理飞溅和灰尘，否则异物可能进入护盖内部，对机器人本体造成损害
	是否松动	再拧紧	
安全护栏	是否损坏	维修	
作业现场	是否整洁	清理现场	

表 2-2 闭合电源后需要检查的项目

部件	项目	维修	备注
紧急停止按钮	立即断开伺服电源	维修,如有不明情况请与厂家联系	修好前不要使用机器人
原点对中标记	执行原点复位后,查看各原点对中标记是否重合	如果不重合,须与厂家联系	按下急停按钮,断开伺服电源后才允许接近机器人进行检查
机器人本体	自动运转、手动操作时看各轴运转是否平滑、稳定(无异常噪声、振动)	原因不明时,须与厂家联系	修好前不要使用此机器人
风扇	查看风扇的转动情况,是否沾有灰尘	清洁风扇	清洁风扇前须断开所有电源

2. 定期检查

定期检查的项目和维修要求见表 2-3。

表 2-3 定期检查的项目和维修要求

时间间隔						项目	方法/工具	检查和维修
5年/10000h	3个月/500h	1年/2000h	2年/4000h	3年/6000h	4年/8000h			
○						机器人固定螺栓	扳手	检查是否有松动,必要时再拧紧
○						盖板上的螺钉	螺钉旋具、扳手	检查是否有松动,必要时再拧紧
○						连接电缆及接头	感觉	检查是否有松动,必要时再拧紧
	○					电动机固定螺栓	扳手	检查是否有松动,必要时再拧紧
	○					转动/驱动部件	力矩扳手,感觉,目视	检查拧紧力矩,看是否有松动
	○					减速齿轮	力矩扳手,目视	检查拧紧力矩,检查外观
	○					本体内的配线及接头	万用表,目视	传导检查、检查外观、加润滑油
	○					电池(本体内)	更换	更换新部件
			○			减速齿轮	润滑油	涂抹润滑油
			○			同步带	张力表	检查张紧力,必要时进行调整
				○		本体内配线	更换	更换新部件、涂抹润滑油
					○	同步带	更换	更换新部件、调节紧力
					○	电池(控制柜内)	更换	更换新部件

3. 更换编码器电池

机器人本体内装有电池，用于绝对编码器数据备份。电池的使用寿命随工作环境的不同而有所变化，一般两年更换一次电池，否则绝对编码器数据将会丢失，需要重新进行原点校正。在进行更换操作前，应备份示教数据，以防示教程序或设定参数的丢失。下面以FANUC机器人为例介绍更换电池的步骤见表2-4。

表2-4 FANUC机器人更换电池的步骤

序号	操作步骤	操作演示	补充说明
1	保持焊接机器人系统电源开启，按下示教器或控制柜上的急停按钮。若在切断电源的状态下更换电池，将会导致当前位置信息丢失，需要进行机器人零位校准操作		
2	打开电池盒的盖子，拉起电池盒中央的伸缩杆，取出旧电池		
3	换上新电池。推荐使用FANUC原装电池，安装时不要装错正负极（电池盒的盖子上有标识）		
4	盖好电池盒的盖子，拧紧螺钉		

除了对机器人自身进行定期检查，还需对焊机、附件及夹具等进行定期检查，其检查项目、检查方法及检查周期等见表2-5。

表 2-5 焊机、附件及夹具的检查

检查位置	检查项目	检查内容与方法	检查周期		
			1 日	1 个月	半年
焊接电源	各连接部	有无松动		1 次	
	内部检查	有无尘土		1 次	
焊枪	喷嘴清扫	有无飞溅的附着、损伤	数次		
	中心偏移	导电嘴孔是否偏移	数次		
	漏气	有无喷嘴的松动、气管的损伤	1 次		
	气孔的阻塞	气筛、喷嘴是否有阻塞	1 次		
	电缆	有无松动、损伤	1 次		
	分解,检查	送丝管有无阻塞,绝缘是否有问题,气筛、喷嘴是否有损伤	1 次		
送丝装置	送丝轮	有无实施清扫、送丝轮是否有消耗和损伤		1 次	
	SUS 管	有无阻塞、损伤及磨损,与送丝轮有无偏心		1 次	
接地	电缆安装部位	电缆的安装部位有无松动		1 次	
	电缆	电缆有无烧损、裂化		1 次	
定位夹具	夹具定位夹紧处,夹具体	清除飞溅、垃圾	1 次		
	夹具有相对运动处	有无磨损、损伤		1 次	
	定位销	有无磨损、损伤		1 次	

对机器人及焊机等进行维护与检查时,特别注意事项见表 2-6。

表 2-6 特别注意事项

检查项目	部位	注意事项	后果
机器人	本体	本体的注油孔不允许加注普通润滑油	各轴不能灵活转动
		不允许用压缩空气清理灰尘或飞溅	对本体造成伤害
	控制箱	所有线缆不允许踩踏、砸压或挤压	线缆破坏
		不能与大容量用电设备接在一起	死机
	示教器	不能摔碰	黑屏
		避免线缆缠绕	线缆断
		显示面板避免划擦	液晶面板损坏

三、工业机器人示教器

当前,绝大多数用于生产的工业机器人都需要通过示教器操作工业机器人运动、完成示教编程、实现对系统的设定以及进行故障诊断等。而每个品牌的工业机器人几乎都有自己独立开发的示教器,它们的结构、编程语言、操作面板也都各不相同;但由于它们最终需要实现的功能大同小异,因此熟练掌握一种品牌的示教器操作方法后,对于其他品牌的机器人示教器，通过简单学习后也能很快掌握，就如同各品牌的汽车虽然结构都不尽相同，但用户依然能在短暂熟悉后轻松驾驶一样。

1. 示教器的基本操作

以 ABB 机器人的示教器为例，手持示教器的方法如图 2-1 所示。操作示教器时通常会手持该设备，惯用右手操作的，用左手手持设备，右手在触摸屏上执行操作；而惯用左手操作的，可以通过显示屏旋转度 180°的设置，右手手持该设备，然后左手进行点击操作。

示教器的主要功能是处理与机器人系统相关的操作，包括运行程序、控制机器人本体、创建机器人程序、修改机器人程序等。图 2-2 所示为示教器的主要组成部分，包括连接线、触摸屏、紧急停止按钮、使动装置和控制杆。该装置在自动模式下，使能键不起作用。在手动模式下，该键有三个位置，不按时为释放状态，机器人电动机不上电，机器人不能动作；轻轻按下时，机器人电动机上电，机器人可以按指令或摇杆操纵方向移动；用力按下时，机器人电动机失电，停止运动。

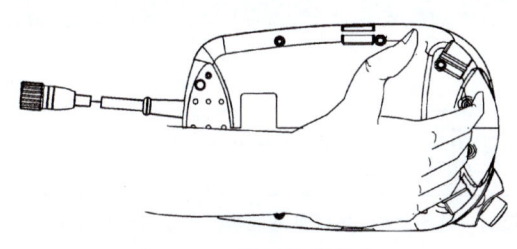

图 2-1 手持示教器的方法

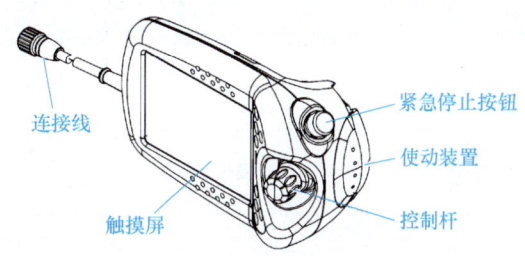

图 2-2 示教器的主要组成部分

当工业机器人开机后，示教器会先进入开机界面，随后进入可以操作的主界面。对于机器人的操作，绝大部分都可以在示教器主菜单及相应的下级窗口内完成。表 2-7 为 ABB 机器人的主界面功能介绍。

表 2-7 ABB 机器人的主界面功能介绍

图示	名称	功能
	A	ABB 主菜单
	B	操作员窗口
	C	状态栏
	D	关闭按钮
	E	任务栏（最多六个页面）
	F	"快速设置"菜单

2. 示教器主菜单各功能

点击 ABB 主菜单后会出现如图 2-3 所示的界面。这里包含所有的功能，通过表 2-8 可以了解它们各自的功能。

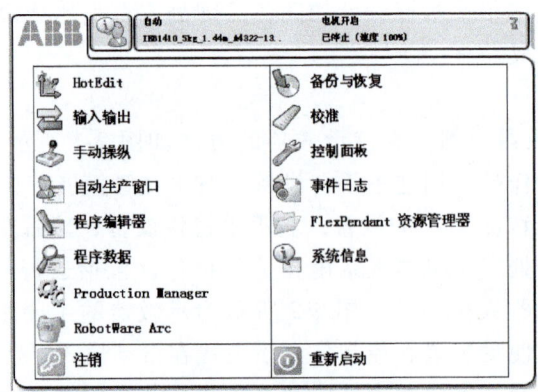

图 2-3　ABB 主菜单

表 2-8　主菜单各功能介绍

图标	名称	功能
	输入输出（I/O）	查看输入输出信号
	手动操纵	手动移动机器人时，通过该选项选择需要控制的单元，如机器人或变位机等
	自动生产窗口	由手动模式切换到自动模式时，窗口自动跳出。自动运行中可观察程序运行状况
	程序数据	设置数据类型，即设置应用程序中不同指令所需的不同类型的数据
	程序编辑器	用于建立程序、修改指令及程序的复制、粘贴等
	备份与恢复	备份与恢复程序、系统参数等
	校准	输入、偏移量及零位等校准
	控制面板	参数设定、I/O 单元设定、弧焊设备设定、自定义键设定及语言选择等。例如，示教器中英文界面选择方法是：ABB→控制面板→语言→Control Panel→Language→Chinese
	事件日志	记录系统发生的事件，如电动机上电/失电、出现操作错误等各种过程
	资源管理器	新建、查看、删除文件夹或文件等
	系统信息	查看整个控制器的型号、系统版本和内存等

以上在主屏幕上显示的都为按钮，可以通过触摸屏直接点击使用。一般工业机器人的示教器还会配置相应的按键，以便于操作。以 ABB 机器人示教器为例，它还设置了八个专用

按键,其中 4 个按键的功能可以由用户根据自己的操作习惯和应用场景来自行配置,见表 2-9。

表 2-9 示教器按键功能

图示	名称	功能
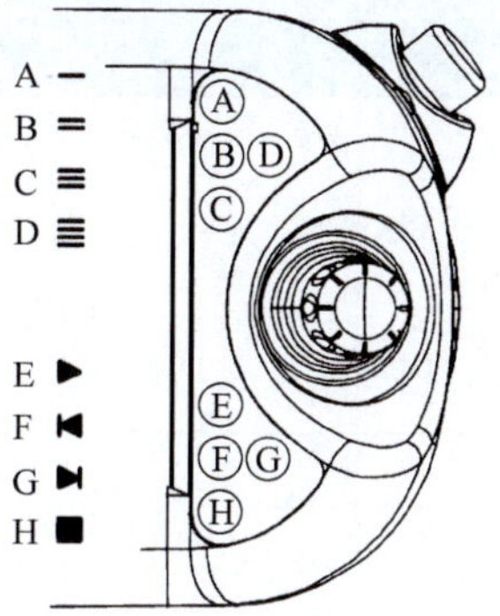 (按键示意图)	A~D	用户自定义,可编程按键,1~4
	E	START(启动)按键,开始执行程序
	F	Step BACKWARD(步退)按键,使程序后退一步的指令
	G	Step FORWARD(步进)按键,使程序前进一步的指令
	H	STOP(停止)按键,停止程序执行

四、焊接机器人运动前的准备

焊接机器人的开关机、换焊丝及机器人回原点等操作是最基础的常用操作,是实训前的基础准备工作。

焊接机器人的开机与关机操作:以 ABB 机器人为例,在开机的时候,要确认输入电压正常以后,才可以打开电源开关,等待示教器完成开机页面,进入正常视图,即完成开机。开机步骤见表 2-10。

表 2-10 开机操作步骤

序号	操作步骤	操作演示	补充说明
1	合上配电柜总开关		注意用电安全,遵守操作规程
2	打开控制柜上的开关转到 on 的位置	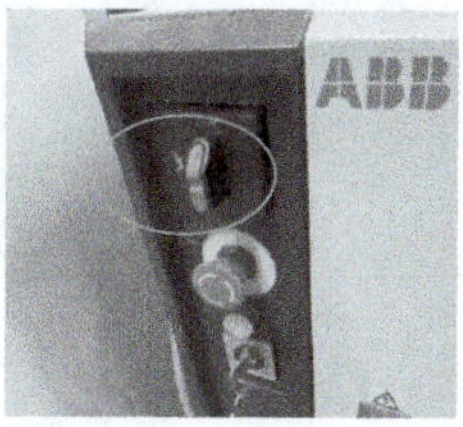 (ABB 控制柜图)	开机前确认输入电压正常
3	耐心等待系统启动,直至进入图示页面	 (RobotWare 启动界面)	
4	打开焊机开关、气体开关,调节气体流量。一切正常,完成开机操作		

焊接机器人的焊丝是装在支架上的,再把焊丝通过送丝软管送到送丝机构中,然后将焊丝送进焊枪直至导电嘴出口处。下面以 OTC 焊接机器人为例介绍更换焊丝的操作步骤及方法,步骤详见表 2-11。

表 2-11 更换焊丝

序号	操作步骤	操作演示	补充说明
1	确认已选择示教模式,按"运转准备"按钮,按"检查速度/手动速度"变更速度为"3"		
2	握住"使动装置",使机器人上电		
3	按想要移动的方向的"轴操作键",把焊接机器人的送丝软管尽量拉直,以便于穿丝		
4	拧下喷嘴和导电嘴,剪去焊丝头部,以免出现连接部分卡丝现象		送丝和拆丝时都必须把焊丝头部剪去,最好剪成斜口
5	扳开机器人手臂上送丝机构中送丝轮的加压手柄,抽出送丝管中多余的焊丝		检查送丝轮,检查是否磨损严重,是否需要更换
6	更换新的焊丝盘,并把它安装到支架上,拧紧防掉机构		
7	手动送丝,使焊丝穿过送丝轮,并扣上加压手柄,调节压紧力至合适程度		

模块二 焊接机器人编程及操作基础

（续）

序号	操作步骤	操作演示	补充说明
8	按下"压板/弧焊"按钮，再按右侧的按钮"点动"或"返回"进行自动送丝，直至送出焊枪末端	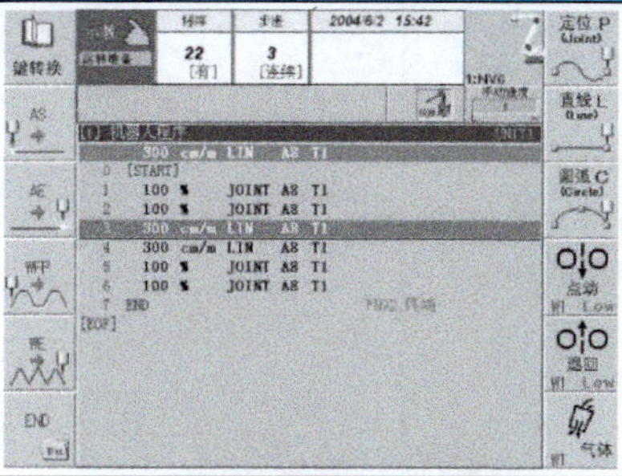	按"动作可能"+"点动"或"返回"，可以实现快速送丝及退丝
9	旋紧导电嘴，装上喷嘴，完成换丝	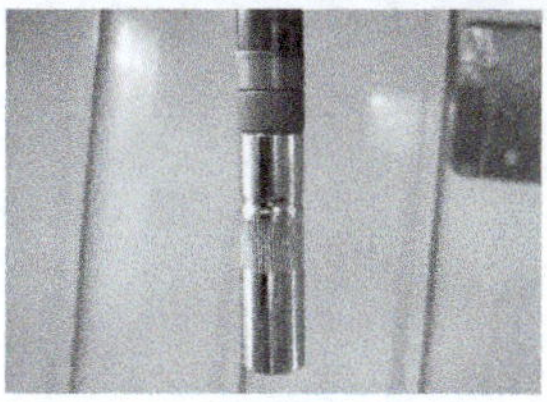	

机器人在每次使用后，需要机器人回到原点，以便下次使用。下面以 ABB 机器人为例介绍机器人回原点的具体操作步骤，见表 2-12。

表 2-12 机器人回原点

序号	操作步骤	操作演示	补充说明
1	确认环境安全，并预估机器人回原点的路径上没有会发生干涉的物品		
2	点击示教器左上角主菜单按钮，点击"程序编辑器"	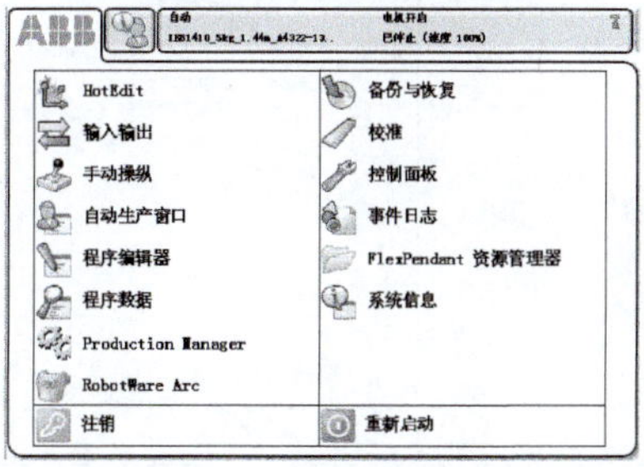	
3	点击"例行程序"	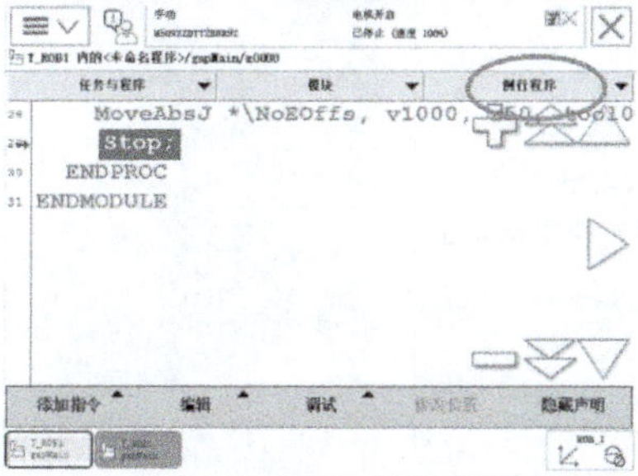	

(续)

序号	操作步骤	操作演示	补充说明
4	选择提前编制好的原点程序,双击或者按"显示例行程序"进入		
5	依次点击"调试","PP 移至例行程序"		"PP"是程序前的那个箭头,表示程序运行的位置
6	选择原点程序,点击"确定"		
7	点击"PP 移至光标"		
8	握紧"使动装置",点击"启动"按钮,机器人即可回到程序指定的位置		注意:运动过程中,运动速度不要过快;运动路径上不能有危险,如遇危险,马上终止运行程序

为了避免误操作、不小心删除或者变更了某些参数，防止在机器人运行过程中发生特殊状况并导致系统数据丢失，必须掌握系统的备份和恢复的方法，具体步骤见表 2-13。

表 2-13 系统的备份与恢复

序号	操作步骤	操作演示	补充说明
1	点击"主菜单"，再点击"备份与恢复"		
2	点击"备份当前系统"		
3	选择备份文件的存放位置，点击"备份"		可以备份到 U 盘中
4	若当前系统出现问题，可以按"恢复系统"按钮，选择之前备份过的系统进行恢复		

所有任务完成后就可以关机了。而关机相对于开机要麻烦一点，要在示教器的重启动菜单里面选择关机，然后再关闭控制柜上的电源开关。关机后不要立刻开机，而是要等待 2min 后才能再次开机，因为关机后可能有一些关机的流程需要一段时间才能完成，所以必须等待 2min 左右再重新开启电源。关机操作步骤见表 2-14。

表 2-14 关机操作步骤

序号	操作步骤	操作演示	补充说明
1	机器人回到原点后,点击左上角的主菜单,点击"重新启动"		注意用电安全,遵守操作规程
2	点击"高级"		
3	选择"关闭主计算机"后,点击"下一个",再点击"关闭主计算机"		
4	等待系统完全关闭后,把电源开关旋转至"OFF"		
5	关闭气阀、放空管道内余气、关闭焊机,关闭主电源。完成关机操作		

单元二　手动控制焊接机器人

学习目标及技能要求

通过本单元的学习,读者应掌握使用示教器选择坐标系,使用按键或者操作手柄将机器人移动至目标点的方法。理解示教点的概念与坐标系、工具坐标系的概念与作用、焊接变位机的种类、作用与控制方式以及机器人奇异点的概念，能熟练控制焊接机器人进行运动，定义或者修正焊接机器人的工具坐标，提前预估和规划最合理的焊接机器人的运动轨迹及运动姿态，控制焊接机器人以平滑的姿态到达目标点，进一步加强手动操作焊接机器人运动的能力。

一、焊接机器人的坐标系选择及手动操作

1. 实操内容

通过手动操作机器人，使夹持在焊接机器人工具末端的软头秀丽笔沿着规定的路线行进，并保证不触碰不该触碰的边界，尽量保证画出来的轨迹粗细一致。

在实际生产中，焊接机器人的编程依然大量依靠示教再现模式，故能够快速、精准地控制焊接机器人运动。示教编程是焊接机器人编程是否能够快速、高效地工作的重要基础，是编程的基本功。

2. 设备、工具及工件准备

软头秀丽笔每个工位一支；秀丽笔与焊枪喷嘴连接器每个工位一个，如图 2-4 所示；硬胶白板磁条每个工位一对；打印好的迷宫图片每个工位若干张，如图 2-5 所示；燕尾夹若干。

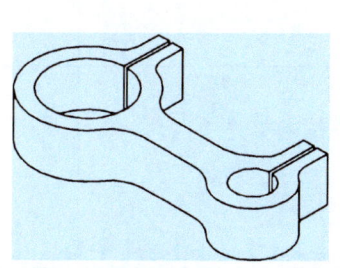
图 2-4　秀丽笔与焊枪喷嘴连接器

图 2-5　迷宫图片

3. 知识准备

启动 ABB 机器人系统，按下示教器上的使能键给机器人上电后，就可以摇动摇杆来控制机器人的运动。摇杆可以控制机器人分别在 3 个方向上运动，也可以控制机器人在 2 个方向上同时运动。机器人的运动速度与摇杆的偏转量成正比，偏转越大，机器人的运动速度越快，但最高速度不会超过 250mm/s。

ABB 机器人具有线性运动、重定位运动和单轴运动 3 种运动方式，编程时要合理地选择这 3 种运动方式。一般采用单轴运动来改变焊枪姿态，用线性运动来编制直线、圆弧等程序，用重定位运动来调整焊枪在实际焊接时的焊枪角度，并且这 3 种运动方式随着坐标系的变化而变化，所以编程时需要选择合适的坐标系。

4. 操作步骤

焊接机器人的坐标系选择及手动操作步骤见表 2-15。

表 2-15 焊接机器人的坐标系选择及手动操作步骤

序号	操作步骤	操作演示	补充说明
1	安装软头秀丽笔,放置好迷宫图片		
2	点击 ABB 主菜单,选择"手动操作"		
3	选择"动作模式"→单轴运动:"轴 1-3",单击"确定",移动手柄可控制机器人运动		
4	通过控制 1~6 轴运动,可使机器人的焊枪保持竖直位置		
5	点击右侧快捷键或者点击"动作模式",切换到线性动作模式		
6	选择机器人基坐标系		建议:尝试改选其他坐标系(如工具坐标系、工件坐标系),移动机器人并观察机器人的运动情况

（续）

序号	操作步骤	操作演示	补充说明
7	控制焊枪从入口移动到终点。注意不要碰到零件		
8	完成绘制		

5. 评价表（表 2-16）

表 2-16 操作评价表

评价点	标准	配分	得分
安全准备	观察现场操作环境是否安全，劳保用品是否符合要求	10	
开机	开机顺序是否符合要求	10	
示教器的使用	示教器握持的姿势是否正确，使用是否规范	10	
操作过程	操作姿态、顺序等是否规范	10	
	示教器功能是否熟练掌握	10	
关机	机器人是否能够回原点，关机操作是否正确	10	
现场清理	是否符合规范	10	
作品评价	有无触碰边界	10	
	粗细是否均匀	10	
	是否美观	10	
总成绩		100	

二、焊接机器人工具坐标系的定义及应用

1. 实操内容

完成焊接机器人工具坐标系的定义，并了解和掌握机器人工具坐标系的概念和作用。

在实际生产中，焊接机器人在使用时由于碰撞等原因，会引起焊枪松弛、变形、位移等，导致机器人的 TCP 不准，运动轨迹偏离焊缝，影响焊接质量，故校准焊接机器人的 TCP 是非常重要且常用的技能。

2. 设备、工具及工件准备

软头秀丽笔、磁铁和划针各一支。

3. 知识准备

工业机器人是通过装在末端的各种各样的工具（TOOL）来完成各种工作的。机器人在出厂时会设定一个原始的工具坐标系，一般默认为机器人第六轴上的工具安装法兰盘的中

心。装上工具后,需要按照实际的工具形状和特点重新定义一个工具坐标系 TCPF (Tool Center Point Frame),这个工具坐标系的原点就是所谓的 TCP 点,即工具中心点。

机器人轨迹编程就是将已定义的工具坐标系中的坐标位置记录在程序中。执行程序时,机器人会把 TCP 点移动到这些编程的位置上进行程序的再现。

4. 操作步骤

定位工具坐标系的操作步骤见表 2-17。

表 2-17 定位工具坐标系的操作步骤

序号	操作步骤	操作演示	补充说明
1	安装软头秀丽笔,放置好磁铁和划针		配合磁铁能够很好地将工具固定在工作台上
2	点击主菜单,再点击"手动操纵"		
3	点击"工具坐标"		
4	点击"新建"		
5	修改"名称"后,点击"确定"		

（续）

序号	操作步骤	操作演示	补充说明
6	选择刚新建的工具坐标,点击"编辑",选择"更改值"		
7	翻页找到"mass:=",根据工具的实际重量修改该值,修改后点击"确定"		该值代表工具,也就是工具的质量,用于机器人运动时的力量控制
8	再次选择刚新建的工具坐标,点击"编辑",选择"定义"		
9	现在点数为4点,方法设置为"TCP 和 Z"		
10	通过快捷方式切换运动模式,通过摇杆操作机器人运动		
11	控制机器人,使笔尖触碰工件尖点		

(续)

序号	操作步骤	操作演示	补充说明
12	点击"修改位置",修改点1		
13	通过单轴运动改变机器人姿态,与前一姿态变化越大越好		
14	再次以线性运动靠近尖点		
15	点击"修改位置",记录"点2"的位置数据		
16	重复上述步骤,修改点3和点4的位置数据		在修改第四点的机器人位姿时,笔应尽可能与Z轴正方向一致
17	切换运动模式为"线性运动",控制机器人沿着Z轴方向离开工件,并记录位置		

(续)

序号	操作步骤	操作演示	补充说明
18	依次记录完五个点的位置后,点击"确定",在确认弹窗中选择"是"	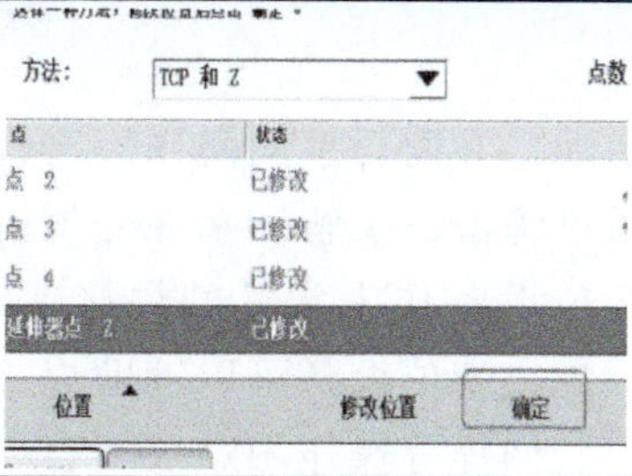	
19	检查最大误差,该值越小越好,太大会导致定义不成功。然后点击"确定"	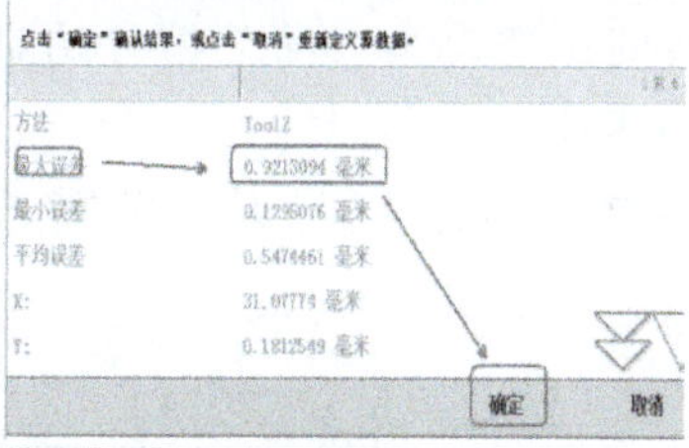	
20	切换坐标系为工具坐标系,选择刚刚定义好的工具坐标系	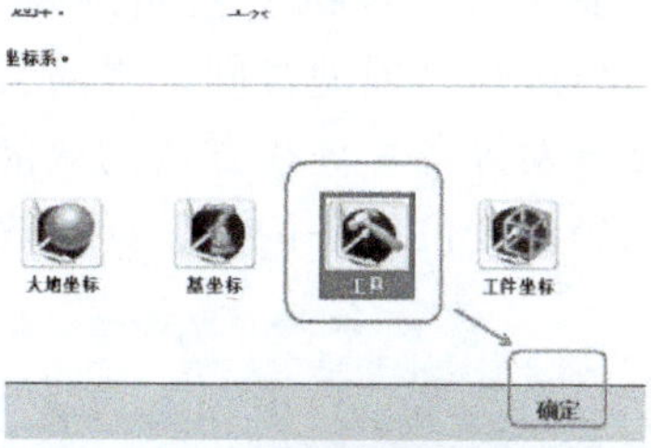	
21	选择"重定位",开始验证	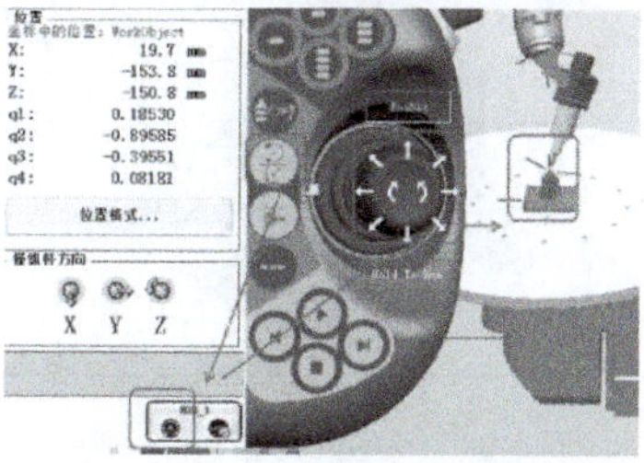	此时,操作摇杆,使机器人不断调整姿态,但TCP点永远不会变化

5. 评价表(表2-18)

表2-18 操作评价表

评价点	标准	配分	得分
安全准备	观察现场操作环境是否安全,劳保用品是否符合要求	20	
示教器使用	示教器握持的姿势是否正确,使用是否规范	10	
操作过程	操作姿态、顺序等是否规范	10	
	是否熟练掌握示教器功能	10	
	操作步骤是否正确	20	
	TCP定义是否成功	20	
现场清理	是否符合规范	10	
总成绩		100	

三、变位机的使用方法及手动操作

1. 实操内容

通过手动操作变位机运动,并配合手动操作焊接机器人,完成工具末端与工件多空间平面上的目标点位置对准。通过练习,了解和掌握变位机的作用及手动操作的方法。

在实际生产中,焊接变位设备作为常见的焊接辅助设备,是目前焊接生产中必不可少的,有着非常广泛的应用。焊接变位设备可以辅助焊接机器人进行焊接,调整焊缝的焊接位姿,将原本需要立焊、横焊、仰焊等操作困难、不容易保证焊接质量的焊接位姿,转变为平焊或者船型焊接等容易焊接的位姿,大大简化编程的难度,提高焊接质量,减少焊接缺陷。

2. 设备、工具及工件准备

软头秀丽笔每个工位一支,秀丽笔与焊枪喷嘴连接器每个工位一个,典型焊接工件一个。

3. 知识准备

焊接变位设备是通过改变工件、焊机的空间位姿来完成机械化、自动化焊接的机械设备。使用焊接变位设备可以缩短焊接辅助时间,提高劳动生产率,减轻工人的劳动强度,保证和改善焊接质量,并可充分发挥各种焊接方法的效能。根据焊接机器人使用情况,焊接变位设备可分工件变位设备、焊机变位设备两类,详见表2-19。

表 2-19 常见的焊接变位设备

分类	名称	示意图	使用场合
工件变位设备	变位机		变位机是在焊接作业中将工件回转、倾斜,使工件上的焊缝处于有利施焊位姿的焊接变位设备
	滚轮架		滚轮架是借助主动轮与工件之间的摩擦力带动工件旋转的焊接变位设备,主要用于筒形件
焊机变位设备	地轨/天轨		机器人地轨/天轨主要是带动工业机器人按指定路线进行移动,扩大机器人的作业半径和使用范围,进一步提高机器人的使用效率,降低机器人的使用成本
	龙门架		龙门式安装的焊接机器人可用于大型工件的焊接。龙门架可提高焊行程,设备结构紧凑,广泛应用于钢结构、机械制造、冶金、煤矿和汽车制造等领域

在使用焊接变位设备时,必须遵守以下安全操作规程:

1) 遵守焊工安全操作规程。

2) 安装和拆卸工件时,检查夹紧装置是否已放松,压板等是否退回到位,以防工件损坏夹具。

3) 吊装工件时,必须平稳水平,不能有大幅度摆动,防止工件碰撞夹具,损坏夹具。

4) 吊装工件时,必须安装稳妥后才能将吊索拿离工件。

5) 拆卸工件时,必须将工件先用吊索吊稳后才能将工件松开。

6) 工件落到夹具上时,要轻放,不得对夹具及变位机有过大的冲击。

7) 工件安装必须按要求定位,全部夹具的螺母、螺栓都要拧紧,压板压紧。安装完成后需试转检查,确认装稳后才能正式作业。

8) 转动前应检查工作回转范围内有无其他物品,避免发生碰撞。

9) 工件转至作业位置后,须将电源开关关闭,切断电源,防止误动作。

10) 安装工件时须注意工件的重心,不得偏离重心位置。

11) 不得超重、超负荷运载。

12) 需要登高焊接时,须用登高踏板,且登高踏板须放置稳妥后才能登高操作。

4. 操作步骤

变位机的操作步骤见表 2-20。

表 2-20 变位机的操作步骤

序号	操作步骤	操作演示	补充说明
1	安装软头秀丽笔,安装好方形工件,并在不同面上用磁铁挂钩做好目标点		配合磁铁能够很好地将方形工件固定在工作台上
2	单击主菜单,再点击"手动操纵"		
3	点击"机械单元"		

（续）

序号	操作步骤	操作演示	补充说明
4	点击"STN1"（变位机的名称），再点击"确定"		
5	点击"启动"		
6	点击"启动"		
7	变位机图标变亮，并可通过快捷键切换变位机与机器人		确认变位机已启动后，就可以关闭该界面，并通过摇杆控制变位机
8	切换机器人与变位机，通过摇杆控制两者的运动，移动机器人并触碰点1尖点		变位机运动前，一定要确保安全，遵守操作安全规程

(续)

序号	操作步骤	操作演示	补充说明
9	转动变位机、移动机器人，触碰点 2 的两个尖点		
10	触碰其余尖点		

5. 评价表（表 2-21）

表 2-21 操作评价表

评价点	标准	配分	得分
安全准备	观察现场操作环境是否安全，劳保用品是否符合要求	20	
示教器使用	示教器握持的姿势是否正确，使用是否规范	10	
操作过程	操作姿态、顺序等是否规范	10	
	是否熟练掌握示教器功能	10	
	操作步骤是否正确	20	
	机器人配合变位机运动是否正确	20	
现场清理	是否符合规范	10	
总成绩		100	

四、焊接机器人运动姿态的规划及控制

1. 实操内容

通过手动操作机器人，控制焊接机器人以理想的姿态平稳且精确地穿过预先设计好的圆管。

在实际生产中，焊接机器人会因为本身的运动限制、夹具的干扰以及存在奇异点等多方面的原因，导致有些时候无法平稳和精确地到达目标点，甚至导致前面已经编完的程序需要大量重新编辑的现象，给生产带来很大的困扰。所以，需要提前规划好机器人的运动轨迹，控制焊接机器人以平滑的姿态到达各目标点。

2. 设备、工具及工件准备

软头秀丽笔每个工位一支，秀丽笔与焊枪喷嘴连接器每个工位一个，小直径圆管每个工位一个，焊接训练夹具每个工位一副。

3. 知识准备

工业机器人的奇异点，指的是两个或者多个机器人轴共线对齐，导致工业机器人的运动和速度不可预测的情况。实际上，工业机器人的运动路径是通过一定的算法运算进行规划的，既然是算法运算，就肯定会发生比较极端的运算情况，如工业机器人到达奇异点时，算法得出的结果可能会是无数个解，一个或者多个轴的插补速度可能会快到无限大，这种运动对于工业机器人来说显然是无法承受的，严重时甚至会导致发生机毁人亡的事故。所以当工业机器人即将靠近奇异点时，就会采取相对比较简单明了的处理办法，即错误提示。

同时，六轴机器人的各个关节轴也并不是都能无限旋转，也会存在一些无法到达的地方；并且焊接机器人还需要考虑焊接时的焊枪角度、摆动幅度等焊接要求，这就导致焊接应用是所有机器人应用中对轨迹和位姿要求最严苛的一种。

另外，在生产中不可避免地会使用夹具，或者在目标点周围存在一些障碍物等。为了躲避这些障碍物，避免出现以上所提到的情况，在示教编程前必须提前尝试焊接机器人的可达性，提前调整好姿态，规划好路径。

4. 操作步骤

焊接机器人运动姿态的规划及控制操作步骤见表2-22。

表2-22 焊接机器人运动姿态的规划及控制操作步骤

序号	操作步骤	操作演示	补充说明
1	安装软头秀丽笔，放置好磁铁和圆管（圆管应该倾斜一定角度）		配合磁铁能够很好地将圆管固定在工作台上
2	选择"手动操作"，坐标系选择"基坐标"，工具坐标选择目前所安装的工具的坐标系		
3	调整好机器人姿态，确保与管子轴向平行，并能保证工具能在不碰到管壁的情况下插入到管子中		

（续）

序号	操作步骤	操作演示	补充说明
4	坐标系选择"工具坐标"，确认工具坐标选择无误，随后选择"线性模式"	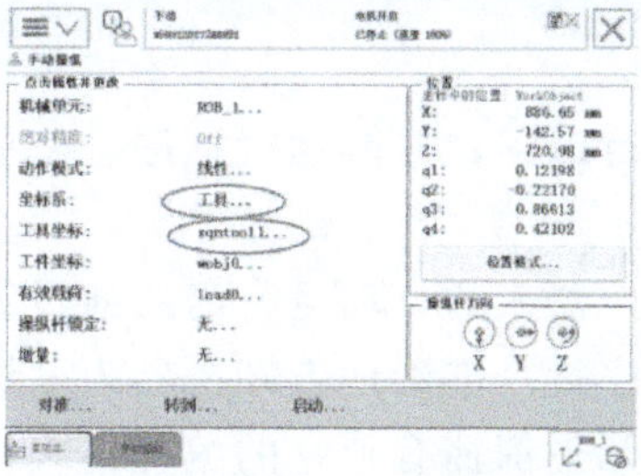	
5	转动操作杆，使工具沿着工具坐标 Z 轴方向移动并插入管子中	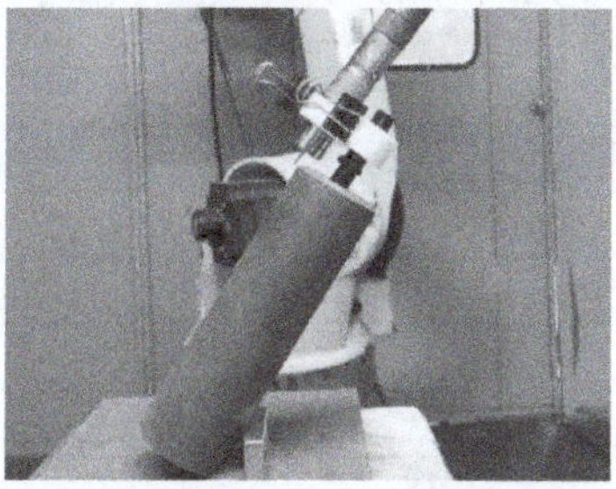	可以选用别的坐标系进行运动实验，观察各坐标系的特点，分析各自的适用场合

5. 评价表（表 2-23）

表 2-23　操作评价表

评价点	标准	配分	得分
安全准备	观察现场操作环境是否安全，劳保用品是否符合要求	20	
示教器使用	示教器握持的姿势是否正确，使用是否规范	10	
操作过程	操作姿态、顺序等是否规范	10	
	是否熟练掌握示教器功能	10	
	操作步骤是否正确	20	
	工具是否未碰触管壁，顺利插入圆管	20	
现场清理	是否符合规范	10	
总成绩		100	

单元三　焊接机器人运动程序编制技能训练

学习目标及技能要求

通过本单元的学习，读者应了解焊接机器人关节插补指令、关节运动指令、直线插补指令、圆弧插补指令以及工件坐标系的含义与编辑方法，并能正确识别相应的应用场景，进行相应的编程和焊接机器人调试操作。

训练1：关节插补指令

1. 实操内容

运用关节插补指令进行编程，并能运行程序，使夹持在焊接机器人末端的软头秀丽笔沿着规定的路线行进。

在实际生产中，焊接机器人的自动运行需要通过编程来实现。这里必须要了解和掌握机器人的编程语言，并将程序指令准确地告知机器人，这样才能使机器人按照预想的轨迹进行运动。每个品牌的机器人几乎都拥有独立的编程语言体系，但都大同小异，往往只是更改了语法或者表达形式而已。常见品牌的机器人插补指令见表2-24。

表2-24 常见品牌的机器人插补指令

机器人品牌	关节插补	直线插补	圆弧插补
ABB	MoveJ	MoveL	MoveC
FANUC	J	L	C
KUKA	PTP	LIN	CIRC
安川	MOVJ	MOVL	MOVC
OTC	JOINT	LIN	CIR
松下	MoveP	MoveL	MoveC
埃夫特	MJointPJ	MLin	MCirc
钱江	MJ	ML	MC

2. 设备、工具及工件准备

软头秀丽笔每个工位一支，秀丽笔与焊枪喷嘴连接器每个工位一个，硬胶白板磁条每个工位一对，用A4纸打印好的长直线图片每个工位若干张（直线越长越好）（图2-6），燕尾夹若干。

图2-6 长直线图片

3. 知识准备

机器人的运动是由机器人的多个轴同时协调运动构成的，协调各轴之间的运动来实现预设的轨迹，这需要用到插补计算。插补是机器人系统依照一定方法确定TCP运动轨迹的过程。插补是一个实时进行的数据密化的过程，不论是何种插补算法，其运算原理基本相同，其作用都是根据给定的信息进行数据计算，不断计算出参与插补运动的各坐标轴的进给指令，然后分别驱动相应的执行部件产生协调运动，使被控机械部件按理想的路线与速度移动。

比如，要让机器人运行一条直线的轨迹，那么在直线插补方式中，两点间的插补将沿着直线的点群来逼近。如图2-7所示。首先假设在实际轮廓起始点处沿X方向走一小段（给一个脉冲当量，轴将走一段固定的距离），发现终点在实际轮廓的下方，则

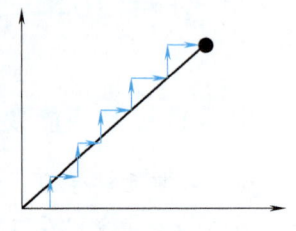

图2-7 直线插补过程

沿 Y 方向走一小段，此时如果线段终点还在实际轮廓下方，则继续向 Y 方向走一小段，直到线段终点在实际轮廓上方以后，再向 X 方向走一小段，以此类推，直至到达轮廓终点为止。因此，实际轮廓是由一段段的折线拼接而成的，虽然是折线，但每一段插补线段在精度允许的范围内非常小，所以此段折线还是可以近似看作一条直线段，这就是两轴的直线插补。而焊接机器人往往包含六个轴甚至更多轴，所以焊接机器人的插补将更加复杂；好在用户无须了解其具体的插补过程，只需要会使用即可。

运动中常用的插补主要有包括点和点之间的移动（关节插补）、直线轨迹的移动（直线插补）以及圆弧轨迹的移动（圆弧插补）。这里先介绍关节插补。利用关节插补指令，机器人可以最快捷的方式运动至目标点，机器人运动状态不完全可控，但运动路径保持唯一，常用于机器人在空间大范围移动。这两个点的位置不一定是直线，机器人运行的轨迹是系统自动计算后选择的结果，机器人不容易出现奇点。

一般在机器人起点、安全点及中间过渡点等都可使用关节插补指令，这样能方便编程以及程序运行。但是，由于关节插补的过程有不可预知性，在运动空间较狭小或有障碍物时，要谨慎使用，以防止机器人与其他物体发生干涉。

ABB 机器人的关节插补指令为 MoveJ，程序语句为

MoveJ, p1, v100, z10, tool1, wobj;

具体含义见表 2-25。

表 2-25　ABB 机器人关节插补程序语句的具体含义

序号	参数	说明
1	MoveJ	指令名称:关节运动
2	p1	位置点:记录了机器人及外部轴的目标点数据，默认为"＊"
3	v100	速度:该速度规定了 TCP 和外部轴的运动速度
4	z10	转弯半径:该数据规定了移动时的转弯半径
5	tool1	工具名称:该数据表示目前正在使用的工具名称
6	wobj	工件坐标:该数据表示机器人目前所使用的工件坐标,有时该数据可省略不显示

4. 操作步骤

机器人关节插补指令操作步骤见表 2-26。

表 2-26　机器人关节插补指令操作步骤

序号	操作步骤	操作演示	补充说明
1	安装软头秀丽笔,放置好长直线图片		

(续)

序号	操作步骤	操作演示	补充说明
2	点击主菜单,选择"程序编辑器"	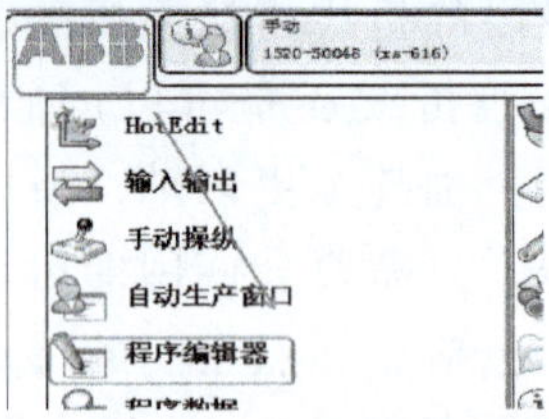	
3	点击"例行程序"	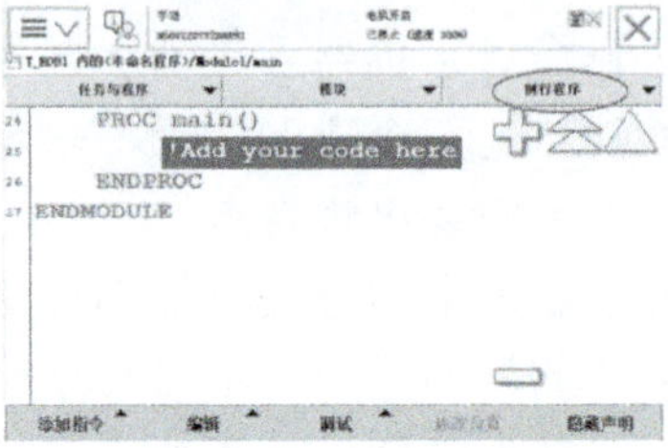	
4	点击"文件"→"新建例行程序"	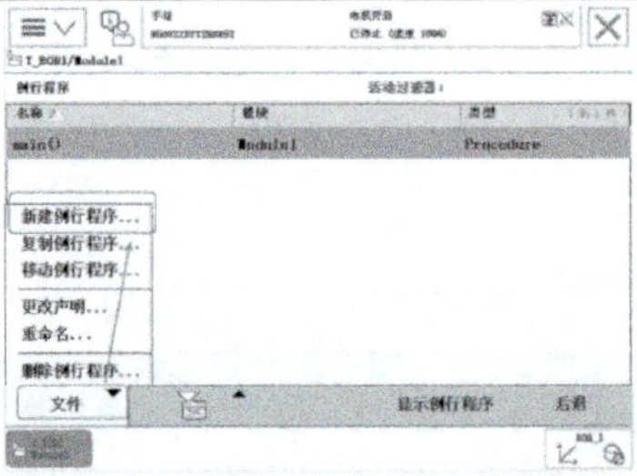	
5	可点击"ABC...",修改名称;也可不修改,直接点击"确定"	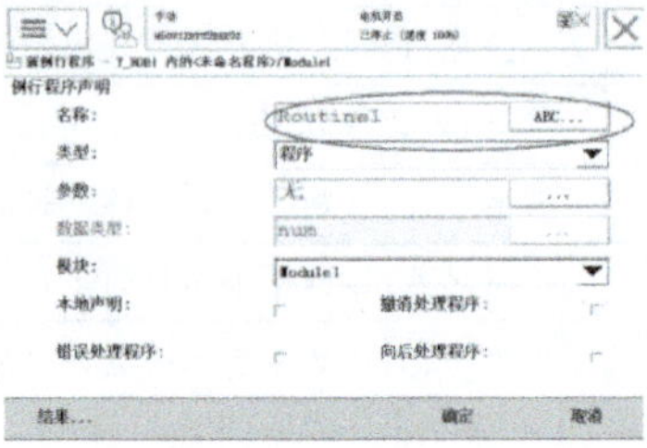	名称可以为英文和数字的组合
6	双击刚刚新建的例行程序,进入编辑页面	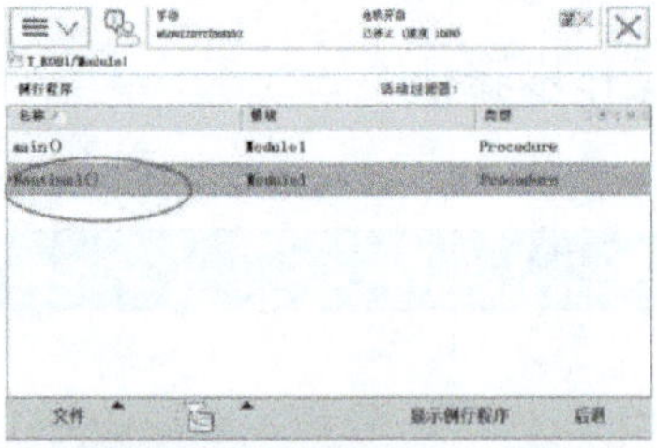	
7	点击"添加指令"→"Common",找到"MoveJ"	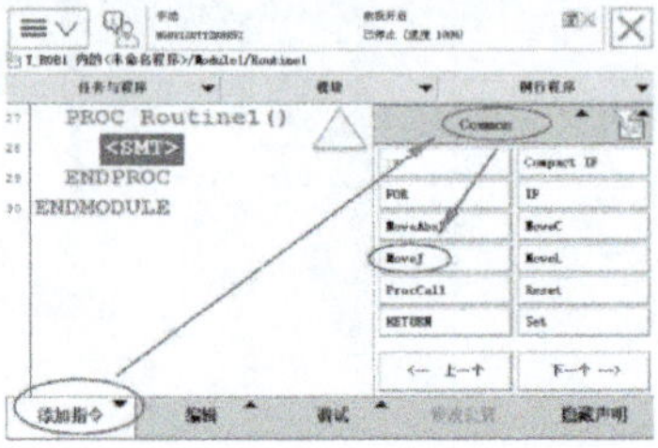	

模块二 焊接机器人编程及操作基础

（续）

序号	操作步骤	操作演示	补充说明
8	点击"MoveJ"后，程序就记录了目前机器人的位置在"＊"里面了。可以通过点击黄色箭头来查看完整语句	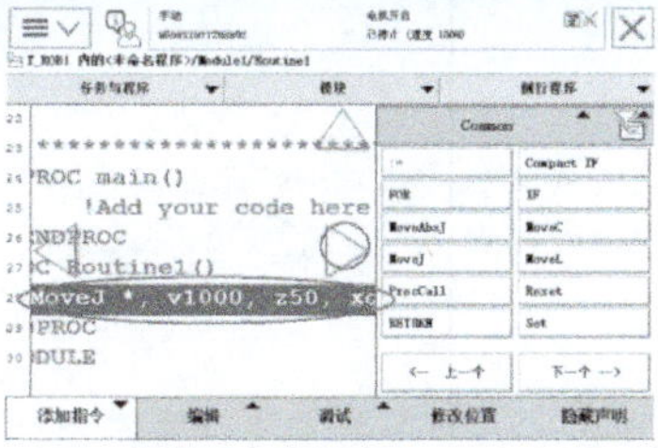	
9	可以通过单独双击程序中的相关数据，进行编辑	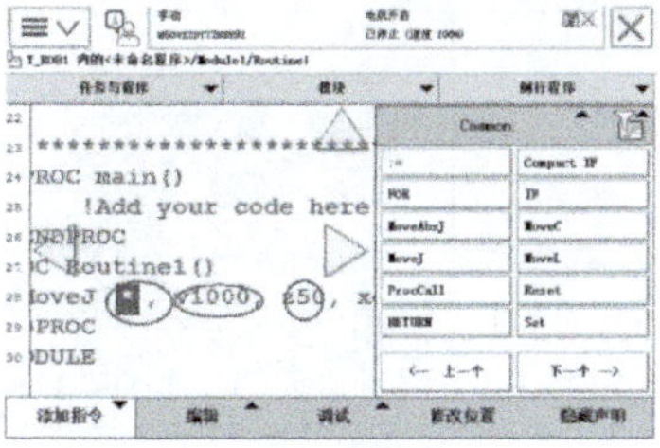	建议一开始练习时，为保证安全，运行速度不要太快，"v100"即可。转角半径可设为"z10"
10	点击主菜单，选择"手动操纵"	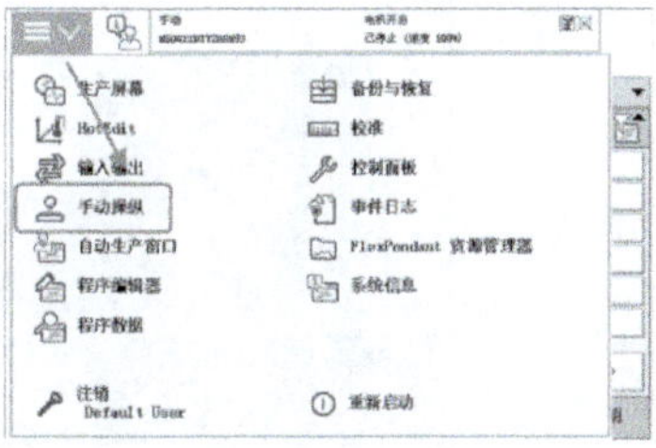	
11	选择合适的运动模式，操作"控制杆"，调整笔的角度，并使笔尖接近直线起点（P1）	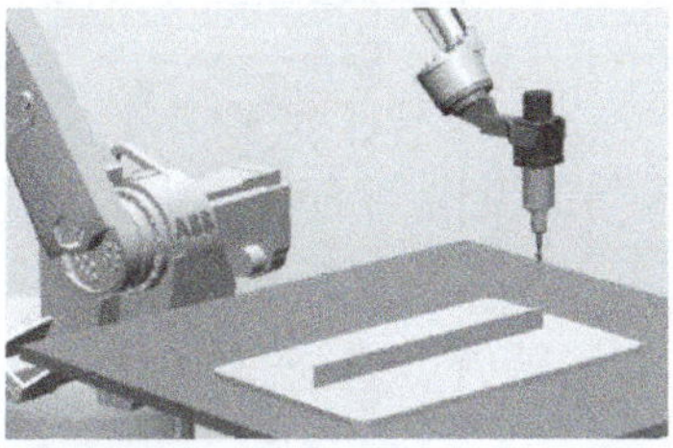	
12	重复添加指令"MoveJ"的操作，系统出现弹窗，选择"下方"	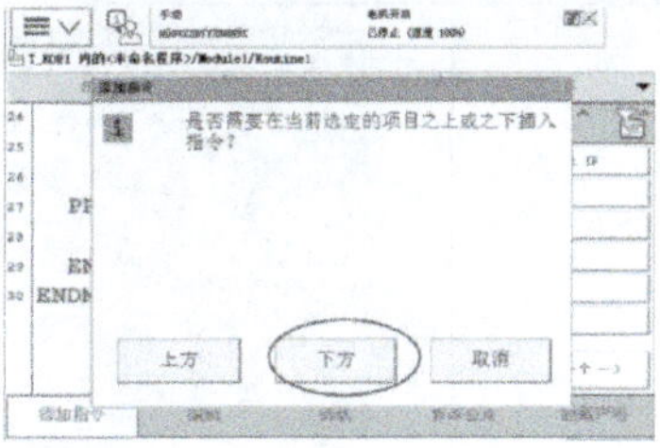	
13	双击新添加语句的"＊"，点击"新建"	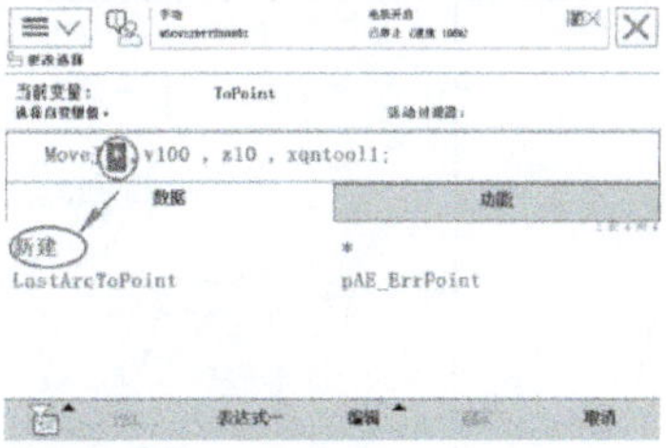	

（续）

序号	操作步骤	操作演示	补充说明
14	点击"…"，可以给该位置命名为"P0"或者其他名字，也可以省略此步		命名位置点便于复查程序和再次调用该点坐标
15	选择合适的运动模式，操作"控制杆"，使笔尖触碰直线起点（P1），然后点击"MoveJ"记录位置		
16	移动到P2点之前，先把焊枪提起，保证安全距离		移动时，无法保证移动路径是否在一个平面，是否会发生干涉，故先提起一个安全距离
17	选择合适的运动模式，操作"控制杆"，使笔尖触碰直线起点（P2），然后点击"MoveJ"记录位置		
18	提至安全高度，然后点击"MoveJ"记录位置		
19	点击程序原点的位置，点击"编辑"，点击"复制"		

（续）

序号	操作步骤	操作演示	补充说明
20	点击最后一个位置（离开的安全点），点击"粘贴"，使机器人运行完安全点后，回到程序原点	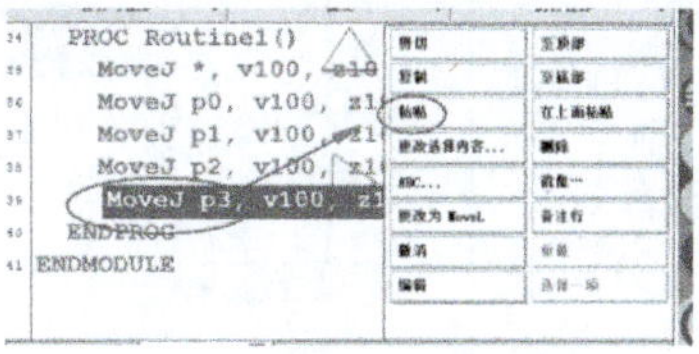	在编程时，尽量让程序的起点和终点重合，这样有利于程序的再次运行
21	点击"添加指令"，在"Prong. Flow"中找到"Stop"指令并添加，完成程序的编辑	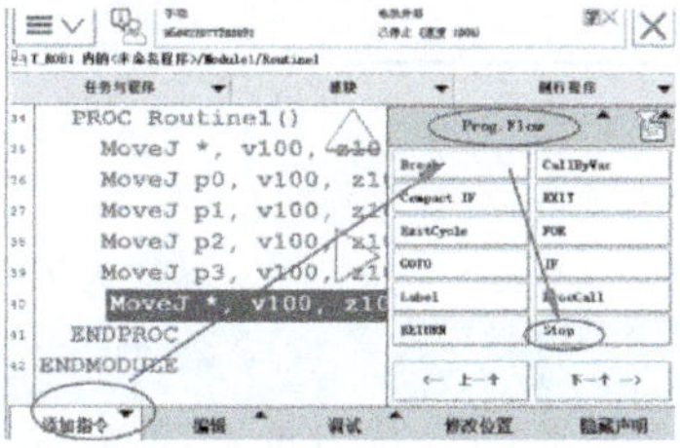	如不添加"Stop"，则程序完成后会回到第一句继续执行
22	完整程序	PROC Routine1() 　MoveJ *, v100, z10, xqntool1; 　MoveJ p0, v100, z10, xqntool1; 　MoveJ p1, v100, z10, xqntool1; 　MoveJ p2, v100, z10, xqntool1; 　MoveJ p3, v100, z10, xqntool1; 　MoveJ *, v100, z10, xqntool1; 　Stop;	
23	点击"调试"，选择"pp 移至例行程序..."	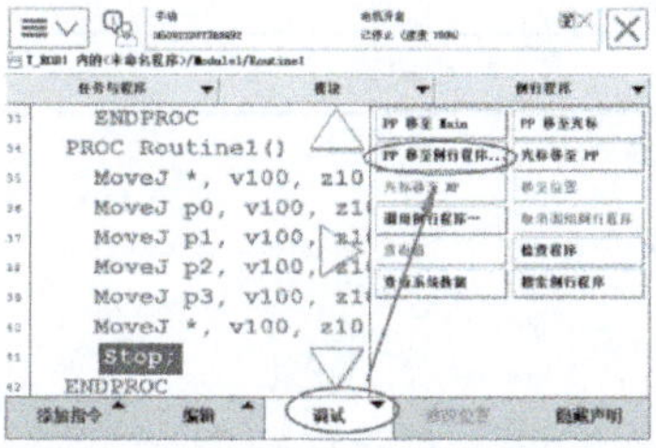	
24	选择已建立的例行程序，点击"转到"	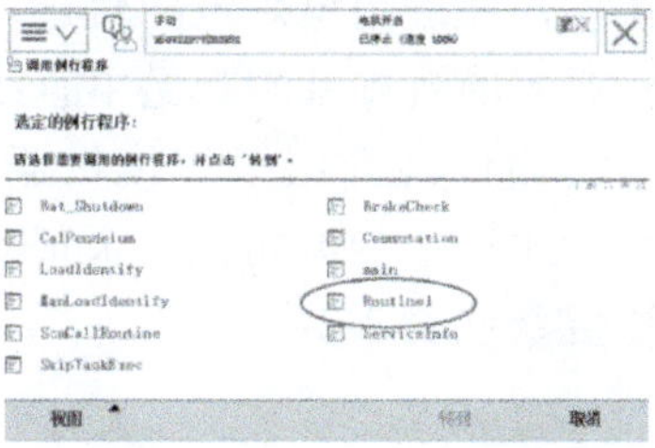	
25	点击"光标移至 pp"，再按"启动""步进/步退""停止"按键，以验证程序是否正确	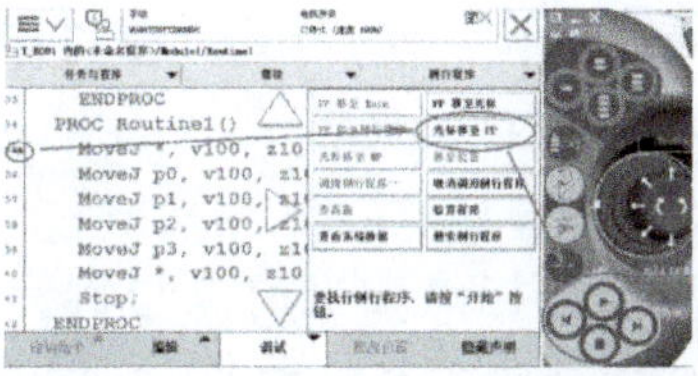	全程必须保证"使动装置"按下，电动机处于上电状态

45

(续)

序号	操作步骤	操作演示	补充说明
26	屏幕中的箭头图标为"pp",机器人图标为"机器人当前位置",蓝色加亮的为"光标"		
27	程序运行后描绘的轨迹明显为"非线性"的,是一条弧线		

5. 评价表（表2-27）

表2-27 操作评价表

评价点	标准	配分	得分
安全准备	观察现场操作环境是否安全,劳保用品是否符合要求	20	
示教器使用	示教器握持的姿势是否正确,使用是否规范	10	
操作过程	操作姿态、顺序等是否规范	10	
	是否熟练掌握示教器功能	10	
	操作步骤是否正确	20	
	完成结果是否符合预期效果	20	
现场清理	是否符合规范	10	
总成绩		100	

训练2：直线插补指令

1. 实操内容

运用直线插补指令进行编程,并能运行程序,使夹持在焊接机器人末端的软头秀丽笔沿着规定的路线行进,走出迷宫,并绘制出规定的轨迹。

在实际生产中,焊接机器人的轨迹基本都是由直线和圆弧组成的。这里介绍一下焊接机器人直线插补指令的应用。前面已经介绍了焊接机器人关节插补指令,直线插补的语句除了插补指令不同,其余都是相同的。常见品牌的机器人直线插补指令见表2-24。

2. 设备、工具及工件准备

软头秀丽笔每个工位一支,秀丽笔与焊枪喷嘴连接器每个工位一个,硬胶白板磁条每个工位一对,用A4纸打印好的迷宫图片每个工位若干张（图2-8）,燕尾夹若干。

3. 知识准备

机器人以线性方式运动至目标点,当前点与目标点两点决定一条直线。焊接机器人的运动状态是可控的,运动路径保持唯一,但可能出现死点,常用

图2-8 迷宫图片

于焊接机器人在工作状态下的移动。

ABB 机器人的直线插补指令为 MoveL，除上一节提到的常见参数外，运动指令还包含一些隐藏的参数，有特殊需要时可以调取，其完整程序语句为

MoveL,[\Conc],p1,v100,[\V],[\T],z10,[\Z],[\Inpos],tool1,wobj,[\Corr]；

隐藏参数的具体含义见表 2-28。

表 2-28　ABB 机器人直线插补程序语句中隐藏参数的具体含义

序号	参数	说明
1	[\Conc]	协作运动开关
2	[\V]	特殊运行速度(mm/s)
3	[\T]	运行时间控制(s)
4	[\Z]	特殊运行转角(mm)
5	[\Inpos]	动作停止点数据
6	[\Corr]	修正目标点开关

4. 操作步骤

机器人直线插补指令操作步骤见表 2-29。

表 2-29　机器人直线插补指令操作步骤

序号	操作步骤	操作演示	补充说明
1	安装软头秀丽笔，放置好迷宫图片		
2	移动机器人并靠近起点，用 MoveJ 记录安全点位置		
3	移动摇杆，进入迷宫入口，按"MoveL"，记录当前位置		

序号	操作步骤	操作演示	补充说明
4	为保证运行轨迹的精确,注意修改转弯半径参数 fine		
5	操作机器人,逐步完成所有点的编程		每运行到一个目标点,就需要插入一条"MoveL",以记录位置
6	程序最后插入"Stop"指令,完成程序的编写		
7	试运行程序,完成任务并上交		

5. 评价表(表2-30)

表 2-30 操作评价表

评价点	标准	配分	得分
安全准备	观察现场操作环境是否安全,劳保用品是否符合要求	20	
示教器使用	示教器握持的姿势是否正确,使用是否规范	10	
操作过程	操作姿态、顺序等是否规范	10	
操作过程	是否熟练掌握示教器功能	10	
操作过程	操作步骤是否正确	20	
操作过程	完成结果是否符合预期效果	20	
现场清理	是否符合规范	10	
总成绩		100	

训练3：圆弧插补指令

1. 实操内容

运用圆弧插补指令进行编程，并能运行程序，使夹持在焊接机器人末端的软头秀丽笔沿着规定的路线行进，并绘制出花朵的图形轨迹。

在实际生产中，焊接机器人的轨迹基本都是由直线和圆弧组成的。这里介绍一下焊接机器人圆弧插补指令的应用。前面已经介绍了焊接机器人关节插补指令和直线插补指令。圆弧插补指令与其他插补指令最大的不同之处是：一个圆弧是由三个目标点构成的，除了前一段程序已经到达的一个圆弧起点的目标点外，还需要再记录一个圆弧中间点和一个圆弧终止点的数值。

2. 设备、工具及工件准备

软头秀丽笔每个工位一支，秀丽笔与焊枪喷嘴连接器每个工位一个，硬胶白板磁条每个工位一对，用A4纸打印好的花朵图片每个工位若干张（图2-9），燕尾夹若干。

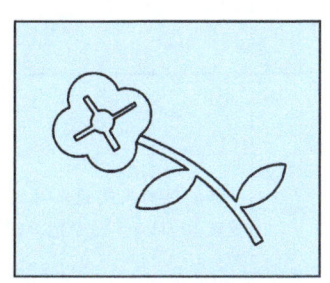

图2-9 花

3. 知识准备

焊接机器人通过中心点以圆弧移动的方式运动至目标点，当前点、中间点与目标点三个点决定一段圆弧，机器人运动状态是可控的，运动路径保持唯一。圆弧插补指令常用于机器人在工作状态下的移动。

使用圆弧插补指令MoveC时，需要示教确定运动路径的起点、中间点和终止点。圆弧运动路径如图2-10所示。

起点为p0，也就是机器人目前所在的位置，使用MoveC指令会自动显示需要确定的另外两点，即中间点和终止点，程序语句为

MoveC, p1, p2, v100, z1, tool1;

使用MoveC指令时，系统将自动记录当前机器人的位置坐标。p1点为圆弧的中间点，p2点为圆弧的终止点，需操作机器人移动到这两个位置后手动修改。

值得注意的是，使用一次MoveC指令不可能移动一个完整的圆，而是应使用两次该指令（图2-11）。

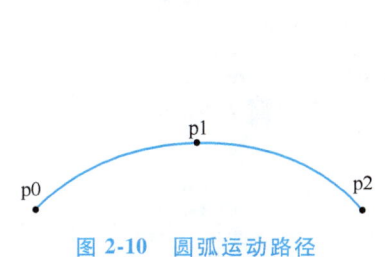

图2-10 圆弧运动路径　　图2-11 MoveC指令

如：

　　MoveL, p1, v500, fine, tool1;
　　MoveC, p2, p3, v500, z20, tool1;

MoveC, p4, p1, v500, fine, tool1;

4. 操作步骤（表2-31）

表2-31 焊接机器人圆弧插补指令操作步骤

序号	操作步骤	操作演示	补充说明
1	安装软头秀丽笔，放置好花的图片		
2	移动机器人接近图片。确定安全位置，用MoveJ指令记录安全位置点	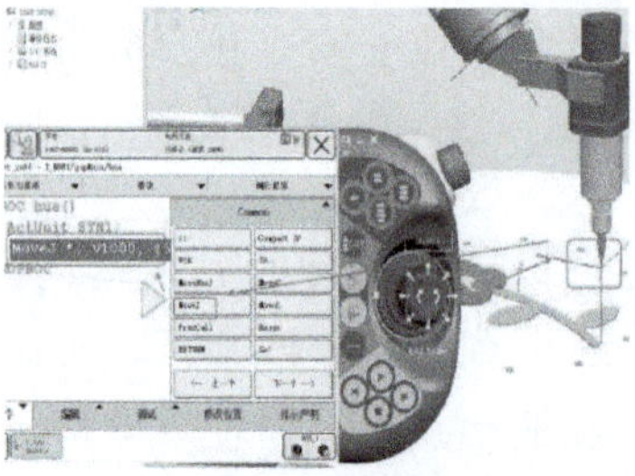	
3	移动机器人到达开始绘图的位置，用MoveL指令记录	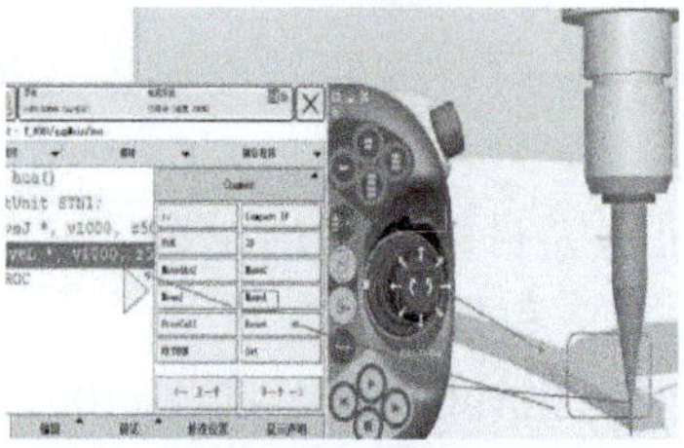	
4	移动机器人，到达圆弧中间点，用MoveC指令记录	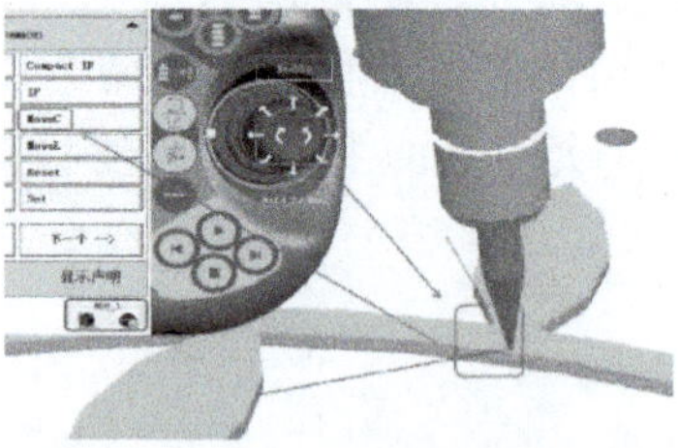	
5	出现两个"*"号，第一个为圆弧中间点坐标，第二个为终止点坐标（目前为未记录状态，光标点亮）	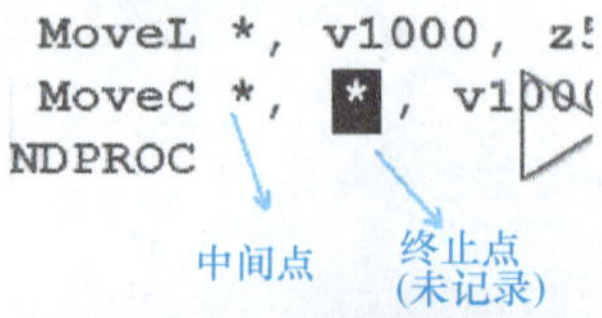	
6	移动机器人到达圆弧终止点，按"修改位置"	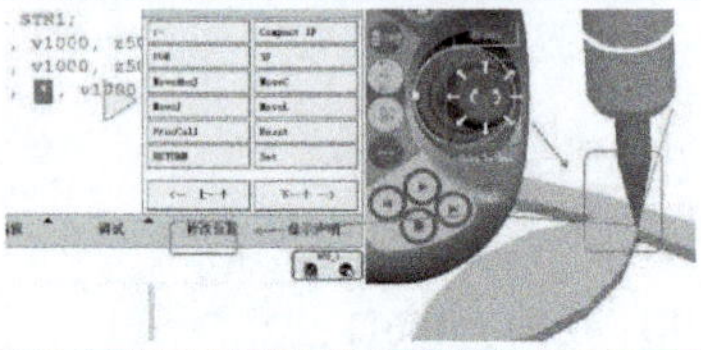	

（续）

序号	操作步骤	操作演示	补充说明
7	点击"修改"，记录当前点坐标		
8	重复使用圆弧插补命令，完成花朵的外框编辑。在终止点，用直线插补指令使机器人移至安全点		
9	用 MoveJ 指令使机器人移动至花蕊处进行编程，直至完成		
10	编完成后插入 Stop 指令，完成程序编辑		
11	点击"运行程序"，检验编程，并查看和上交作业		

5. 评价表（表2-32）

表2-32 操作评价表

评价点	标准	配分	得分
安全准备	观察现场操作环境是否安全，劳保用品是否符合要求	20	
示教器使用	示教器握持的姿势是否正确，使用是否规范	10	
操作过程	操作姿态、顺序等是否规范	10	
	是否熟练掌握示教器功能	10	
	操作步骤是否正确	20	
	完成结果是否符合预期效果	20	
现场清理	是否符合规范	10	
总成绩		100	

训练4：运动指令的综合应用

1. 实操内容

运用三种常用的运动指令进行编程，并能运行程序，使夹持在焊接机器人末端的软头秀丽笔沿着规定的路线行进，并书写出规定"焊"字的图形轨迹。

在实际生产中，焊缝并不会只是单一的直线或者圆弧，而是需要通过按一定的原则，合理地选用关节插补指令、直线插补指令和圆弧插补指令进行编程，以保证机器人的运动既平稳又高效，即安全又精准。

2. 设备、工具及工件准备

软头秀丽笔每个工位一支，秀丽笔与焊枪喷嘴连接器每个工位一个，硬胶白板磁条每个工位一对，用A4纸打印好的"焊"字的图片每个工位若干张（图2-12），燕尾夹若干。

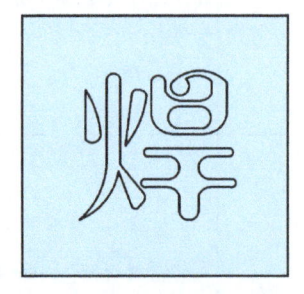

图2-12 "焊"字

3. 知识准备

当前，焊接机器人任务的复杂程度不断增加，用户对产品的质量、效率的追求也越来越高。在这种形势下，机器人的编程方式、编程效率和质量显得越来越重要。提高编程效率，提高生产效率，获得良好的焊接质量，是焊接机器人编程的终极追求。

一般焊接机器人编程有以下几个技巧：

1）选择合理的焊接顺序，以减小焊接变形、缩短焊枪行走路径的长度。

2）焊枪空间过渡要求移动轨迹较短、平滑且安全。

3）优化焊接参数。为了获得最佳的焊接参数，可制作工作试件进行焊接试验和工艺评定。

4）采用合理的变位机位置、焊枪姿态和焊枪相对接头的位置。工件在变位机上固定之后，若焊缝不是理想的位置与角度，编程时需不断调整变位机，使焊缝按照焊接顺序逐次达到水平位置。同时，要不断调整机器人各轴的位置，合理地确定焊枪相对接头的位置、角度和焊丝伸出长度。工件的位置确定之后，焊枪相对接头的位置必须通过编程者的肉眼观察，难度较大，这就要求编程者善于总结、积累经验。

5）及时插入清枪程序。编写一定长度的焊接程序后，应及时插入清枪程序，以防止焊接飞溅堵塞焊接喷嘴和导电嘴，保证焊枪的清洁，提高喷嘴的寿命，确保可靠引弧，减少焊接飞溅。

6）编制程序一般不能一步到位，要在机器人焊接过程中不断检验和修改程序，调整焊接参数及焊枪姿态等，才会形成一个好程序。

4. 操作步骤

焊接机器人运动指令综合应用操作步骤见表2-33。

表2-33 焊接机器人运动指令综合应用操作步骤

序号	操作步骤	操作演示	补充说明
1	安装软头秀丽笔，放置好"焊"字的图片		
2	点击主菜单，选择"程序编辑器"，进入程序编辑模式		
3	移动焊枪接近图片。并确定安全位置，用MoveJ指令记录安全位置点		
4	合理运用MoveJ指令、MoveL指令和MoveC指令进行编程，并调整好相关数据		
5	编制完运动指令，别忘了添加"Stop"指令		

（续）

序号	操作步骤	操作演示	补充说明
6	调试程序		
7	上交作业，打扫卫生		

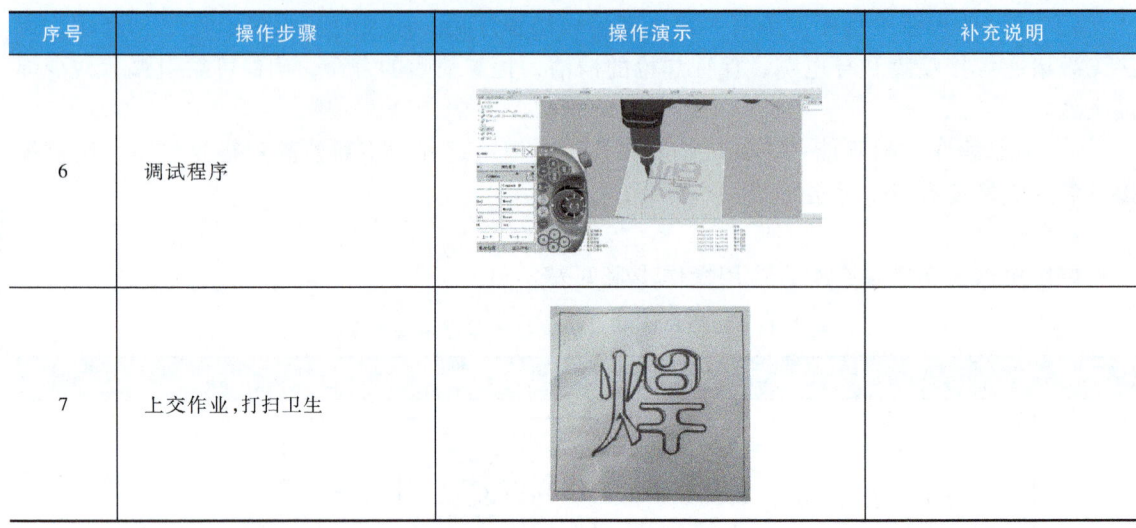

5. 评价表（表 2-34）

表 2-34 操作评价表

评价点	标准	配分	得分
安全准备	观察现场操作环境是否安全，劳保用品是否符合要求	20	
示教器使用	示教器握持的姿势是否正确，使用是否规范	10	
操作过程	操作姿态、顺序等是否规范	10	
	是否熟练掌握示教器功能	10	
	操作步骤是否正确	20	
	完成结果是否符合预期效果	20	
现场清理	是否符合规范	10	
总成绩		100	

训练 5：工件坐标系的定义及应用

1. 实操内容

在焊接机器人工作站上练习机器人工件坐标的定义与设置，并完成规定图形轨迹的绘制。

在实际生产中，常常会遇见工件位置发生偏移后整体程序需要调整的情况，或者是遇到需要在夹具上同时安装多个相同零件进行焊接的情况，或者是遇到需要在斜面上进行焊接的情况，能够掌握并熟练应用工件坐标就会达到事半功倍的效果。

2. 设备、工具及工件准备

弧焊机器人工作站，软头秀丽笔每个工位一支，秀丽笔与焊枪喷嘴连接器每个工位一个，硬胶白板磁条每个工位一对，用 A4 纸打印好的三件体的图片每个工位若干张（图 2-13），燕尾夹若干。

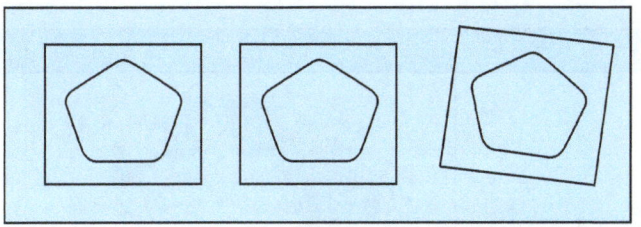

图 2-13 三件体的图片

3. 知识准备

坐标系是为确定机器人的位置和姿态而在机器人或空间上设定的位置指标系统。常用的坐标系有基坐标系（Base Coordinate System）、世界坐标系（World Coordinate System）、工具坐标系（Tool Coordinate System）和工件坐标系（或用户坐标系，Work Object Coordinate System），如图 2-14 所示。

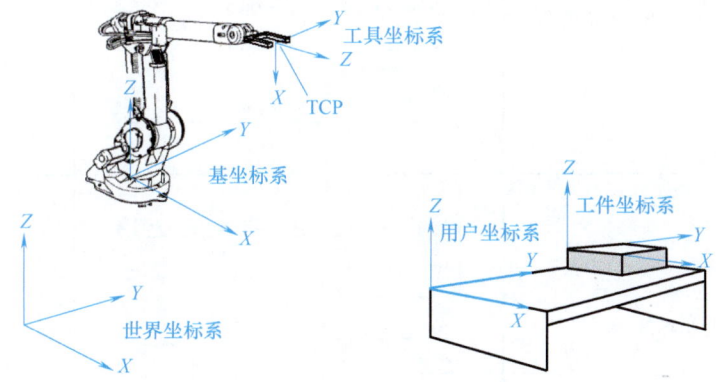

图 2-14 常用机器人坐标系

基坐标系位于机器人基座上，它是最便于机器人从一个位置移动到另一个位置的坐标系。工件坐标系（或用户坐标系）与工件相关，适用于对机器人进行编程。工具坐标系用于定义机器人到达预设目标时所使用工具的位置。大地坐标系可定义机器人单元，所有其他坐标系均与大地坐标系直接或间接相关，适用于微动控制、一般移动以及处理具有若干机器人或外部轴的机器人工作站和工作单元。

在编程前，必须要建立或者选择好相应的坐标系。

4. 操作步骤

焊接机器人工件坐标系的定义及使用见表 2-35。

表 2-35 焊接机器人工件坐标系的定义及使用

序号	操作步骤	操作演示	补充说明
1	安装软头秀丽笔，放置好三件体的图片		

序号	操作步骤	操作演示	补充说明
2	调整焊枪姿态，并验证可达性		
3	点击主菜单，选择"手动操纵"		
4	点击"工件坐标"		
5	点击"新建"		
6	点击"…"修改工件坐标系的名称（也可不修改），完成后点击"确定"		

（续）

序号	操作步骤	操作演示	补充说明
7	选择刚刚新建的工具坐标系		
8	点击"编辑"，再点击"定义…"		
9	在"用户方法"中，选择"3点"		
10	操作焊枪移动至点"X1"，点击"修改位置"		
11	操作焊枪移动至点"X2"，确认光标在 X2 点位置，点击"修改位置"		
12	操作焊枪移动至点"Y1"，确认光标在 Y1 点的位置，点击"修改位置"，再点击"确认"，完成工件坐标系定义		

（续）

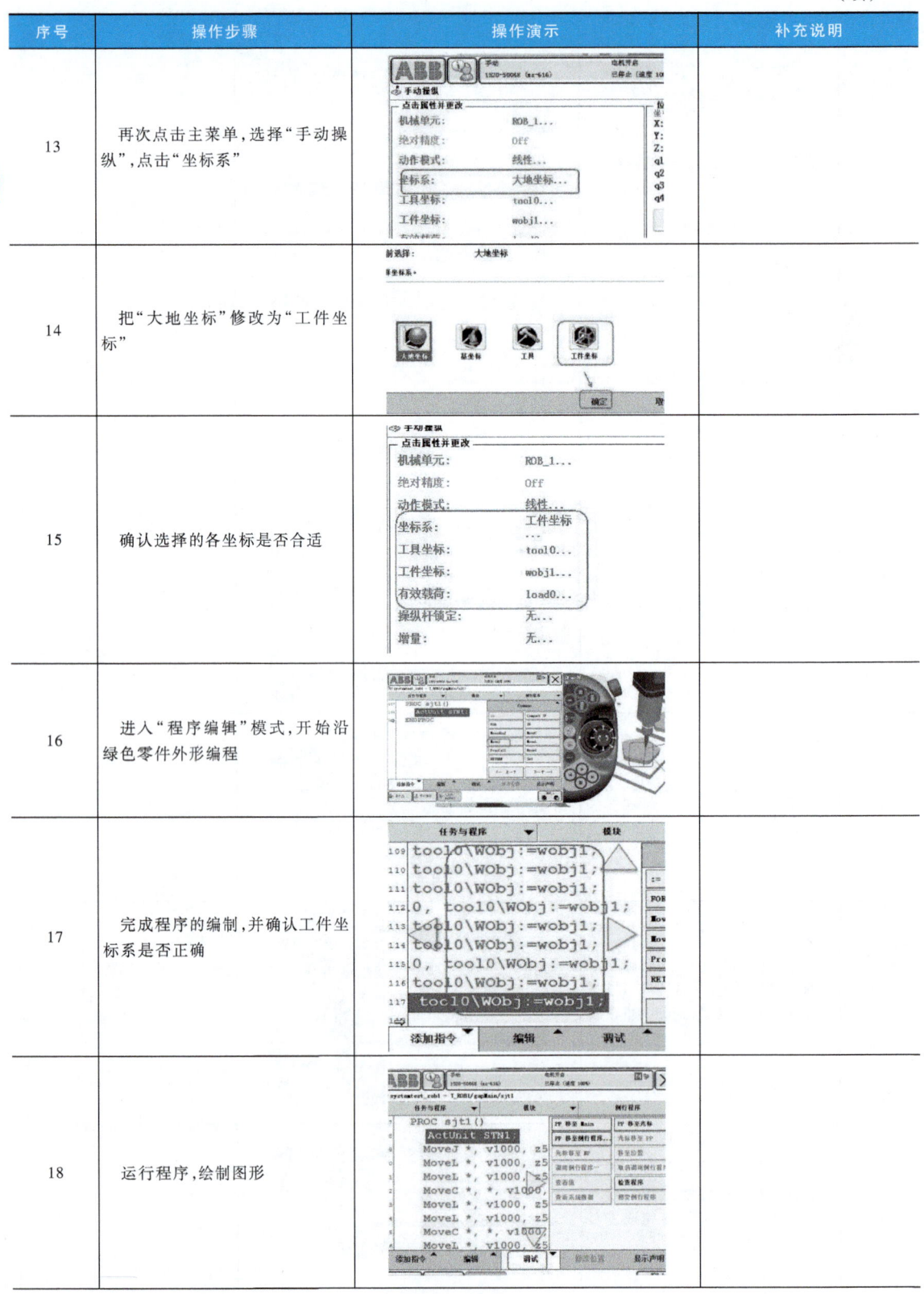

序号	操作步骤	操作演示	补充说明
13	再次点击主菜单,选择"手动操纵",点击"坐标系"		
14	把"大地坐标"修改为"工件坐标"		
15	确认选择的各坐标是否合适		
16	进入"程序编辑"模式,开始沿绿色零件外形编程		
17	完成程序的编制,并确认工件坐标系是否正确		
18	运行程序,绘制图形		

模块二 焊接机器人编程及操作基础

（续）

序号	操作步骤	操作演示	补充说明
19	把工件坐标平移至第二个工件处,随后再次执行程序,观察效果	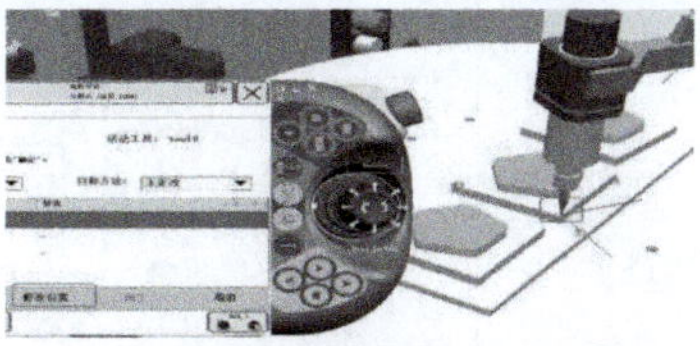	
20	再新建一个"工件坐标",建立第三个工件的工件坐标系	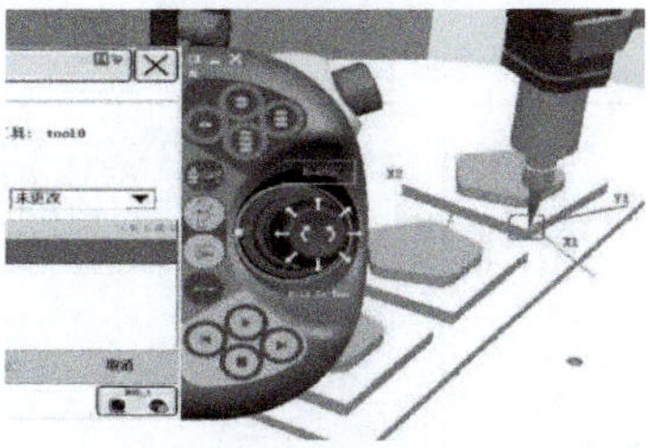	
21	进入程序编辑页面,点击"例行程序"	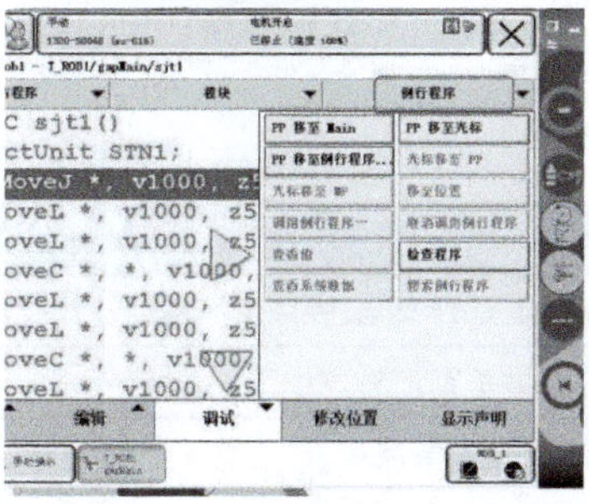	
22	选择"复制例行程序",复制刚刚编制的工件程序	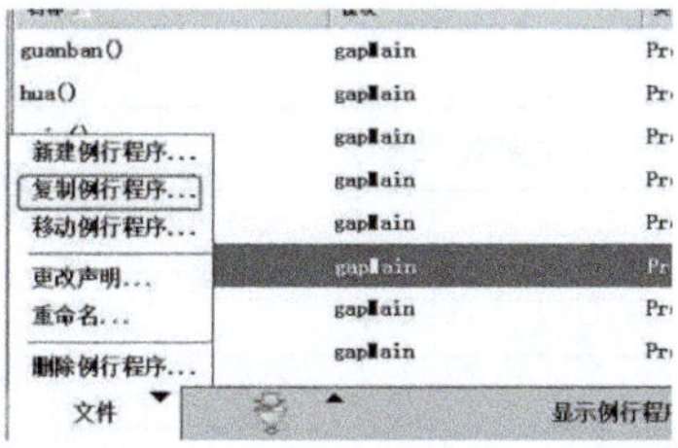	
23	选择复制好的程序,点击语句中的"工件坐标",进行修改	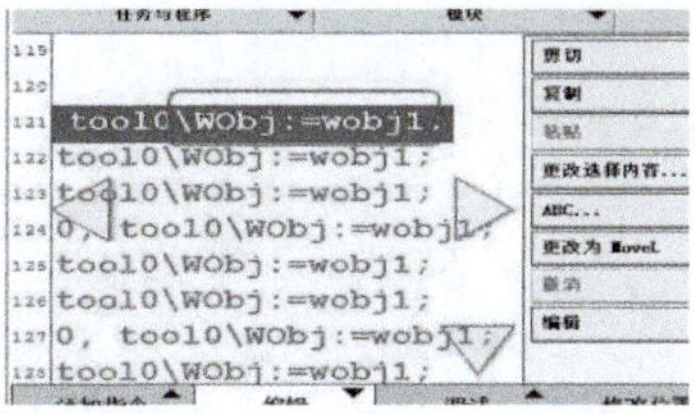	
24	把工件坐标系修改为第三个工件的工件坐标系	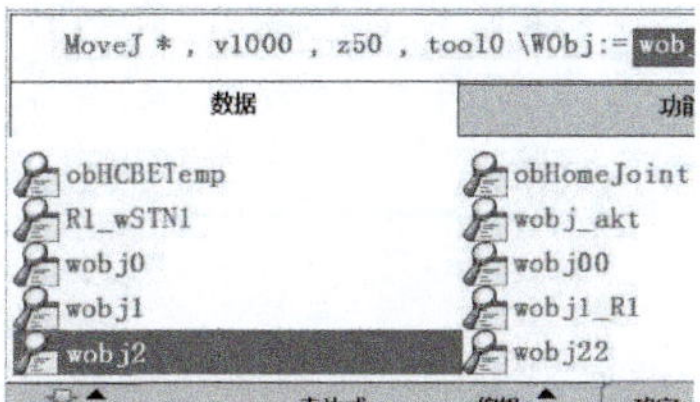	

（续）

序号	操作步骤	操作演示	补充说明
25	修改整个程序的工件坐标系，然后运行程序，观察运动轨迹	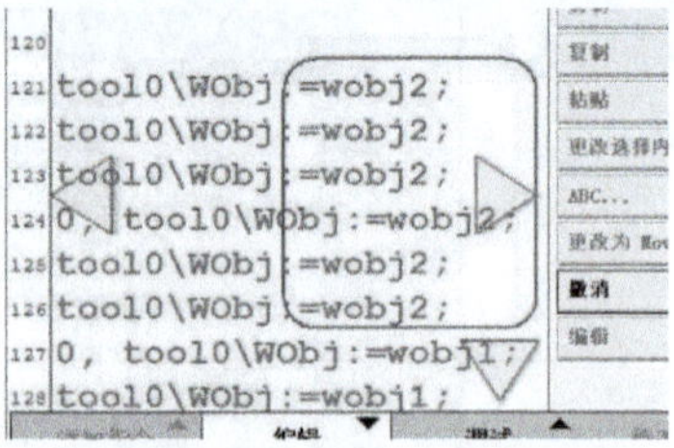	
26	上交作业	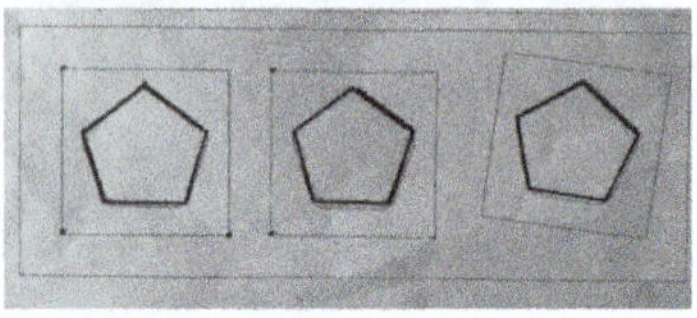	

5. 评价表（表2-36）

表 2-36 操作评价表

评价点	标准	配分	得分
安全准备	观察现场操作环境是否安全，劳保用品是否符合要求	20	
示教器使用	示教器握持的姿势是否正确，使用是否规范	10	
操作过程	操作姿态、顺序等是否规范	10	
	是否熟练掌握示教器功能	10	
	操作步骤是否正确	20	
	完成结果是否符合预期效果	20	
现场清理	是否符合规范	10	
总成绩		100	

工匠风采

高凤林，中华全国总工会副主席，中国航天科技集团有限公司第一研究院首席技能专家。他深耕航天一线40余年，为160多颗火箭焊"心脏"，先后攻克300多项"疑难杂症"。敢为人先、勇于创新，艰苦奋斗、甘于奉献，为中国航天事业的发展做出了突出贡献。他热爱自己的祖国和所从事的事业，以主人翁的责任感、刻苦钻研的精神、无私奉献的态度，走出了一条成才之路，成为新时代高技能人才的楷模。曾荣获全国劳动模范、全国道德模范、首次月球探测工程突出贡献者、全国技术能手、中华技能大奖获得者、全国国防科技工业系统劳动模范、全国五一劳动奖章获得者、中国质量奖获得者，并获得2023年度国家科技进步奖二等奖。

模块三 典型堆焊和T形接头焊接程序编制及调试

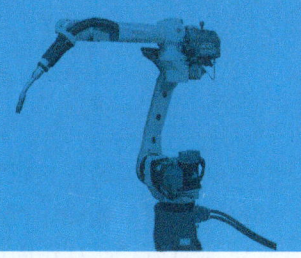

技能目标：熟练掌握机器人平板堆焊和T形接头焊接程序编制技能，并焊出成形良好、符合质量要求的焊缝。

素养目标：培养精益求精、一丝不苟的工匠精神。

单元一 机器人平板1G位直线堆焊技能训练

学习目标及技能要求

通过本单元的学习，读者应了解机器人焊接程序的编制方法，学会操作焊接机器人进行简单的焊接作业，完成无摆动的平敷焊焊接，并能根据实际情况调整焊接参数，完成焊接作业。

1. 实操内容

运用焊接指令进行编程，并能运行程序、调整焊接参数，完成无摆动的平敷焊焊接作业。

2. 设备、工具及工件准备

（1）焊件材料　Q235钢板。

（2）焊件尺寸　200mm×200mm×6mm（图3-1）。

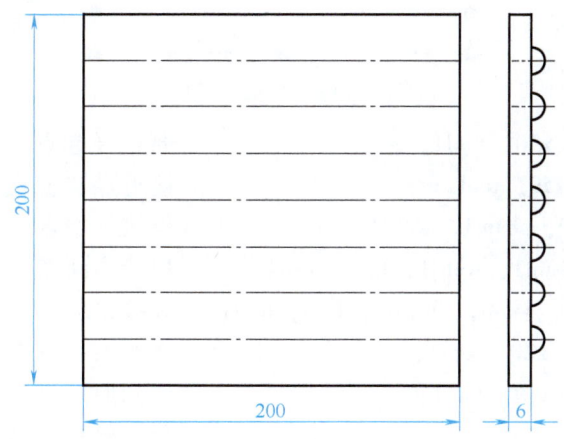

图3-1　焊接工件图

（3）焊接材料　G49A3C1S6（ϕ1.2mm），CO_2气体。

（4）焊接设备　焊接机器人工作站。

（5）焊接辅具　钢丝刷、尖嘴钳、扳手、钢直尺、角向磨光机、石笔等。

（6）劳动保护用品　焊接面罩、焊接手套、焊接工作服、焊接劳保鞋等。

3. 知识准备

每个品牌的焊接机器人的编程指令各不相同，焊接电源也不尽相同，有的是独立的焊接"开始/结束"指令，配合运动插补指令执行弧焊功能；而有的是独立的弧焊语句，但它们最终实现的功能都是相同的，都是为了实现焊接功能。常见品牌机器人的弧焊指令见表3-1。

表 3-1　常见品牌机器人弧焊指令

机器人品牌	焊接开始	焊接结束	焊接条件	收弧条件
ABB	ArcStart	ArcEnd	Weld	Seam
FANUC	Arc Start	Arc End	Start[i]	End[i]
KUKA	ARC-ON	ARC-OFF	WDAT	WDAT
安川	ARCON	ARCOF	ARCON	ARCOF
OTC	AS	AE	AS	AE
松下	ARC-ON	ARC-OFF	ARC-SET	CRATER
埃夫特	ArcOn	ArcOff	ArcOn	ArcOff
钱江	ArcStart	ArcEnd	ArcStart	ArcEnd

以 ABB 机器人为例，其弧焊指令就是独立的语句。直线焊接（Linear Welding）主要由 ArcLStart（直线开始焊接）、ArcL（直线焊接中间点）和 ArcLEnd（直线焊接结束）三个指令语句组成；圆弧焊接（Circular Welding）主要由 ArcCStart（圆弧开始焊接）、ArcC（圆弧焊接中间点）和 ArcCEnd（圆弧焊接结束）三个指令语句组成，详见图 3-2 所示焊接路径的焊接程序。

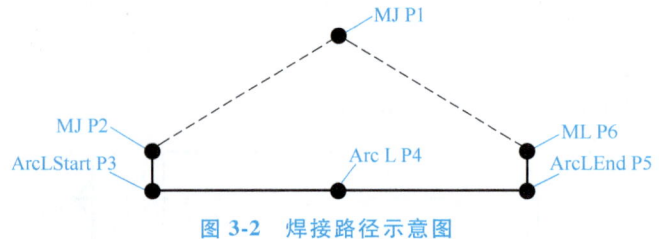

图 3-2　焊接路径示意图

MoveJ, p1, v1000, z50, tool1;　　　　　　　原点（起点）
MoveJ, p2, v100, z50, tool1;　　　　　　　接近点（安全点）
ArcLStart, p3, v100, seam1, weld1, fine, tool1;　焊接开始点
ArcL, p4, v100, seam1, weld1, fine, tool1;　　焊接中间点（可不加）
ArcLEnd, p5, v100, seam1, weld1, fine, tool1;　焊接结束点
MoveL, p6, v1000, z20, tool1;　　　　　　离开点（安全点）
MoveJ, p1, v1000, z50, tool1;　　　　　　回到原点（起点）
Stop;　　　　　　　　　　　　　　　程序停止（结束）

从上面的程序可以看出，弧焊指令基本与普通"Move"运动插补指令一样，只是额外还包括三个弧焊的参数：seam（起收弧参数）、weld（焊接参数）和 weave（摆动参数），来实现弧焊的功能。

其中，焊接指令中的 seam 定义起弧和收弧时的焊接常用参数，其主要含义见表 3-2。
焊接指令中的弧焊参数 Weld 定义焊接参数，常用的含义见表 3-3。

表 3-2　弧焊参数 seam 的常用参数含义

弧焊参数（指令）	指令定义的参数
Purge_time	保护气管路的预充气时间
Preflow_time	保护气的预吹气时间
Bback_time	收弧时焊丝的回烧量
Postflow_time	收弧时为防止焊缝氧化保护气体的吹气时间

表 3-3　弧焊参数 Weld 的常用参数含义

弧焊参数（指令）	指令定义的参数
Weld_speed	焊缝的焊接速度，单位是 mm/s
Weld_voltage	定义焊缝的焊接电压，单位是 V
Weld_wirefeed	焊接时送丝系统的送丝速度，单位是 m/min
Sched	调用程序号

注意：部分数字焊机与机器人通信的方式是通过机器人调用焊机内部的程序号来实现焊接。这部分焊机的焊接参数修改方法如下：以 ABB 机器人为例，选择输入/输出，依次点击视图、组输出，修改 goFr1Mode 数据为"3"，设置焊机的参数，再把 goFr1Mode 数值改回"2"就可以了。机器人焊接参数可以参照表 3-4。

表 3-4　机器人焊接参数

焊接类型	焊接电流/A	焊接电压修正（%）	焊接速度/(mm/s)	收弧电流/A	气体流量/(L/min)
熔化极 CO_2 气体保护焊	145~155	0	8	90~100	12~15

4. 操作步骤（表 3-5）

表 3-5　机器人平板 1G 位直线堆焊操作步骤

序号	操作步骤	操作演示	补充说明
1	打磨工件，去除焊接区域的油锈等影响焊接质量的物质		
2	划线		

（续）

序号	操作步骤	操作演示	补充说明
3	将工件安装至焊接工作台上，并固定		
4	点击"SELECT"键，新建例行程序，在原点确定一个安全点，用关节运动指令 JP 记录点 P1		
5	选择合适的运动模式，操作"示教器"，调整焊枪角度，并使其接近工件的上方用关节运动指令记录点 P2		
6	用直线指令 LP 靠近工件，并记录点 P3		
7	在点 P3 添加焊接开始指令，设置电流和电压参数		

（续）

序号	操作步骤	操作演示	补充说明
8	移动到工件末端，在 F3 键中选择焊接直线指令移动到点 P4，并修改焊接速度		
9	按"NEXT"键之后按 F1，选择"弧焊"，然后再选择"焊接结束"		
10	直线拉起焊枪到一个安全点，并用直线指令 LP 记录点 P5		
11	重复添加直线指令，然后把 P6 改为 P1		
12	焊接完成，焊缝成形		

5. 评价表（表 3-6）

表 3-6 机器人平板 1G 位直线堆焊质量评价表

评价点	标准	配分	得分
安全准备	观察现场操作环境是否安全，劳保用品是否符合要求	20	
示教过程	示教过程是否正确规范，程序结构是否合理	10	
结果评价	焊缝宽度是否在 3.5~5.5mm 之间	10	
	焊缝高低差及宽窄差是否不大于 0.5mm	10	
	焊缝是否有明显表面缺陷	20	
	焊缝是否成形良好、美观	20	
现场清理	是否符合规范	10	
总成绩		100	

单元二　机器人平板1G位摆动堆焊技能训练

学习目标及技能要求

通过本单元的学习,读者应了解机器人焊接程序中摆动指令的编制方法与应用,学会操作焊接机器人进行带摆动的直线焊接作业。并能合理地调节焊接的起弧及收弧电流电压,以保证形成良好的焊接接头。

1. 实操内容

运用摆动焊接指令进行编程,并能运行程序。学会调整焊接参数,特别是起弧和收弧参数的调节,以保证焊接接头的良好。

2. 设备、工具及工件准备

(1) 焊件材料　Q235钢。

(2) 焊件尺寸　200mm×200mm×6mm(图3-3)。

(3) 焊接材料　G49A3C1S6(ϕ1.2mm),CO_2气体。

(4) 焊接设备　焊接机器人工作站。

(5) 焊接辅具　钢丝刷、尖嘴钳、扳手、钢直尺、角向磨光机、石笔等。

(6) 劳动保护用品　焊接面罩、焊接手套、焊接工作服、焊接劳保鞋等。

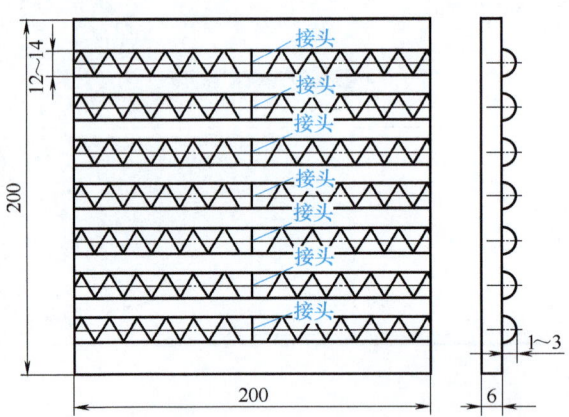

图3-3　焊接工件图

3. 知识准备

每个品牌的焊接机器人的编程指令各不相同,它们的弧焊摆动指令也是不同的。以ABB机器人为例,其弧焊摆动指令见表3-7。

表3-7　ABB机器人弧焊摆动指令

弧焊参数(指令)	指令定义的参数	
Weave_shape 焊枪摆动类型	0	无摆动
	1	平面锯齿形摆动

(续)

弧焊参数（指令）	指令定义的参数
Weave_shape 焊枪摆动类型	2 空间 V 字形摆动
	3 空间三角形摆动
Weave_type 机器人摆动方式	0 机器人所有的轴均参与摆动
	1 仅手腕参与摆动
Weave_length	摆动一个周期的长度
Weave_width	摆动一个周期的宽度
Weave_height	空间摆动一个周期的高度
Dwell-left	在左侧停留，并前进 X mm
Dwell-center	在中间停留，并前进 X mm
Dwell-right	在右侧停留，并前进 X mm
weave-dir	摆动倾斜角度，焊缝的 X 方向
weave-ori	摆动倾斜角度，焊缝的 Y 方向
weave-tilt	摆动倾斜角度，焊缝的 Z 方向
weave-bias	摆动中心偏移

其他常见机器人品牌的摆动指令见表3-8。

表 3-8 其他常见机器人品牌的摆动指令

机器人品牌	焊接开始	焊接结束	焊接条件
FANUC	L	C	R_DW,L_DW
	注：Weave[i]-焊接开始；Weave End-焊接结束；Weave Aine-正弦波摆焊；Weave Circle-圆形摆焊；Weave Figure 8-8字形摆焊；Hz-摆焊频率；Mm-摆焊幅宽；Sec-摆焊左右停留时间			
KUKA	ARC-ON	ARC-OFF	WDAT
	注：在联机表中设定摆焊条件，四个摆动图形分别是：三角形、梯形、不对称形和螺旋形			
安川	MoveL	MoveC	REFP
	注：WVON-摆动开始；WVOF-摆动结束；相关摆动条件在摆动条件页面设置			
OTC	LIN	CIR	示教或设定
	注：WFP-固定模式；WAX-关节模式；开始条件 WS；结束条件 WE；摆焊停留、振幅等参数在摆动条件页面中设置			

在编辑完摆焊程序后，一定要通过程序试运行验证，观察摆焊位置及轨迹是否正确，并且注意焊枪角度，如图 3-4 所示。

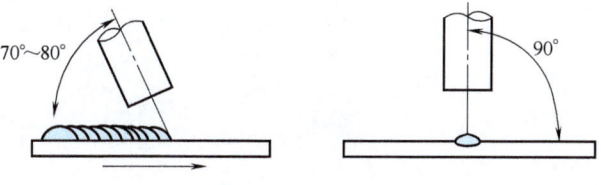

图 3-4 焊枪角度

机器人焊接参数见表3-9。

表 3-9 机器人焊接参数

焊接电流/A	焊接电压修正(%)	焊接速度/(mm/s)	频率/Hz	摆动幅度/mm	左侧停留/s	右侧停留/s	收弧电流/A
130~140	0	4	4	4.2	0.2	0.2	90~100

为了获得良好的焊接接头，还需要根据实际情况调节焊接的起弧及收弧参数。

4. 操作步骤

机器人平板1G位摆动堆焊操作步骤见表3-10。

表 3-10 机器人平板1G位摆动堆焊操作步骤

序号	操作步骤	操作演示	补充说明
1	打磨工件，去除焊接区域的油锈等影响焊接质量的物质	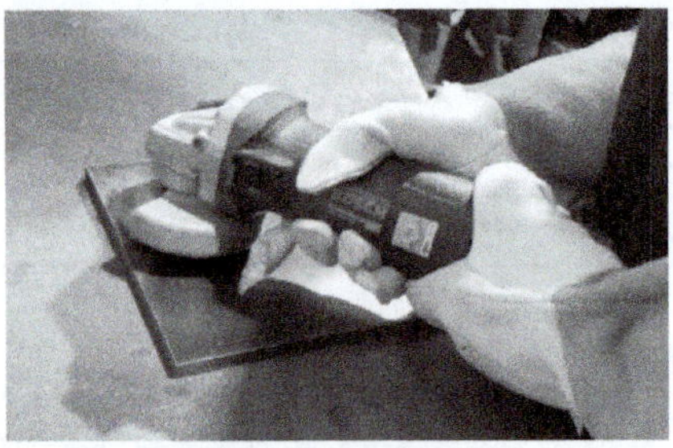	
2	划线		
3	将工件安装至焊接工作台上，并固定	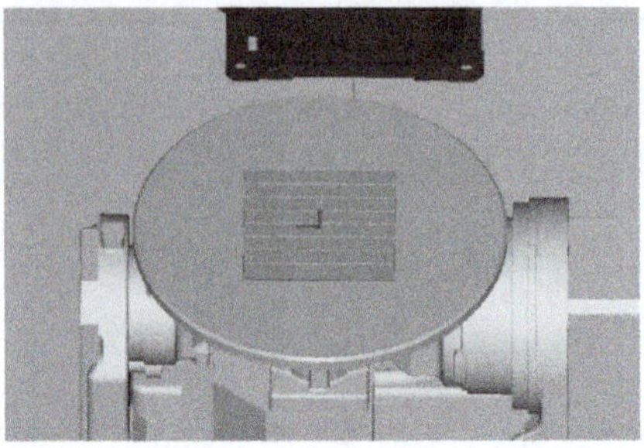	

（续）

序号	操作步骤	操作演示	补充说明
4	点击"SELECT"键，新建例行程序，在原点确定一个安全点，用关节运动指令 JP 记录点 P1		
5	选择合适的运动模式，操作"示教器"，调整焊枪角度，并使其接近工件的上方，用关节运动指令记录点 P2		
6	用直线指令 LP 靠近工件，并记录点 P3		
7	并在点 P3 添加焊接开始指令，设置电流和电压参数		
8	按"NEXT"键之后按 F1，在下一页的"摆焊"添加摆焊指令		
9	移动到工件中间和末端，在 F3 键中选择焊接直线指令到点 P4，并修改焊接速度		
10	按"NEXT"键之后按 F1，在下一页的"摆焊"添加摆焊结束（在焊缝中间停一次，并完成接头）		

（续）

序号	操作步骤	操作演示	补充说明
11	按"NEXT"键之后按 F1，选择"弧焊"，然后再选择焊接结束		
12	直线拉起焊枪到一个安全点，并用直线指令 LP 记录点 P5		
13	重复添加直线指令，然后把 P6 改为 P1		
14	焊接完成，焊缝成形		

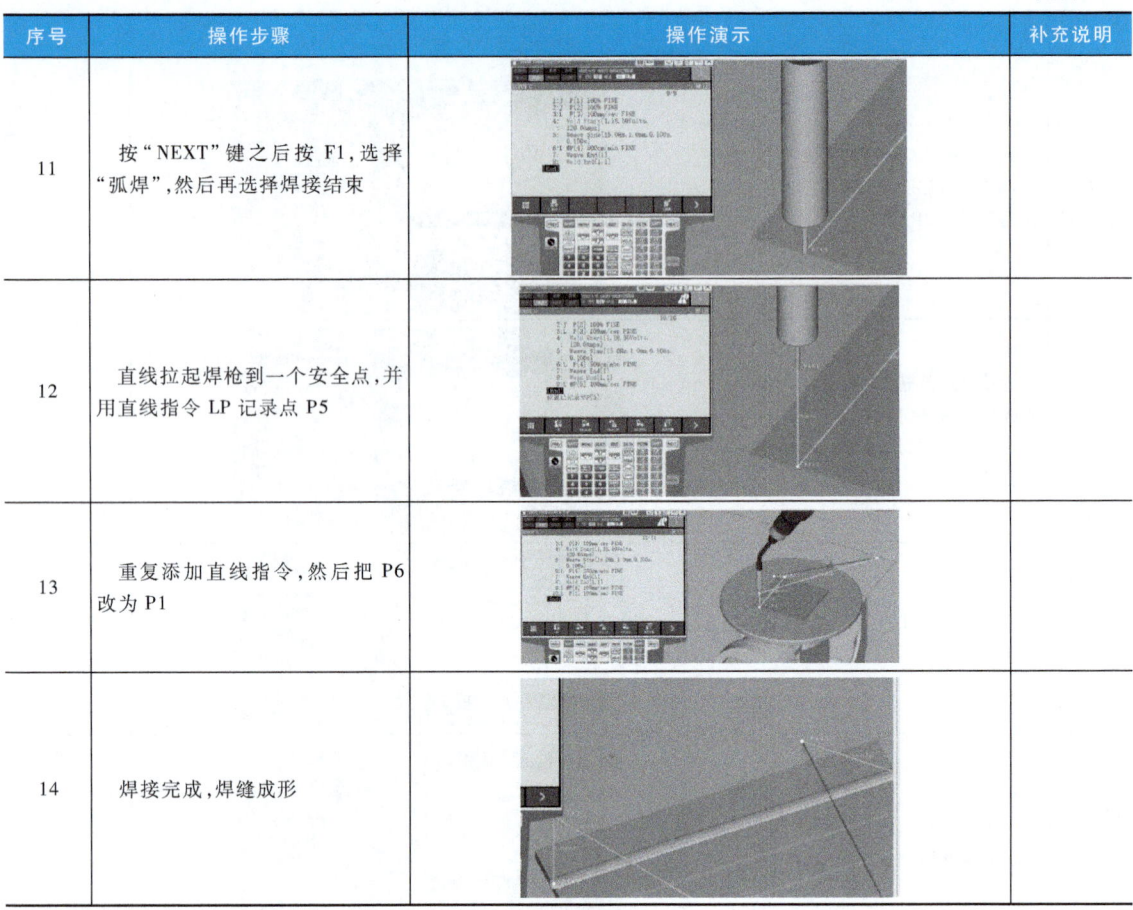

5. 评价表（表 3-11）

表 3-11 机器人平板 1G 位摆动堆焊质量评价表

评价点	标准	配分	得分
安全准备	观察现场操作环境是否安全，劳保用品是否符合要求	20	
示教过程	示教过程是否正确规范，程序结构是否合理	10	
结果评价	焊缝宽度是否在 3.5~5.5mm 之间	10	
	焊缝高低差及宽窄差是否不大于 0.5mm	10	
	焊缝是否有明显表面缺陷	20	
	焊缝是否成形良好、美观	20	
现场清理	是否符合规范	10	
总成绩		100	

单元三　机器人 T 形接头 1F 位焊接技能训练

学习目标及技能要求

通过本单元的学习，读者应掌握机器人焊接中 T 形接头 1F 位焊接程序的编制及调试，并能根据实际的焊接情况,调节焊接参数,焊接出合格的 T 形接头 1F 位焊缝。

1. 实操内容

运用焊接及摆动指令编制 T 形接头 1F 位船形焊接程序,并能运行程序完成焊接。同时,学会根据实际的焊接情况,优化机器人位姿,调整相关的焊接参数,以保证理想的焊接效果。

2. 设备、工具及工件准备

(1) 焊件材料　Q235 钢板。

(2) 焊件尺寸　250mm×50mm×10mm (1 件), 250mm×100mm×10mm (1 件), 装配完成如图 3-5 所示。

(3) 焊接材料　G49A3C1S6 (ϕ1.2mm), CO_2 气体。

(4) 焊接设备　焊接机器人工作站。

(5) 焊接辅具　钢丝刷、尖嘴钳、扳手、钢直尺、角向磨光机、石笔等。

(6) 劳动保护用品　焊接面罩、焊接手套、焊接工作服、焊接劳保鞋等。

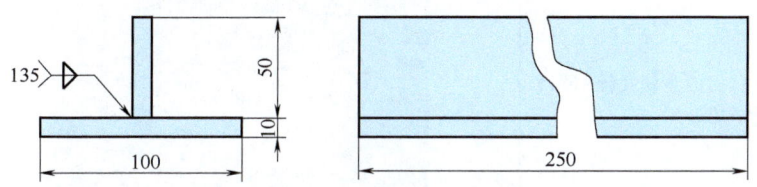

图 3-5　焊接工件图

3. 知识准备

将 T 形角焊缝平角焊的位置旋转 45°,即成为 1F 船形位置。船形位置的角焊缝焊接时,若熔池处于水平状态,则焊缝成形良好,可以避免咬边及焊脚单边的缺陷。该位置可以用来进行粗焊丝、大电流的焊接,以提高焊接生产率。

当船形位置的 T 形角焊两板厚度相等时,焊丝应该处于垂直位置,也就是和两板均成 45°(图 3-6)。若两板厚度不等,则电弧应该偏向厚板侧。

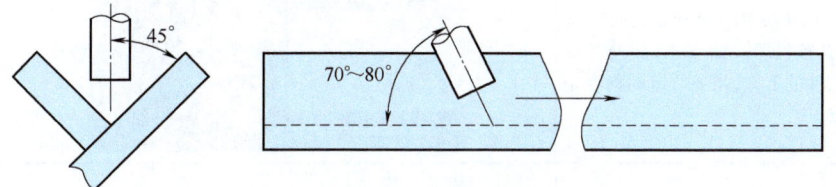

图 3-6　T 形角焊 1F 位焊枪角度示意图

在装配时,还需要注意装配的根部间隙不大于 1.5mm,否则熔化的金属易从间隙中流失,甚至可能烧穿。在确定焊接参数时,电弧电压不能太高,以免焊件两边产生咬边。机器人焊接的焊接参数可以参照表 3-12。

表 3-12　机器人焊接参数

焊接道次	焊接电流 /A	焊接电压修正(%)	焊接速度 /(mm/s)	频率 /Hz	摆动幅度 /mm	左侧停留 /s	右侧停留 /s	收弧电流 /A
第一道	115~125	0	3	4	3	0.2	0.2	85~95
第二道	135~145	0	2	3.5	4.5	0.2	0.2	85~95

4. 操作步骤（表 3-13）

表 3-13　机器人 T 形接头 1F 位焊接操作步骤

序号	操作步骤	操作演示	补充说明
1	安装好工件，调整工件的位置让工件处于正中间		
2	调整变位器的角度旋转 45°，使得角焊缝成船形		
3	单击"SELECT"键，新建例行程序，在原点确定一个安全点，用关节运动 JP 指令记录点 P1		
4	单击"COCRD"键切换为关节运动，调整机器人的姿态，并使其接近工件的上方，用关节运动指令记录点 P2		
5	用直线指令 LP 移动到靠近工件，并记录点 P3		
6	在点 P3 加入焊接开始指令		

（续）

序号	操作步骤	操作演示	补充说明
7	移动到工件末端添加焊接直线指令到点 P4，并修改焊接速度		
8	在点 P4 上添加焊接结束指令		
9	直线拉起焊枪到一个安全点，并用关节运动指令 JP 记录点 P5		
10	重复添加直线指令，然后把 P6 改为 P2		
11	重复添加直线指令，让焊枪靠近工件，点 P6 要比点 P3 往后一点		
12	在点 P6 添加焊接开始指令		

(续)

序号	操作步骤	操作演示	补充说明
13	移动到工件末端,添加焊接直线指令到点 P7,并修改焊接速度		
14	在点 P7 添加焊接结束指令		
15	重复直线指令,把 P8 改为 P5		
16	重复添加关节指令,然后把 P8 为 P2		
17	重复添加直线指令,让焊枪靠近工件,点 P8 要比点 P3 往上一点		
18	在点 P8 添加焊接开始指令		
19	移动到工件末端,添加焊接直线指令到点 P9,并修改焊接速度		

序号	操作步骤	操作演示	补充说明
20	在点 P9 添加焊接结束指令	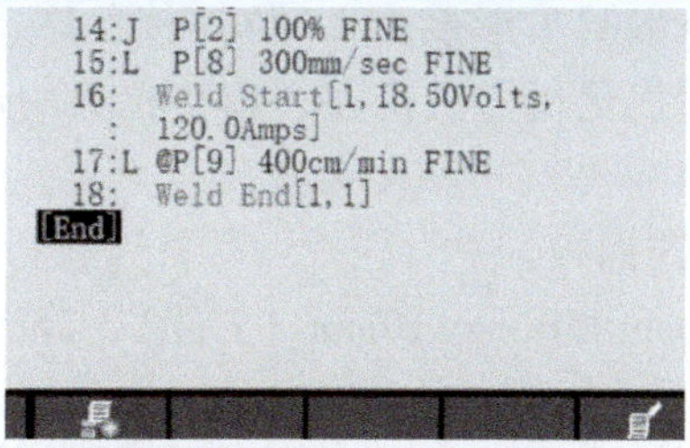	
21	重复直线指令,把 P9 改为 P5	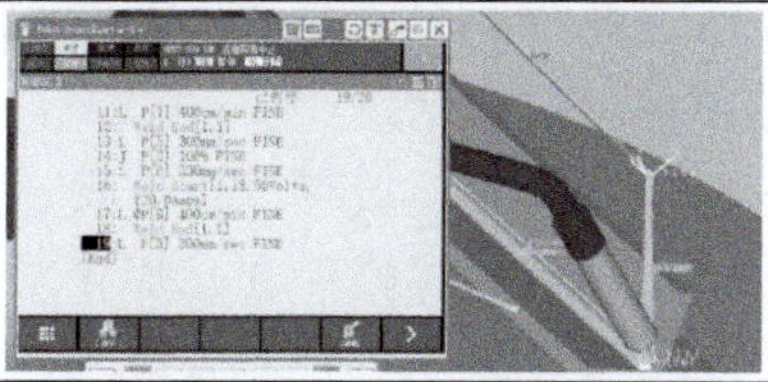	
22	重复关节指令,把 P10 改为 P1	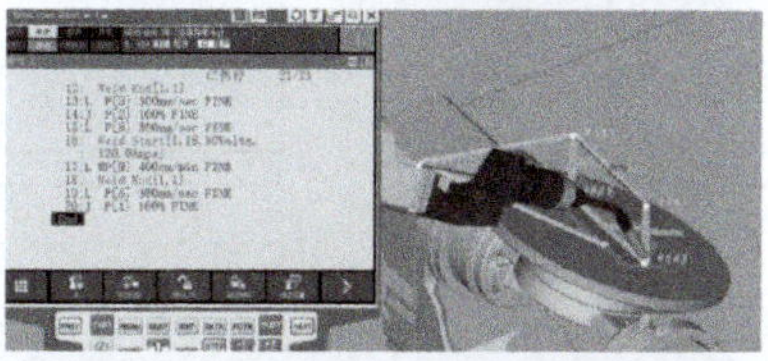	
23	焊接结束,焊缝成形		

5. 评价表(表 3-14)

表 3-14 机器人 T 形接头 1F 位焊接质量评价表

评价点	标准	配分	得分
安全准备	观察现场操作环境是否安全,劳保用品是否符合要求	20	
示教器使用	示教器握持的姿势是否正确,使用是否规范	10	
结果评价	焊脚尺寸是否在 8~10mm 之间	10	
	焊缝高低差及宽窄差是否不大于 0.5mm	10	
	焊缝是否有明显表面缺陷	20	
	焊缝是否成形良好、美观	20	
现场清理	是否符合规范	10	
总成绩		100	

单元四 机器人 T 形接头 2F 位焊接技能训练

学习目标及技能要求

通过本单元的学习,读者应掌握机器人焊接中 T 形接头 2F 位焊接程序的编制及调试,并能根据实际的焊接情况，调节焊接参数，焊接出合格的 T 形接头 2F 位焊缝。

1. 实操内容

运用焊接及摆动指令编制 T 形接头 2F 位焊接程序，并能运行程序完成焊接。同时，学会根据实际的焊接情况，优化机器人位姿，调整相关的焊接参数，以保证理想的焊接效果。

2. 设备、工具及工件准备

（1）焊件材料　Q235 钢板。

（2）焊件尺寸　250mm×50mm×10mm（1 件），250mm×100mm×10mm（1 件），装配完成如图 3-7 所示。

（3）焊接材料　G49A3C1S6（ϕ1.2mm），CO_2 气体。

（4）焊接设备　焊接机器人工作站。

（5）焊接辅具　钢丝刷、尖嘴钳、扳手、钢直尺、角向磨光机、石笔等。

（6）劳动保护用品　焊接面罩、焊接手套、焊接工作服、焊接劳保鞋等。

图 3-7　焊接工件图

3. 知识准备

2F 平角焊是应用极为广泛的焊接位置之一，若操作不当，极易产生咬边、熔敷金属下坠、根部未焊透、内部气孔、夹渣等缺陷。因此，焊接操作时，除了正确选择焊接参数外，还要根据母材的厚度和焊脚尺寸来调整焊枪角度。

在进行机器人程序的编制时，除了对于机器人的熟练操作外，主要难点在于焊枪角度的控制和焊接道次的排列。这也是机器人焊接在示教编程过程中最需要注意的要点。

10mm 板的 T 形角焊缝，根据焊接工艺要求采用两层三道焊。在示教点时，还应该根据 T 形角焊缝的焊缝特点，使焊枪与前进方向成 75°~85° 的夹角。焊枪角度如图 3-8 所示。

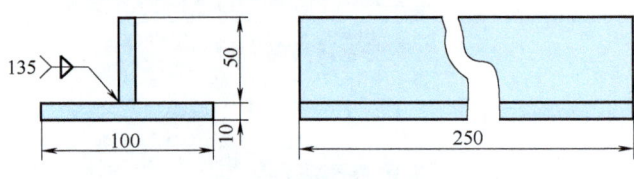

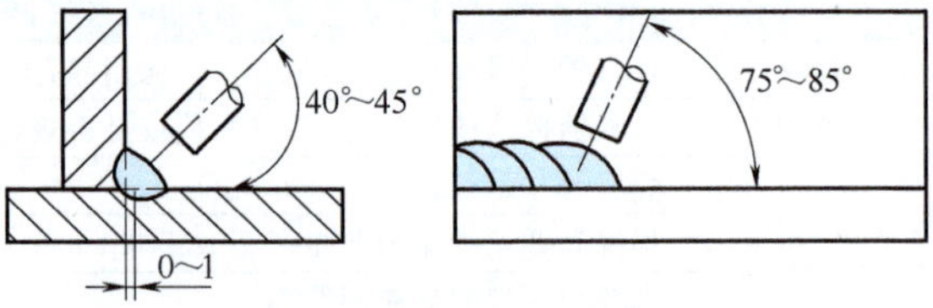

图 3-8　10mm 板 T 形接头焊枪角度示意图

在示教过程中，保证焊丝的干伸长度保持一致，大约为 10~15mm。并且焊丝不要触碰到工件，以免焊丝产生变形，导致示教点产生偏差。如果示教点产生偏差，焊接位置不正确会导致最后的焊缝不对称，甚至产生咬边、未融合等焊接缺陷。

打底层焊道的焊接为一道，采用右焊法，连弧直线运条，焊枪后倾角度为 70°~80°，上下角度如图 3-9a 所示。操作时，焊丝始终正对着试件尖角处，控制好电弧稳定燃烧；接近收尾时要减慢焊接速度，保证弧坑填满。电弧熄灭后，焊枪不能立刻离开熔池，加入一个暂停 1~2s 的延气指令，保护未凝固的熔池，预防收尾熔池因保护不良而产生气孔。焊缝表面不允许存在裂纹、气孔、夹渣、未熔合、焊缝凸出等缺陷，焊缝表面需平整均匀，无夹角，焊脚尺寸控制在 6mm 左右，并保证焊道与焊件熔合良好。

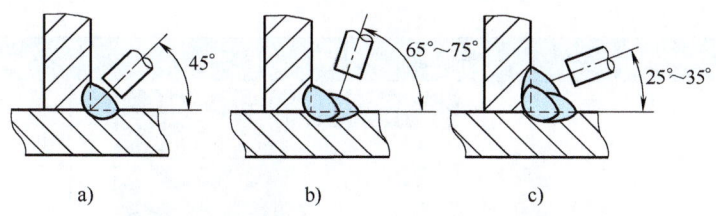

图 3-9 平角焊各道焊丝与水平板夹角角度

盖面层为一层二道，如果要求打底和盖面一次性完成，则需要预估第一层的焊趾位置来进行编程。第一道焊枪后倾角度为 70°~80°，上下角度如图 3-9b 所示。第二道焊枪后倾角度为 70°~80°，上下角度如图 3-9c 所示。第二道焊缝下边要压住第一道焊缝最高点，上边要宽窄一致，焊缝不允许有咬边深度大于 0.5mm、气孔、未熔合、未焊满、超高超宽等缺陷。机器人焊接参数见表 3-15。

表 3-15 机器人焊接参数

焊接道次	焊接电流/A	焊接电压修正(%)	焊接速度/(mm/s)	频率/Hz	摆动幅度/mm	左侧停留/s	右侧停留/s	收弧电流/A
第一道	115~125	0	5	—	—	—	—	85~95
第二道	95~105	0	3	3.5	2.5	0.1	0.1	85~95
第三道	95~105	0	3	3.5	2.5	0.1	0.1	85~95

4. 操作步骤（表3-16）

表 3-16 机器人 T 形接头 2F 位焊接操作步骤

序号	操作步骤	操作演示	补充说明
1	安装好工件，让工件处于变位器的正中间		
2	在原点确定一个安全点 P1		
3	用关节运动指令靠近工件到点 P2		

（续）

序号	操作步骤	操作演示	补充说明
4	用直线运动指令接近工件到点 P3		
5	在点 P3 添加焊接开始指令，并设置焊接电流和电压		
6	在点 P3 添加摆动指令，并设置摆动的参数		
7	移动到工件末端，添加焊接直线指令到点 P4，并修改焊接速度		
8	在点 P4 添加焊接结束指令		
9	在点 P4 添加摆动结束指令		
10	直线拉起焊枪到一个安全点，并用关节指令记录点 P5		
11	重复关节指令，把 P6 改为 P2		

模块三 典型堆焊和T形接头焊接程序编制及调试

（续）

序号	操作步骤	操作演示	补充说明
12	重复添加直线指令，让焊枪靠近工件，点P6要比点P3往后一点	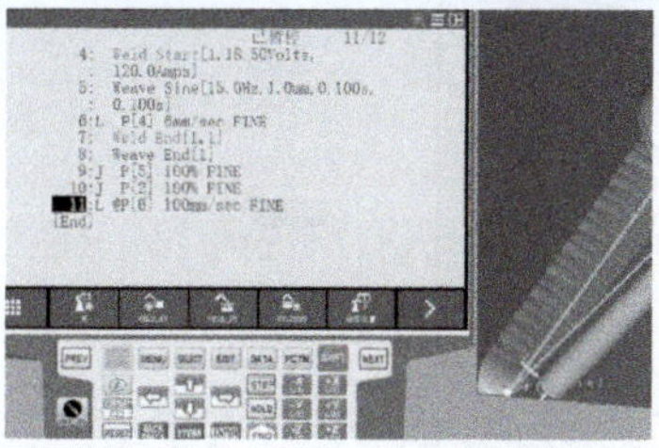	
13	在点P6添加焊接开始指令，并设置焊接电流和电压	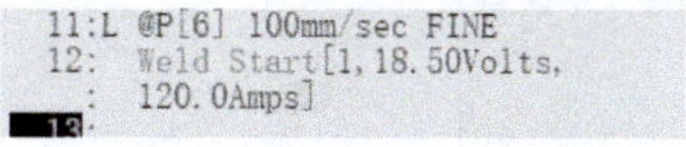	
14	在点P6添加摆动指令，并设置摆动参数	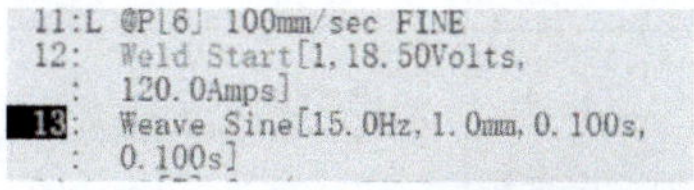	
15	移动到工件末端，添加焊接直线指令到点P7，并修改焊接速度	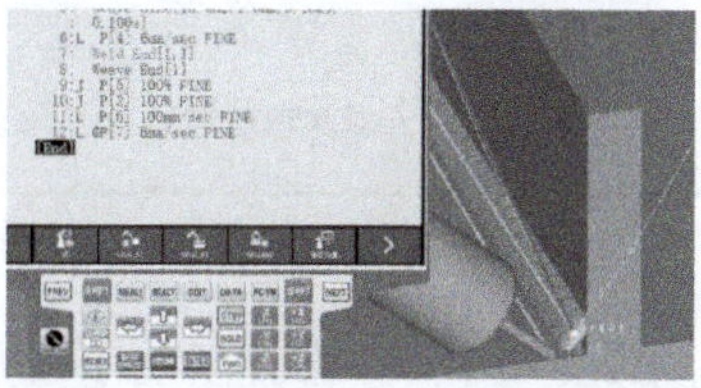	
16	在点P7添加焊接结束指令	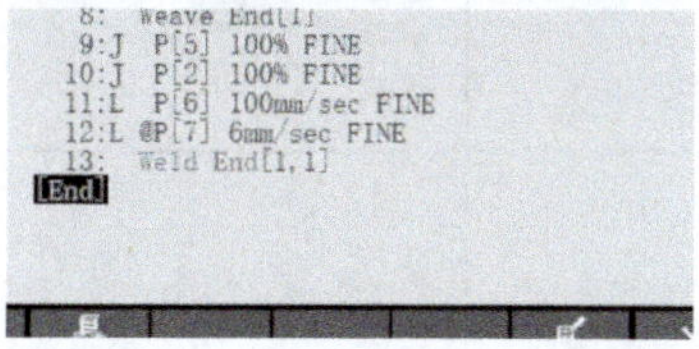	
17	在点P7添加摆动结束指令	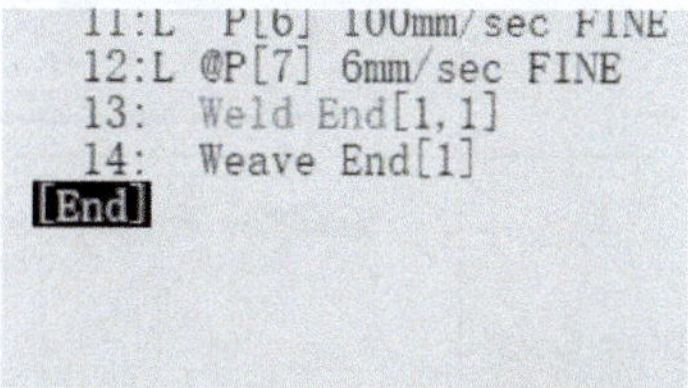	
18	重复关节指令，把P8改为P5	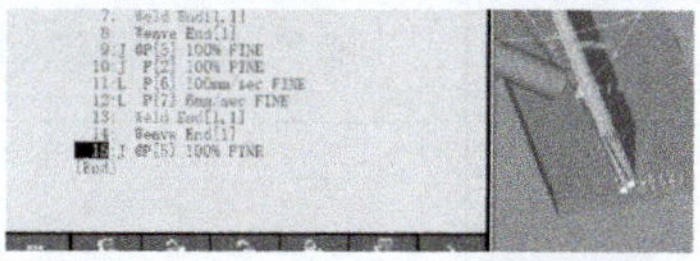	
19	重复关节指令，把P8改为P2	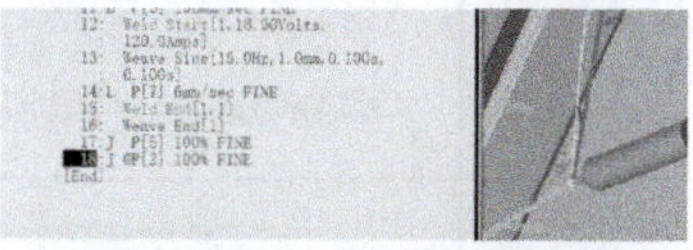	
20	重复添加直线指令，让焊枪靠近工件，点P8要比点P3往上一点	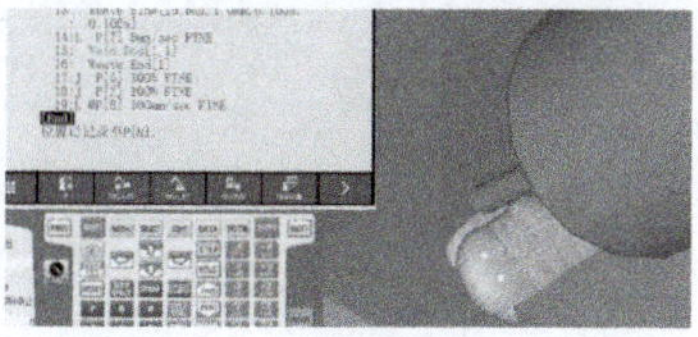	

(续)

序号	操作步骤	操作演示	补充说明
21	在点 P8 添加焊接开始指令并设置焊接电流和电压	17:J P[5] 100% FINE 18:J P[2] 100% FINE 19:L @P[8] 100mm/sec FINE 20: Weld Start[1,18.50Volts, 　　　　120.0Amps] [End]	
22	在点 P8 添加摆动指令,并设置摆动的参数	16: Weave End[1] 17:J P[5] 100% FINE 18:J P[2] 100% FINE 19:L @P[8] 100mm/sec FINE 20: Weld Start[1,18.50Volts, 　　　　120.0Amps] 21: Weave Sine[15.0Hz,1.0mm,0.100s, 　　　　0.100s] [End]	
23	移动到工件末端,添加焊接直线指令到点 P9,并修改焊接速度		
24	在点 P9 添加焊接结束指令	20: Weld Start[1,18.50Volts, 　　　　120.0Amps] 21: Weave Sine[15.0Hz,1.0mm,0.100s 　　　　0.100s] 22:L @P[9] 6mm/sec FINE 23: Weld End[1,1] [End]	
25	在点 P9 添加摆动结束指令	：　120.0Amps] 21: Weave Sine[15.0Hz,1.0mm,0.100s 　　　　0.100s] 22:L @P[9] 6mm/sec FINE 23: Weld End[1,1] 24: Weave End[1] [End]	
26	重复关节指令,把 P10 改为 P5		
27	重复关节指令,把 P10 改为 P1		
28	焊接完成,焊缝成形		

5. 评价表（表 3-17）

表 3-17　机器人 T 形接头 2F 位焊接质量评价表

评价点	标准	配分	得分
安全准备	观察现场操作环境是否安全，劳保用品是否符合要求	20	
示教器使用	示教器握持的姿势是否正确，使用是否规范	10	
结果评价	焊脚尺寸是否在 8~10mm 之间	10	
	焊缝高低差及宽窄差是否不大于 0.5mm	10	
	焊缝是否有明显表面缺陷	20	
	焊缝是否成形良好、美观	20	
现场清理	是否符合规范	10	
总成绩		100	

单元五　机器人 T 形接头 3F 位焊接技能训练

学习目标及技能要求

通过本单元的学习，读者应掌握机器人焊接中 T 形接头 3F 位焊接程序的编制及调试，并能根据实际的焊接情况，调节焊接参数，焊接出合格的 T 形接头 3F 位焊缝。

1. 实操内容

运用焊接及摆动指令编制 T 形接头 3F 位焊接程序，并能运行程序完成焊接。同时，学会根据实际的焊接情况优化机器人位姿，调整相关的焊接参数，以达到理想的焊接效果。

2. 设备、工具及工件准备

（1）焊件材料　Q235 钢板。

（2）焊件尺寸　250mm×50mm×10mm（1 件），250mm×100mm×10mm（1 件），装配完成如图 3-10 所示。

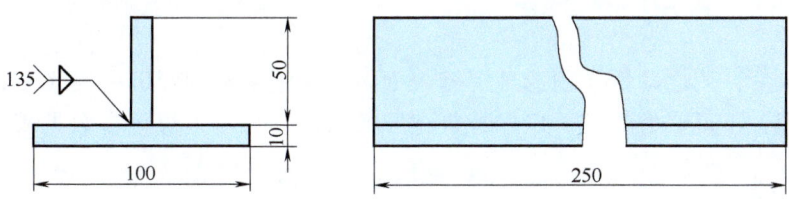

图 3-10　焊接工件图

（3）焊接材料　G49A3C1S6（ϕ1.2mm），CO_2 气体。

（4）焊接设备　焊接机器人工作站。

（5）焊接辅具　钢丝刷、尖嘴钳、扳手、钢直尺、角向磨光机、石笔等。

（6）劳动保护用品　焊接面罩、焊接手套、焊接工作服、焊接劳保鞋等。

3. 知识准备

3F 立角焊时，由于重力的原因，容易造成熔化的金属下淌。因此，要掌握好正确的焊接角度，匹配好合适的焊接速度和焊接参数，控制好熔池形状，保证焊缝质量。下面采用两层两道焊来完成 3F 立角焊。

打底层为一道，采用立向上连弧直线焊法，焊枪上下角度为 90°，左右角度为 45°，如图 3-11 所示。编程时，焊枪始终正对着试件尖角处。焊接时要注意观察熔池，控制好电弧稳定燃烧。当电弧熄灭后，焊枪不要立刻离开熔池，加入一个暂停 1~2s 的延气指令，保护未凝固的熔池，防止收尾熔池因保护不良而产生气孔。焊接完成后，焊缝表面不允许存在裂纹、气孔、夹渣、未熔合、焊缝凸出等缺陷，焊缝表面需平整均匀、无夹角，焊脚尺寸控制在 8mm 左右，并保证焊道与焊件熔合良好。

盖面层为一层一道，用钢直尺测量出焊缝中心位置，调试好盖面焊参数和焊枪角度后，进行盖面焊接。采用立向，摆动连弧焊，如图 3-12 所示。焊枪角度为上下 90°，左右 45°；中间不需停弧，焊枪摆动至两侧时稍作停留，仔细观察两侧熔合情况。盖面层焊要求整条焊缝成形宽窄度一致、焊缝表面平整、鳞片波纹均匀一致。焊缝不允许有咬边深度大于 0.5mm、气孔、未熔合、未焊满、超高超宽等缺陷。

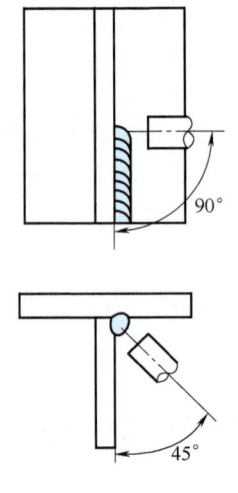

图 3-11 焊枪角度

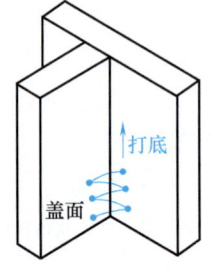

图 3-12 焊枪摆动方法

盖面层完成后，用电动钢丝刷清理焊缝表面，并用錾子清理焊缝两侧飞溅，焊缝上熔合性飞溅可不清理，不得修磨焊道，以保持焊缝原始状态。机器人焊接参数见表 3-18。

表 3-18 机器人焊接参数

焊接道次	焊接电流/A	焊接电压修正(%)	焊接速度/(mm/s)	频率/Hz	摆动幅度/mm	左侧停留/s	右侧停留/s	收弧电流/A
第一道	130~140	0	3	5	2	0.2	0.2	85~95
第二道	140~150	0	2	1.5	5	0.5	0.5	85~95

4. 操作步骤（表 3-19）

表 3-19　机器人 T 形接头 3F 位焊接操作步骤

序号	操作步骤	操作演示	补充说明
1	安装好工件，在工具偏移中修改工件的位置	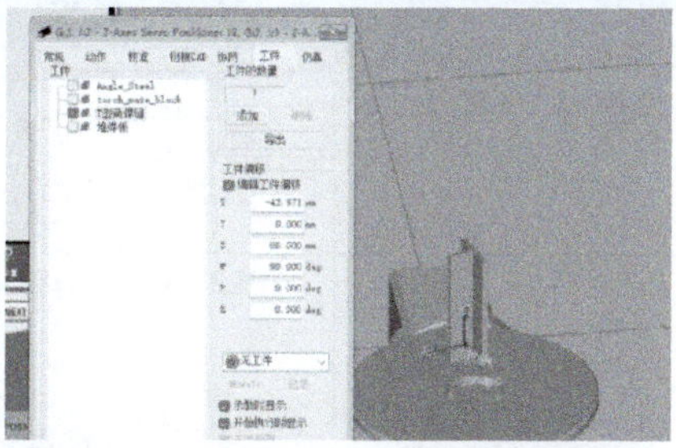	
2	在原点确定一个安全点 P1	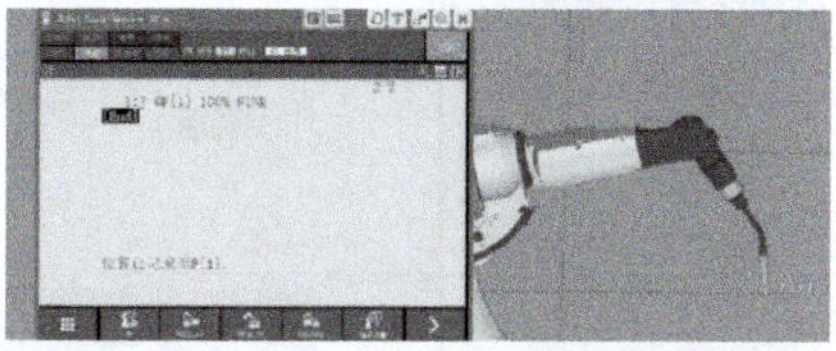	
3	用关节运动指令靠近工件点 P2	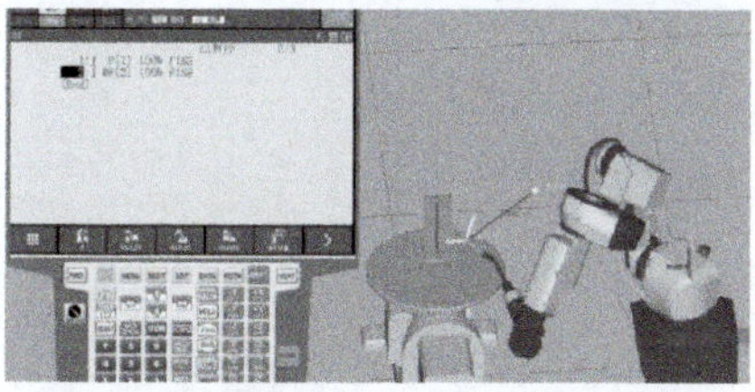	
4	用直线运动指令接近工件点 P3	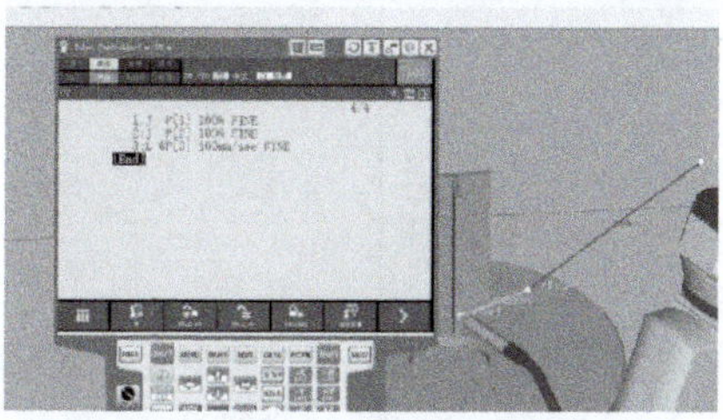	
5	在点 P3 添加焊接开始指令，并设置焊接电流和电压	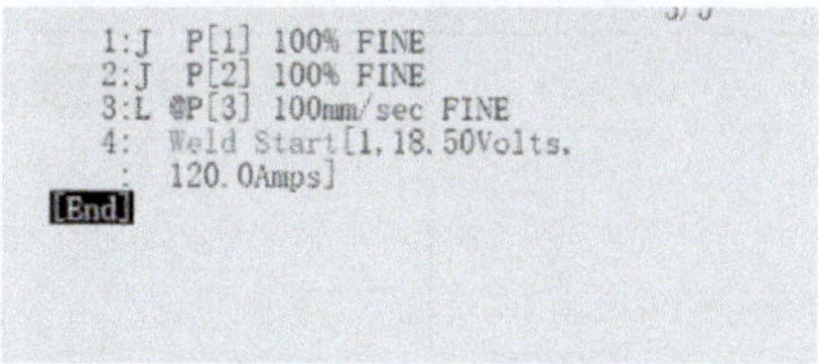	
6	在点 P3 添加摆动指令，并设置摆动参数	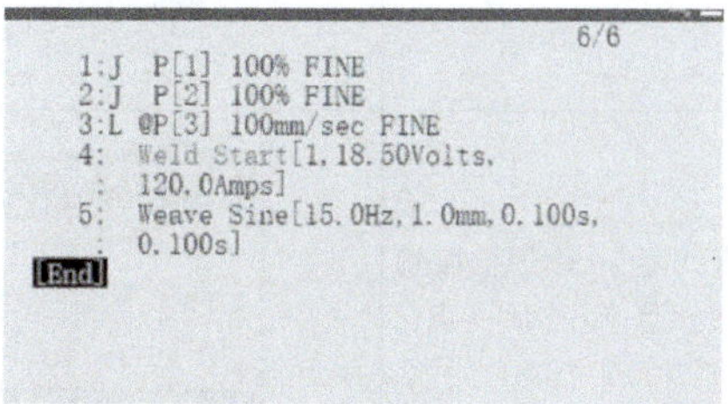	

（续）

序号	操作步骤	操作演示	补充说明
7	移动到工件顶端添加焊接直线指令到点 P4，并修改焊接速度		
8	在点 P4 添加摆动结束指令		
9	在点 P4 添加焊接结束指令		
10	直线拉起焊枪到一个安全点，并用关节指令记录点 P5		
11	重复关节指令，把 P6 改为 P2		
12	重复添加直线指令，让焊枪靠近工件，点 P6 要比点 P3 往后一点		

（续）

序号	操作步骤	操作演示	补充说明
13	在点 P6 添加焊接开始指令，并设置焊接电流和电压	已暂停 13/13 5: Weave Sine[15.0Hz, 1.0mm, 0.100s, 0.100s] 6:L P[4] 6mm/sec FINE 7: Weave End[1] 8: Weld End[1, 1] 9:J P[5] 100% FINE 10:J P[2] 100% FINE 11:L @P[6] 100mm/sec FINE 12: Weld Start[11, 18.50Volts, 120.0Amps] [End]	
14	在点 P6 添加入摆动指令，并设置摆动参数	已暂停 14/14 6:L P[4] 6mm/sec FINE 7: Weave End[1] 8: Weld End[1, 1] 9:J P[5] 100% FINE 10:J P[2] 100% FINE 11:L @P[6] 100mm/sec FINE 12: Weld Start[11, 18.50Volts, 120.0Amps] 13: Weave Sine[15.0Hz, 1.0mm, 0.100s, 0.100s] [End]	
15	移动到工件顶端，添加焊接直线指令到点 P7，并修改焊接速度		
16	在点 P7 添加摆动结束指令	8: Weld End[1, 1] 9:J P[5] 100% FINE 10:J P[2] 100% FINE 11:L P[6] 100mm/sec FINE 12: Weld Start[11, 18.50Volts, 120.0Amps] 13: Weave Sine[15.0Hz, 1.0mm, 0.100s, 0.100s] 14:L @P[7] 6mm/sec FINE 15: Weave End[1] [End]	
17	在点 P7 添加焊接结束指令	已暂停 17/17 9:J P[5] 100% FINE 10:J P[2] 100% FINE 11:L P[6] 100mm/sec FINE 12: Weld Start[11, 18.50Volts, 120.0Amps] 13: Weave Sine[15.0Hz, 1.0mm, 0.100s, 0.100s] 14:L @P[7] 6mm/sec FINE 15: Weave End[1] 16: Weld End[1, 1] [End]	
18	重复关节指令，把 P8 改为 P5	已暂停 17/18 10:J P[2] 100% FINE 11:L P[6] 100mm/sec FINE 12: Weld Start[11, 18.50Volts, 120.0Amps] 13: Weave Sine[15.0Hz, 1.0mm, 0.100s, 0.100s] 14:L @P[7] 6mm/sec FINE 15: Weave End[1] 16: Weld End[1, 1] 17:J P[5] 100% FINE [End]	

（续）

序号	操作步骤	操作演示	补充说明
19	重复关节指令，把 P8 改为 P1		
20	焊接完成，焊缝成形		

5. 评价表（表3-20）

表3-20　机器人 T 形接头 3F 位焊接质量评价表

评价点	标准	配分	得分
安全准备	观察现场操作环境是否安全，劳保用品是否符合要求	20	
示教器使用	示教器握持的姿势是否正确，使用是否规范	10	
结果评价	焊脚尺寸是否在 8~10mm 之间	10	
结果评价	焊缝高低差及宽窄差是否不大于 0.5mm	10	
结果评价	焊缝是否有明显表面缺陷	20	
结果评价	焊缝是否成形良好、美观	20	
现场清理	是否符合规范	10	
总成绩		100	

工匠风采

李万君，中车长春轨道客车股份有限公司首席操作师、高铁焊接专家。1987年7月从长春客车厂职业高中毕业后，进入客车厂焊接车间工作。先后创造出"拽枪式右焊法"等20余项转向架焊接操作法，及时解决了高铁生产中的诸多问题。带领团队完成技术创新成果150余项，申报国家专利20余项。凭借世界一流的构架焊接技艺，被誉为"高铁焊接大师"。2016年7月，荣获"全国优秀共产党员"称号。

模块四
典型角接接头焊接程序编制及调试

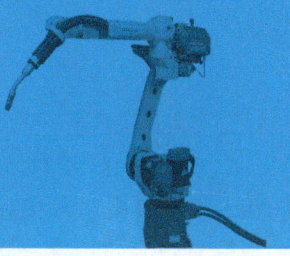

技能目标：熟练掌握机器人平板角接和管-板角接接头焊接程序编制，并焊出成形良好、符合质量要求的焊缝。

素养目标：培养分析和解决问题的能力，养成认真严谨的工作作风。

单元一　机器人角接接头 1F 位焊接技能训练

学习目标及技能要求

通过本单元的学习，读者应了解机器人角接接头 1F 位机器人焊接程序的编制及调试，并能根据焊接情况对焊接参数和摆动参数的进行调节，完成机器人角接接头 1F 位弧焊焊接作业。

1. 实操内容

运用焊接及摆动指令，完成机器人角接接头 1F 位机器人焊接程序的编制及调试，并能运行程序完成焊接。同时，学会根据实际的焊接情况，优化机器人位姿，调整相关的焊接参数，以达到理想的焊接效果。

2. 设备、工具及工件准备

（1）焊件材料　Q235 钢板。

（2）焊件尺寸　250mm×50mm×10mm（2 件），装配完成如图 4-1 所示。

（3）焊接材料　G49A3C1S6（ϕ1.2mm），CO_2 气体。

（4）焊接设备　焊接机器人工作站。

（5）焊接辅具　钢丝刷、尖嘴钳、扳手、钢直尺、角向磨光机、石笔等。

（6）劳动保护用品　焊接面罩、焊接手套、焊接工作服、焊接劳保鞋等。

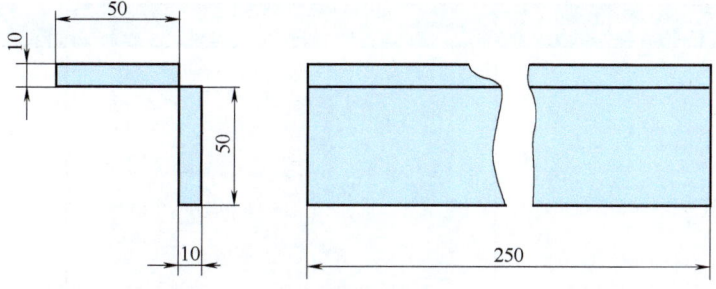

图 4-1　焊接工件图

3. 知识准备

现行国标 GB/T 3375《焊接术语》中规定，焊接接头的主要基本形式有四种：对接接头、T 形接头、角接接头和搭接接头。其中，角接接头是将两块钢板配置成直角或某一的角度，而在板的顶端边缘上焊接的接头，如图 4-2 所示。角接接头不仅用于板与板之间的有角度的连接，也常用于管与板之间或管与管之间的有角度的连接，是一种非常常见的焊接接头形式。

角接 1F 位即焊缝处于船形位置，熔池处于水平状态，焊缝成形良好。但与船形位置的 T 形接头不同，角接接头在盖面时，两个边角非常容易产生咬边，故必须采用合适的焊接参数才能避免缺陷。

当船形位置的角接接头两板厚度相等时，焊丝应该处于垂直位置，也就是和两板均成 45°，如图 4-3 所示。若两板厚度不等，则电弧应该偏向厚板侧。

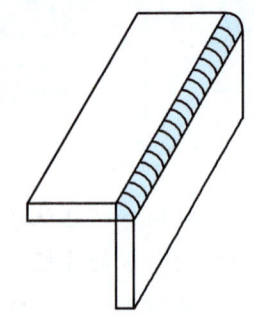

图 4-2　角接接头

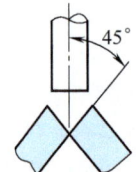 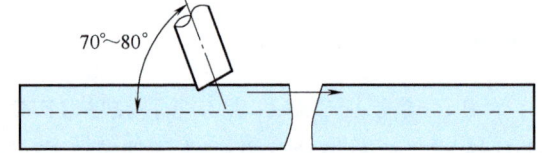

图 4-3　角接接头 1F 位焊枪角度示意图

在装配时，还需要注意装配的根部间隙不大于 1.5mm，否则熔化的金属易从间隙中流失，甚至可能造成烧穿。在确定焊接参数时，电弧电压不能太高，以免焊件两边产生咬边。采用二层二道工艺来完成焊接作业，机器人焊接参数可以参照表 4-1。

表 4-1　机器人焊接参数

焊接道次	焊接电流 /A	焊接电压修正（%）	焊接速度 /(mm/s)	频率 /Hz	摆动幅度 /mm	左侧停留 /s	右侧停留 /s	收弧电流 /A
第一道	115~125	0	3	4	3	0.2	0.2	85~95
第二道	135~145	0	2	3.5	4.5	0.2	0.2	85~95

4. 操作步骤（表 4-2）

表 4-2　机器人角接接头 1F 位焊接操作步骤

序号	操作步骤	操作演示	补充说明
1	安装好工件		

模块四 典型角接接头焊接程序编制及调试

（续）

序号	操作步骤	操作演示	补充说明
2	在原点确定一个安全点 P1		
3	用关节运动指令靠近工件点 P2		
4	用直线运动指令接近工件点 P3		
5	在点 P3 添加焊接开始指令，并设置焊接电流和电压	1:J P[1] 100% FINE 2:J P[2] 100% FINE 3:L @P[3] 100mm/sec FINE 4: Weld Start[1,18.50Volts, : 120.0Amps] [End]	
6	在点 P3 添加摆动指令，并设置摆动参数	1:J P[1] 100% FINE 2:J P[2] 100% FINE 3:L @P[3] 100mm/sec FINE 4: Weld Start[1,18.50Volts, : 120.0Amps] 5: Weave Sine[15.0Hz,1.0mm,0.100s, : 0.100s] [End]	
7	移动到工件末端，添加焊接直线指令到点 P4，并修改焊接速度		
8	在点 P4 添加摆动结束指令	1:J P[1] 100% FINE 2:J P[2] 100% FINE 3:L P[3] 100mm/sec FINE 4: Weld Start[1,18.50Volts, : 120.0Amps] 5: Weave Sine[15.0Hz,1.0mm,0.100s, : 0.100s] 6:L @P[4] 6mm/sec FINE 7: Weave End[1] [End]	

（续）

序号	操作步骤	操作演示	补充说明
9	在点 P4 添加焊接结束指令	9/9 1:J P[1] 100% FINE 2:J P[2] 100% FINE 3:L P[3] 100mm/sec FINE 4: Weld Start[1,18.50Volts, : 120.0Amps] 5: Weave Sine[15.0Hz,1.0mm,0.100s, : 0.100s] 6:L @P[4] 6mm/sec FINE 7: Weave End[1] 8: Weld End[1,1] [End]	
10	直线拉起焊枪到一个安全点，并用关节指令记录点 P5		
11	重复关节指令，把 P6 改为 P2		
12	重复添加直线指令，让焊枪靠近工件，点 P6 要比点 P3 高一点		
13	在点 P6 添加焊接开始指令，并设置焊接电流和电压		
14	在点 P6 添加摆动指令，并设置摆动参数		
15	移动到工件末端，添加焊接直线指令到点 P7，并修改焊接速度		
16	在点 P7 添加摆动结束指令		

（续）

序号	操作步骤	操作演示	补充说明
17	在点 P7 添加焊接结束指令		
18	重复关节指令，把 P8 改为 P5		
19	重复关节指令，把 P8 改为 P1		
20	焊接完成，焊缝成形		

5. 评价表（表 4-3）

表 4-3　机器人角接接头 1F 位焊接质量评价表

评价点	标准	配分	得分
安全准备	观察现场操作环境是否安全，劳保用品是否符合要求	20	
示教器使用	示教器握持的姿势是否正确，使用是否规范	10	
结果评价	焊脚尺寸是否饱满	10	
	焊缝高低差及宽窄差是否不大于 0.5mm	10	
	焊缝是否有明显表面缺陷	20	
	焊缝是否成形良好、美观	20	
现场清理	是否符合规范	10	
总成绩		100	

单元二　机器人角接接头 2F 位焊接技能训练

学习目标及技能要求

通过本单元的学习，读者应了解机器人角接接头 2F 位机器人弧焊焊接程序的编制及调试，并能根据焊接情况对焊接参数和摆动参数进行调节，完成机器人角接接头 2F 位弧焊焊接作业。

1. 实操内容

运用焊接及摆动指令，完成机器人角接接头 2F 位机器人弧焊焊接程序的编制及调试，并能运行程序完成焊接。同时，学会根据实际的焊接情况，优化机器人位姿，调整相关的焊接参数，以达到理想的焊接效果。

2. 设备、工具及工件准备

（1）焊件材料　Q235 钢板。

（2）焊件尺寸　250mm×50mm×10mm（2 件），装配完成如图 4-4 所示。

（3）焊接材料　G49A3C1S6（ϕ1.2mm），CO_2 气体。

（4）焊接设备　焊接机器人工作站。

（5）焊接辅具　钢丝刷、尖嘴钳、扳手、钢直尺、角向磨光机、石笔等。

（6）劳动保护用品　焊接面罩、焊接手套、焊接工作服、焊接劳保鞋等。

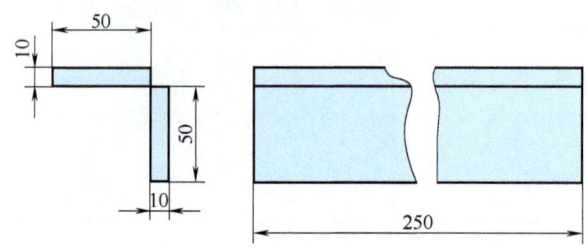

图 4-4　焊接工件图

3. 知识准备

（1）清理　焊前将试件表面焊缝一侧 20mm 范围内焊接接头及附近的油、锈及其他污物清除干净；不能改变机加工预制的 90°角度。

（2）装配及定位焊　两个试件角对角组成 90°，完全紧密贴合，无须做角变形。定位焊缝位于前后两点，且长度不大于 15mm，定位焊缝要熔合良好，可适当加厚，防止开裂。

（3）焊接要点　角接接头 2F 位焊接时，打底焊厚度对盖面焊起决定作用，焊接时容易产生咬边、熔敷金属下坠等缺陷，特别是焊缝容易超出转角外缘。因此，焊接时除了正确选择焊接参数外，还要特别注意焊枪角度和摆动参数的设置，从而控制焊缝表面宽窄度、凹凸度、咬边和焊缝成形。

采用两层两道，打底层焊为一道，采用右焊法，连弧直线运条。焊枪喷嘴角度为后倾75°~85°，上下夹角45°，如图4-5所示。焊丝正对着焊件顶角处，控制好电弧稳定燃烧。焊到接近收尾的地方要再设置一个点位，采用减慢焊速，保证弧坑填满。电弧熄灭后，焊枪不应立刻离开熔池，需用延气保护未凝固的熔池，防止收尾熔池因保护不良而产生气孔；焊缝表面不允许存在气孔、夹渣、焊脚偏焊、焊缝凸起等缺陷，正面焊缝表面需平整，焊脚控制在4~5mm。

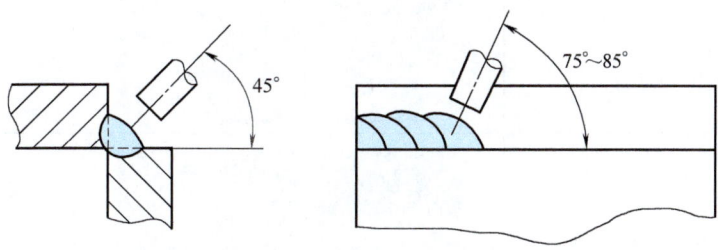

图4-5 打底焊焊丝倾角与夹角

盖面焊为一层一道，采用右焊法，锯齿形运条。调试好盖面焊参数后，焊枪角度为后倾70°~80°，上下45°，如图4-6所示。盖面焊缝要求成形宽窄度一致、鳞片光滑、间距一致，平缓美观、圆弧度相同。盖面焊缝不能产生咬边、气孔、未熔合、未焊满、超高等缺陷。

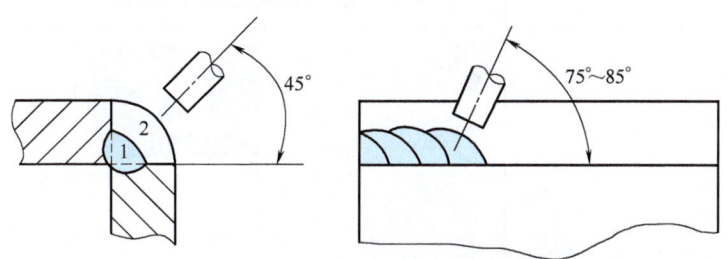

图4-6 盖面层焊丝倾角与夹角

盖面完成后，用电动钢丝刷清理焊缝表面，并用錾子清理焊缝两侧飞溅，焊缝上熔合性飞溅可不清理，不得修磨焊道，以保持焊缝原始状态。机器人焊接的焊接参数可以参照表4-4。

表4-4 机器人焊接参数

焊接道次	焊接电流/A	焊接电压修正(%)	焊接速度/(mm/s)	频率/Hz	摆动幅度/mm	上侧停留/s	下侧停留/s	收弧电流/A
第一道	95~105	0	3	3.5	2.5	0.2	0	85~95
第二道	115~125	0	3	3.5	5.5	0.3	0.1	85~95

4. 操作步骤（表4-5）

表4-5 机器人角接接头2F位焊接操作步骤

序号	操作步骤	操作演示	补充说明
1	安装好工件		
2	在原点确定一个安全点P1		
3	用关节运动指令靠近工件点P2		
4	用直线运动指令接近工件点P3		
5	在点P3添加焊接开始指令，并设置焊接电流和电压		
6	在点P3添加摆动指令，并设置摆动参数		
7	移动到工件末端，添加焊接直线指令到点P4，并修改焊接速度		

（续）

序号	操作步骤	操作演示	补充说明
8	在点 P4 添加摆动结束指令		
9	在点 P4 添加焊接结束指令		
10	直线拉起焊枪到一个安全点，并用关节记录点 P5		
11	重复关节指令，把 P6 改为 P2		
12	重复添加直线指令，让焊枪靠近工件，点 P6 要比点 P3 高一点		
13	在点 P6 添加焊接开始指令，并设置焊接电流和电压		
14	在点 P6 添加摆动指令，并设置摆动参数		

(续)

序号	操作步骤	操作演示	补充说明
15	移动到工件末端,添加焊接直线指令到点 P7,并修改焊接速度		
16	在点 P7 添加摆动结束指令	10:J　P[2] 100% FINE 11:L　P[6] 100mm/sec FINE 12:　Weld Start[1, 18.50Volts, 　　: 120.0Amps] 13:　Weave Sine[15.0Hz, 6.0mm, 0.100 　　: 0.100s] 14:L　@P[7] 6mm/sec FINE 15:　Weave End[1] [End]	
17	在点 P7 添加焊接结束指令	11:L　P[6] 100mm/sec FINE 12:　Weld Start[1, 18.50Volts, 　　: 120.0Amps] 13:　Weave Sine[15.0Hz, 6.0mm, 0.100 　　: 0.100s] 14:L　@P[7] 6mm/sec FINE 15:　Weave End[1] 16:　Weld End[1, 1] [End]	
18	重复关节指令,把 P8 改为 P5		
19	重复关节指令,把 P8 改为 P1		
20	焊接完成,焊缝成形		

5. 评价表（表 4-6）

表 4-6　机器人角接接头 2F 位焊接质量评价表

评价点	标准	配分	得分
安全准备	观察现场操作环境是否安全，劳保用品是否符合要求	20	
示教器使用	示教器握持的姿势是否正确，使用是否规范	10	
结果评价	焊脚尺寸是否饱满	10	
	焊缝高低差及宽窄差是否不大于 0.5mm	10	
	焊缝是否有明显表面缺陷	20	
	焊缝是否成形良好、美观	20	
现场清理	是否符合规范	10	
总成绩		100	

单元三　机器人角接接头 3F 位焊接技能训练

学习目标及技能要求

通过本单元的学习，读者应了解机器人角接接头 3F 位机器人弧焊焊接程序的编制及调试，并能根据焊接情况对焊接参数和摆动参数进行调节，完成机器人角接接头 3F 位弧焊焊接作业。

1. 实操内容

运用焊接及摆动指令完成机器人角接接头 3F 位机器人弧焊焊接程序的编制及调试，并能运行程序完成焊接。同时，学会根据实际的焊接情况，优化机器人位姿，调整相关的焊接参数，以保证理想的焊接效果。

2. 设备、工具及工件准备

（1）焊件材料　Q235 钢板。

（2）焊件尺寸　250mm×50mm×10mm（2 件），装配完成如图 4-7 所示。

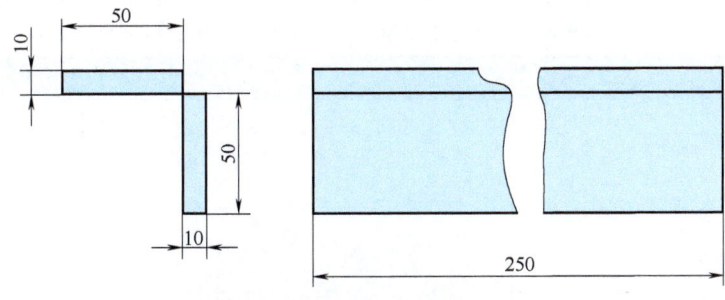

图 4-7　焊接工件图

（3）焊接材料　G49A3C1S6（ϕ1.2mm），CO_2 气体。

(4) 焊接设备　焊接机器人工作站。

(5) 焊接辅具　钢丝刷、尖嘴钳、扳手、钢直尺、角向磨光机、石笔等。

(6) 劳动保护用品　焊接面罩、焊接手套、焊接工作服、焊接劳保鞋等。

3. 知识准备

(1) 清理　清理范围控制在试件表面焊缝一侧20mm范围内铁锈及油污；不能改变机加工预制的90°角度。

(2) 装配及定位焊　两个试件角对角组成90°、完全紧密贴合、无须做角变形。定位焊缝位于前后两点，且长度不大于15mm，定位焊缝要熔合良好，可适当加厚，防止开裂。

(3) 焊接要点　3F位角接接头焊接时，由于重力的原因，容易造成熔化的金属下淌。采用单面焊，二层二道焊接，同时控制焊接角度和熔池形状，以保证焊缝质量。

转角焊缝3F位置的焊接，打底与立角焊相同，焊枪角度相同；采用锯齿形运条法；选择合适的焊接角度，控制好熔池形状，就可以保证焊缝质量。

盖面焊接时，在试板下端引弧，采用锯齿形运条法向上焊接。注意控制好焊接速度，控制熔池形状和大小，以保证焊缝表面美观、均匀。在焊到接近收尾的地方时，容易因温度过高使铁液下坠，进而导致饱满度过大，因此需要再增设一个控制点，压低电弧，加快摆动速度或提前使电流降低2~5A。

与立角焊最大的区别在于角接焊缝3F位置焊接的两条侧线更容易咬边，因此在焊接过程中，必须注意焊条运至侧边线时的停留和熔池的饱满。盖面不允许产生咬边深度大于0.5mm、未熔合、夹渣、焊缝大于饱满度（+1mm/-1mm）、宽窄差大于2mm等缺陷。

焊接完成后，需要仔细清理焊道。先用扁錾把表面飞溅处理干净，然后再用钢丝轮把试件表面全部刷干净，保证没有飞溅、烟尘、毛刺等，注意不得破坏焊缝原始成形。机器人焊接的焊接参数可以参照表4-7。

表4-7　机器人焊接参数

焊接道次	焊接电流/A	焊接电压修正(%)	焊接速度/(mm/s)	频率/Hz	摆动幅度/mm	左侧停留/s	右侧停留/s	收弧电流/A
第一道	130~140	0	3	5	2	0.2	0.2	85~95
第二道	140~150	0	2	1.5	5	0.5	0.5	85~95

4. 操作步骤（表4-8）

表4-8　机器人角接接头3F位焊接操作步骤

序号	操作步骤	操作演示	补充说明
1	安装好工件		

（续）

序号	操作步骤	操作演示	补充说明
2	在原点确定一个安全点 P1		
3	用关节运动指令靠近工件点 P2		
4	用直线运动指令接近工件点 P3		
5	在点 P3 添加焊接开始指令，并设置焊接电流和电压		
6	在点 P3 添加摆动指令，并设置摆动参数		
7	移动到工件末端，添加焊接直线指令到点 P4，并修改焊接速度		
8	在点 P4 添加摆动结束指令		

(续)

序号	操作步骤	操作演示	补充说明
9	在点 P4 添加焊接结束指令		
10	直线拉起焊枪到一个安全点,并用关节指令记录点 P5		
11	重复关节指令,把 P6 改为 P2		
12	重复添加直线指令,让焊枪靠近工件,点 P6 要比点 P3 高一点		
13	在点 P6 添加焊接开始指令,并设置焊接电流和电压		
14	在点 P6 添加摆动指令,并设置摆动参数		
15	移动到工件末端,添加焊接直线指令到点 P7,并修改焊接速度		

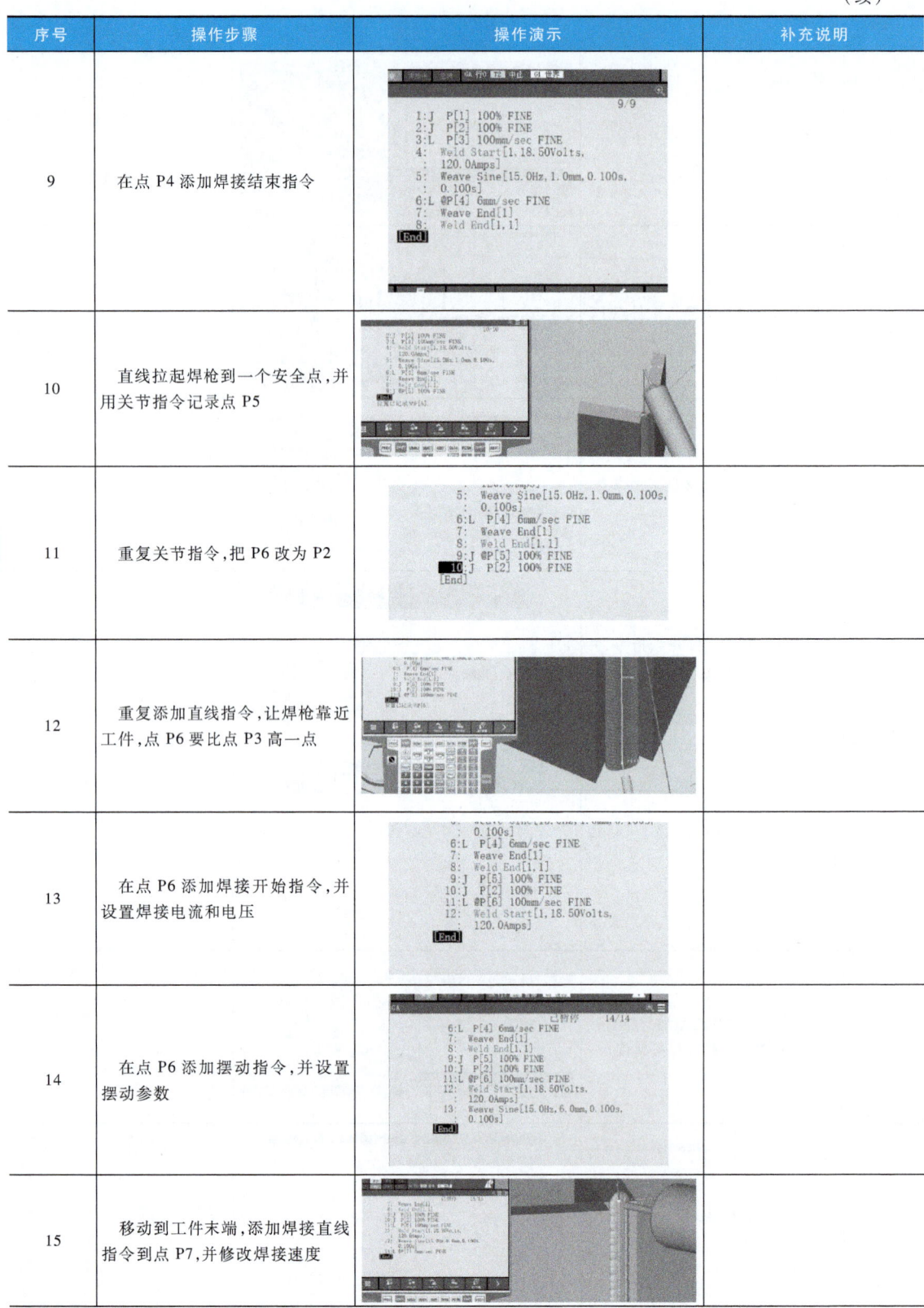

（续）

序号	操作步骤	操作演示	补充说明
16	在点 P7 添加摆动结束指令		
17	在点 P7 添加焊接结束指令		
18	重复关节指令，把 P8 改为 P5		
19	重复关节指令，把 P8 改为 P1		
20	焊接完成，焊缝成形		

5. 评价表（表 4-9）

表 4-9　机器人角接接头 3F 位焊接质量评价表

评价点	标准	配分	得分
安全准备	观察现场操作环境是否安全，劳保用品是否符合要求	20	
示教器使用	示教器握持的姿势是否正确，使用是否规范	10	
结果评价	焊脚尺寸是否饱满	10	
	焊缝高低差及宽窄差是否不大于 0.5mm	10	
	焊缝是否有明显表面缺陷	20	
	焊缝是否成形良好、美观	20	
现场清理	是否符合规范	10	
总成绩		100	

单元四　机器人管-板 1FG 位转动角焊技能训练

学习目标及技能要求

通过本单元的学习，读者应掌握板与圆管的机器人 1FG 位转动角焊程序的编制及调试方法，并能根据焊接情况对焊接参数和摆动参数进行调节，完成机器人管-板 1FG 位转动角焊缝弧焊焊接作业，获得合格的焊缝。

1. 实操内容

运用焊接及摆动指令完成机器人 1FG 位转动角焊程序的编制及调试，并能运行程序完成焊接。同时，学会根据实际的焊接情况，优化机器人位姿，调整相关的焊接参数，以保证理想的焊接效果。

2. 设备、工具及工件准备

（1）焊件材料　Q235 钢板+20 钢管。

（2）焊件尺寸　120mm×120mm×5mm（1 件），ϕ90mm×30mm（t5mm 1′件），如图 4-8 所示。

（3）焊接材料　G49A3C1S6（ϕ1.2mm），CO_2 气体。

（4）焊接设备　焊接机器人工作站。

（5）焊接辅具　钢丝刷、尖嘴钳、扳手、钢直尺、角向磨光机、石笔等。

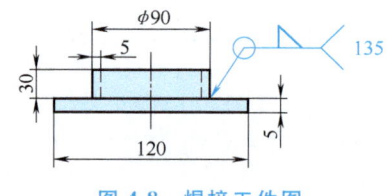

图 4-8　焊接工件图

（6）劳动保护用品　焊接面罩、焊接手套、焊接工作服、焊接劳保鞋等。

3. 知识准备

（1）清理　焊前将管子与板的焊接区域 20mm 范围内及接头附近的油、锈及其他污物清除干净，直至露出金属光泽为止，特别是管子和底板接触部位；不要破坏预制的 90° 角度，确保管子和底板能够紧密接触。

（2）装配及定位焊　装配时，管子在板的中心位置，保证管子和底板的垂直度。在管子的 3 点、9 点和 12 点位置，分别点固不大于 15mm 长的定位焊缝，如图 4-9 所示。定位焊需牢固，防止因焊接应力导致定位焊缝开裂。定位焊采用与正式焊接方法相同的焊接工艺，定位焊缝两端需打磨斜坡。

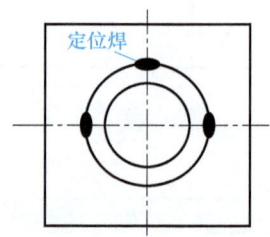

图 4-9　定位焊示意图

（3）示教要点　对于管-板 1FG 位转动角焊焊缝，在编程和焊接时需要用到焊接变位器，将 T 形角焊缝平角焊的位置旋转 45°，即为船形位置，使熔池处于水平状态，焊缝成形良好，可以避免咬边及焊脚单边缺陷。该位置可以采用粗焊丝、大电流的焊接，以提高焊接效率。

当焊缝两侧厚度相等时，焊丝应该处于垂直位置，也就是和管、板均成 45°，如图 4-10 所示。若管的壁厚和板厚度不等，则电弧应该偏向厚侧；或者改变焊接变位机的倾斜角度，让金属液尽量流向板厚的一侧。

在示教编程过程中，枪姿、焊丝的伸出长度、焊接速度均尽量保持一直。示教前，调整机器人工具和工件的相对位置，使焊枪尽量能一次性、平稳地完成焊接任务，各轴的转动相对平稳。同时，在圆的周长上至少取 5 个示教的目标点，也就是收弧点要超过起弧点 5mm 左右，并调节起弧电流、起弧时间、收弧电流、收弧时间以及上下坡时间等参数，来控制接头的质量。如条件允许或有必要时，尽量多取几个示教点来提高运行的精度和焊接效果。在编程时，还应注意焊枪角度和目标点应该偏向厚板侧，以防止产生焊接缺陷，如图 4-10 所示。

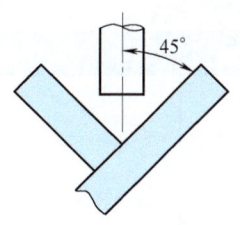

图 4-10　焊接角度示意图

根据焊接工艺要求采用二层二道焊，机器人焊接的焊接参数可以参照表 4-10。

表 4-10　机器人焊接参数

焊接道次	焊接电流 /A	焊接电压修正 (%)	焊接速度 /(mm/s)	频率 /Hz	摆动幅度 /mm	左侧停留 /s	右侧停留 /s	收弧电流 /A
第一道	135~145	0	5	—	—	—	—	85~95
第二道	120~130	0	5	5	4	0.3	0.3	85~95

4. 操作步骤（表 4-11）

表 4-11　机器人管-板 1FG 位转动角焊操作步骤

序号	操作步骤	操作演示	补充说明
1	安装好工件		
2	在原点确定一个安全点 P1		
3	用关节运动指令靠近工件点 P2		

（续）

序号	操作步骤	操作演示	补充说明
4	用直线运动指令接近工件点 P3		
5	在点 P3 添加焊接开始指令，并设置焊接电流和电压	1:J P[1] 100% FINE 2:J P[2] 100% FINE 3:L @P[3] 100mm/sec FINE 4: Weld Start[1,18.50Volts, : 120.0Amps] [End]	
6	在点 P3 添加摆动指令，并设置摆动参数	1:J P[1] 100% FINE 2:J P[2] 100% FINE 3:L @P[3] 100mm/sec FINE 4: Weld Start[1,18.50Volts, : 120.0Amps] 5: Weave Sine[15.0Hz,1.0mm,0.100s, : 0.100s] [End]	
7	转动变位器添加焊接直线指令到点 P4，并修改焊接速度		
8	在点 P4 添加摆动结束指令	1:J P[1] 100% FINE 2:J P[2] 100% FINE 3:L P[3] 100mm/sec FINE 4: Weld Start[1,18.50Volts, : 120.0Amps] 5: Weave Sine[15.0Hz,1.0mm,0.100s, : 0.100s] 6:L @P[4] 6mm/sec FINE 7: Weave End[1] [End]	
9	在点 P4 添加焊接结束指令	1:J P[1] 100% FINE 2:J P[2] 100% FINE 3:L P[3] 100mm/sec FINE 4: Weld Start[1,18.50Volts, : 120.0Amps] 5: Weave Sine[15.0Hz,1.0mm,0.100s, : 0.100s] 6:L @P[4] 6mm/sec FINE 7: Weave End[1] 8: Weld End[1,1] [End]	
10	直线拉起焊枪到一个安全点，并用关节指令记录点 P5		

(续)

序号	操作步骤	操作演示	补充说明
11	重复关节运动指令,把 P6 改为 P1	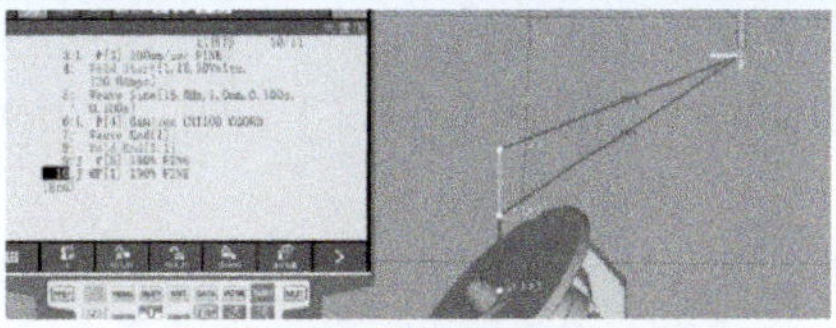	
12	焊接完成,焊缝成形	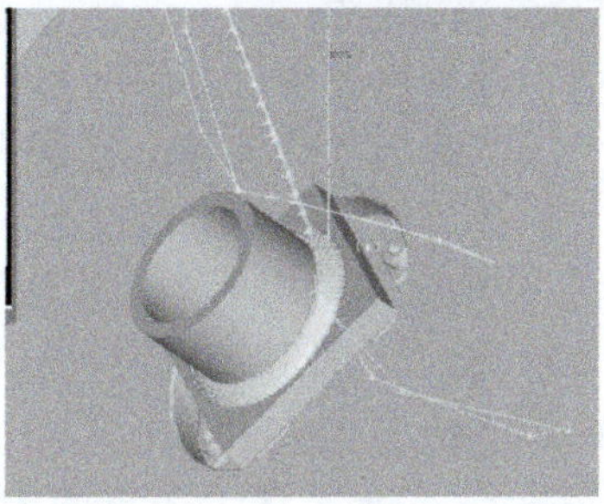	

5. 评价表（表 4-12）

表 4-12　机器人管-板 1FG 位转动角焊质量评价表

评价点	标准	配分	得分
安全准备	观察现场操作环境是否安全,劳保用品是否符合要求	20	
示教器使用	示教器握持的姿势是否正确,使用是否规范	10	
结果评价	焊脚尺寸是否在 6~8mm 之间	10	
	焊缝高低差及宽窄差是否不大于 0.5mm	10	
	焊缝是否有明显表面缺陷	20	
	焊缝是否成形良好、美观	20	
现场清理	是否符合规范	10	
总成绩		100	

单元五　机器人管-板 2FG 位角焊技能训练

学习目标及技能要求

通过本单元的学习,读者应掌握板与圆管的机器人管-板 2FG 位角焊程序的编制及调试方法,并能根据焊接情况对焊接参数和摆动参数进行调节,完成机器人管-板 2FG 位角焊缝弧焊焊接作业,获得合格的焊缝。

1. 实操内容

运用焊接及摆动指令完成机器人 2FG 位角焊程序的编制及调试,并能运行程序完成焊接。同时,学会根据实际的焊接情况,优化机器人位姿,调整相关的焊接参数,以保证理想的焊接效果。

2. 设备、工具及工件准备

（1）焊件材料　Q235 钢板+20 钢管。

（2）焊件尺寸　120mm×120mm×5mm（1 件），ϕ90mm×30mm（t5mm 1 件），如图 4-11 所示。

（3）焊接材料　G49A3C1S6（ϕ1.2mm），CO_2 气体。

（4）焊接设备　焊接机器人工作站。

（5）焊接辅具　钢丝刷、尖嘴钳、扳手、钢直尺、角向磨光机、石笔等。

（6）劳动保护用品　焊接面罩、焊接手套、焊接工作服、焊接劳保鞋等。

3. 知识准备

（1）清理　焊前将管子与板的焊接区域 20mm 范围内及接头附近的油、锈及其他污物清除干净，直至露出金属光泽为止，特别是管子和底板接触部位；不要破坏预制的 90°角度，确保管子和底板能够紧密接触。

（2）装配及定位焊　装配时，确保管子在板的中心位置，保证管子和底板的垂直度。在管子的 3 点、9 点和 12 点位置，分别点固不大于 15mm 长的定位焊缝，如图 4-12 所示。定位焊需牢固，防止因焊接应力导致定位焊缝开裂。定位焊采用的焊接工艺与正式焊接方法相同，定位焊缝两端需打磨斜坡。

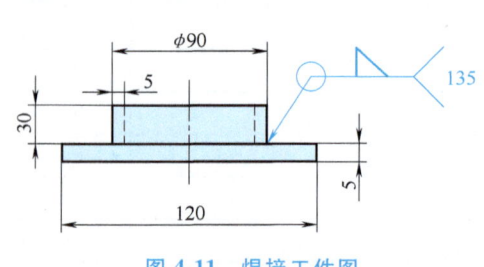

图 4-11　焊接工件图

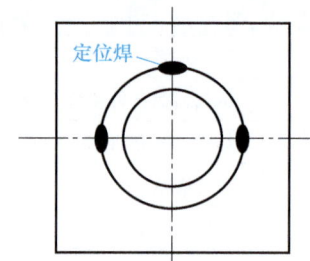

图 4-12　定位焊示意图

（3）示教要点　在手工焊的操作中，由于焊枪和管子对观察熔池视线的遮挡，管-板接头焊接中需要不断地调整焊枪的倾斜角度，并随着焊接位置的变化适时调整相应的焊枪角度，观察熔池的熔化状态，才能保证获得良好的成形和合格的焊脚尺寸，避免产生未熔合等缺陷。

但在机器人焊接中，并不存在这个问题，整个焊接完全可以与板-板的 2F 平角焊一样简单地完成，只是把直线插补指令改为圆弧插补指令而已。但是需要注意的是，圆弧摆动时，由于机器人算法的原因，内圈会比外圈更密，如图 4-13 所示。外圈的间隔要比内圈的间隔大，当内外直径相差越大时，该现象就越明显；如果不改变焊接参数，就会直接导致内圈的焊缝高于外圈的焊缝，导致外圈的焊缝脱节或未熔合等缺陷。

在示教编程过程中，枪姿、焊丝的伸出长度、焊接速度均尽量保持一直。示教前，调整机器人工具和工件的相对位置，使焊枪尽量能一次性、平稳地完成焊接任务，各轴的转动相对平稳。同时，在圆的周长上至少取 5 个示教的目标点，也就是收弧点要超过起弧点 5mm 左右，并调节起弧电流、起弧时间、收弧电流、收弧时间以及上下坡时间等参数，来控制接头的质量。如条件允许或有必要时，尽量多取几个示教点来提高运行的精度和焊接效果，并且在编程时,还应注意使焊枪角度和目标点偏向厚板侧,以防止产生焊接缺陷,如图 4-14 所示。

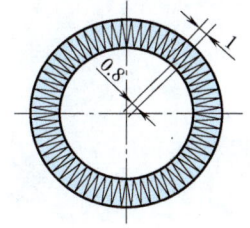

图 4-13 圆弧摆动示意图

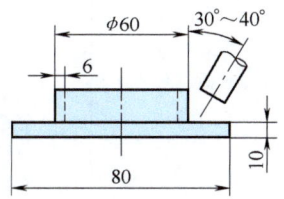

图 4-14 焊接角度示意图

根据焊接工艺要求采用二层二道焊,机器人焊接的焊接参数可以参照表 4-13。

表 4-13 机器人焊接参数

焊接道次	焊接电流 /A	焊接电压修正(%)	焊接速度 /(mm/s)	频率 /Hz	摆动幅度 /mm	上侧停留 /s	下侧停留 /s	收弧电流 /A
第一道	95~105	0	3	3.5	2.5	0.2	0.1	85~95
第二道	115~125	0	3	3.5	5.5	0.3	0.1	85~95

4. 操作步骤(表 4-14)

表 4-14 机器人管-板 2FG 位角焊操作步骤

序号	操作步骤	操作演示	补充说明
1	安装好工件		
2	在原点确定一个安全点 P1		
3	用关节运动指令靠近工件点 P2		

（续）

序号	操作步骤	操作演示	补充说明
4	用直线运动指令接近工件点 P3		
5	在点 P3 添加焊接开始指令，并设置焊接电流和电压		
6	在点 P3 添加摆动指令，并设置摆动参数		
7	移动焊枪并改变焊枪的姿态，用圆弧指令记录中点 P4，并修改焊接速度		
8	移动焊枪并改变焊枪的姿态，确定圆弧的终点 P5		
9	移动焊枪并改变焊枪的姿态，用圆弧指令记录终点 P6，并修改焊接速度		

（续）

序号	操作步骤	操作演示	补充说明
10	把终点修改为点 P3		
11	在点 P3 添加摆动结束指令		
12	在点 P3 添加焊接结束指令		
13	直线拉起焊枪到一个安全点，并用关节指令记录点 P7		
14	重复关节指令，把 P8 改为 P2		
15	重复添加直线指令，让焊枪靠近工件，点 P8 要比点 P3 往后一点		

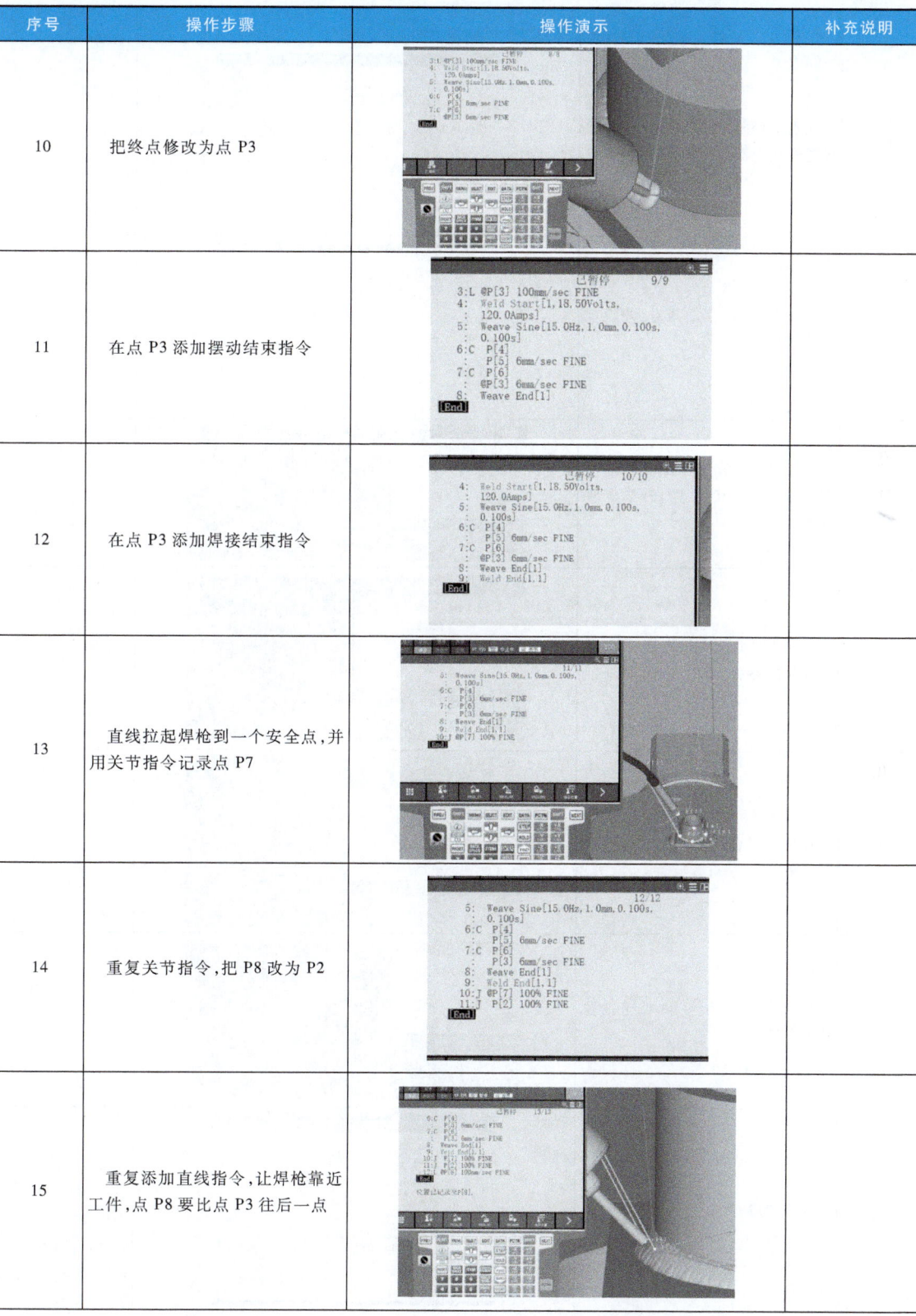

（续）

序号	操作步骤	操作演示	补充说明
16	在点 P8 添加焊接开始指令,并设置焊接电流和电压		
17	在点 P8 添加摆动指令,并设置摆动参数		
18	移动焊枪并改变焊枪的姿态,用圆弧指令记录中点 P9,并修改焊接速度		
19	移动焊枪并改变焊枪的姿态,确定圆弧的终点 P10		
20	移动焊枪并改变焊枪的姿态,用圆弧指令记录中点 P11,并修改焊接速度		
21	把终点修改为点 P3 偏上的位置点 P12		
22	在点 P12 添加摆动结束指令		

（续）

序号	操作步骤	操作演示	补充说明
23	在点 P12 添加焊接结束指令		
24	重复关节指令，把 P13 改为 P7		
25	重复关节指令，把 P13 改为 P1		
26	焊接完成，焊缝成形		

5. 评价表（表 4-15）

表 4-15 机器人管-板 2FG 位角焊质量评价表

评价点	标准	配分	得分
安全准备	观察现场操作环境是否安全，劳保用品是否符合要求	20	
示教器使用	示教器握持的姿势是否正确，使用是否规范	10	
结果评价	焊脚尺寸是否在 6~8mm 之间	10	
结果评价	焊缝高低差及宽窄差是否不大于 0.5mm	10	
结果评价	焊缝是否有明显表面缺陷	20	
结果评价	焊缝是否成形良好、美观	20	
现场清理	是否符合规范	10	
总成绩		100	

单元六　机器人管-板 5FG 位角焊技能训练

学习目标及技能要求

通过本单元的学习，读者应掌握板与圆管的机器人管-板 5FG 位角焊程序的编制及调试方法，并能根据焊接情况对焊接参数和摆动参数进行调节，完成机器人管-板 5FG 位角焊缝弧焊焊接作业，获得合格的焊缝。

1. 实操内容

运用焊接及摆动指令完成机器人 5FG 固定位角焊程序的编制及调试，并能运行程序完成焊接。同时，学会根据实际的焊接情况，优化机器人位姿，调整相关的焊接参数，以保证理想的焊接效果。

2. 设备、工具及工件准备

（1）焊件材料　Q235 钢板+20 钢管。

（2）焊件尺寸　120mm×120mm×5mm（1 件），ϕ90mm×30mm（t5mm 1 件），如图 4-15 所示。

（3）焊接材料　G49A3C1S6（ϕ1.2mm），CO_2 气体。

（4）焊接设备　焊接机器人工作站。

（5）焊接辅具　钢丝刷、尖嘴钳、扳手、钢直尺、角向磨光机、石笔等。

（6）劳动保护用品　焊接面罩、焊接手套、焊接工作服、焊接劳保鞋等。

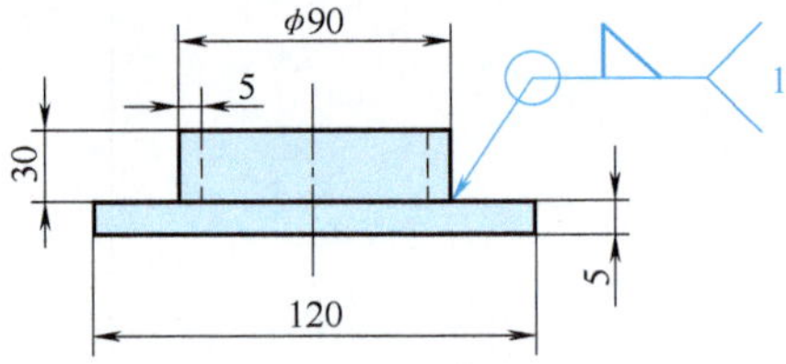

图 4-15　焊接工件图

3. 知识准备

（1）清理　焊前将管子与板的焊接区域 20mm 范围内及接头附近的油、锈及其他污物清除干净，直至露出金属光泽为止，特别是管子和底板的接触部位；不要破坏预制的 90°角度，确保管子和底板能够紧密接触。

（2）装配及定位焊　装配时，确保管子在板的中心位置，保证管子和底板的垂直度。在管子的 3 点、9 点和 12 点位置，分别点固不大于 15mm 长的定位焊缝。定位焊需牢固，防止因焊接应力导致定位焊缝开裂。定位焊采用的焊接工艺与正式焊接方法相同，定位焊缝两端需打磨斜坡。

（3）示教要点　水平固定管板（5FG 位置）施焊时，分左右两个半圈自下而上焊接，每半圈都有仰焊、立焊、平焊三种不同位置的焊接。熔池的状态时刻发生改变，应尽可能使熔池趋于水平状态，及时调整焊枪角度和位置，如图 4-16 所示。

需要注意两个操作要点：

1）控制焊枪角度。一般焊枪与底板的夹角为 25°~30°，与焊接方向的夹角随着焊接位置的不同而改变。另外，在管板焊件的时钟 6 点~4 点及 2 点~12 点处，要保持熔池面趋于水平，不使熔池金属液下淌，其运条轨迹如图 4-17 所示。

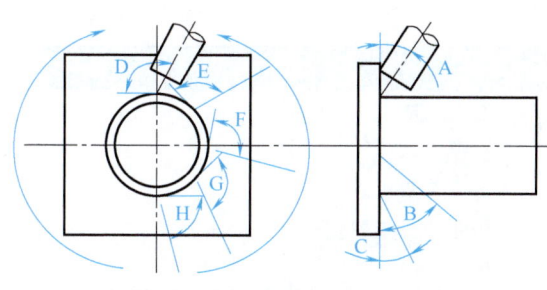
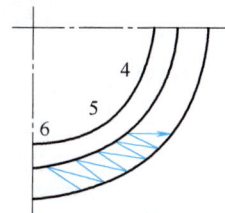
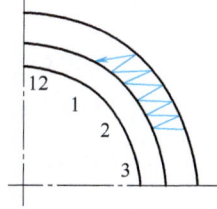

A=35°　B=45°　C=30°　D=80°~85°　E=120°
F=100°~110°　G=100°~105°　H=80°~85°

图 4-16　管板水平固定焊接位置及角度　　　　图 4-17　管板焊件斜仰位及斜平位处的运条轨迹

2）盖面层焊接。在焊接过程中，要使电弧偏向于底板，且电弧在底板一侧停留时间要稍长一些，避免在管壁一侧出现堆积、底板一侧出现咬边等缺陷。仰焊、仰爬坡焊区段液态金属易下坠，尽可能使焊缝薄些；而爬坡平焊、平焊区段熔池温度偏高，熔敷金属不易凸起，焊缝可厚一些。焊接时注意控制熔池的水平状态，可使盖面焊缝整体均匀，获得良好的成形效果。

根据焊接工艺要求采用二层二道焊，机器人焊接的焊接参数可以参照表 4-16。

表 4-16　机器人焊接参数

焊接道次	焊接电流/A	焊接电压修正(%)	焊接速度/(mm/s)	频率/Hz	摆动幅度/mm	左侧停留/s	右侧停留/s	收弧电流/A
第一道	95~105	0	3	3.5	2.5	0.1	0.1	85~95
第二道	115~125	0	3	3.5	5.5	0.2	0.2	85~95

4. 操作步骤（表 4-17）

表 4-17　机器人管-板 5FG 位角焊操作步骤

序号	操作步骤	操作演示	补充说明
1	安装好工件		
2	在原点确定一个安全点 P1		

（续）

序号	操作步骤	操作演示	补充说明
3	用关节运动指令靠近工件点 P2		
4	用直线运动指令接近工件点 P3		
5	在点 P3 添加焊接开始指令，并设置焊接电流和电压		
6	在点 P3 添加摆动指令，并设置摆动参数		
7	移动焊枪并改变焊枪的姿态，用圆弧指令记录中点 P4，并修改焊接速度		
8	移动焊枪并改变焊枪的姿态，确定圆弧的中点 P5		
9	移动焊枪并改变焊枪的姿态，用圆弧指令记录中点 P6，并修改焊接速度		

模块四 典型角接接头焊接程序编制及调试

（续）

序号	操作步骤	操作演示	补充说明
10	移动焊枪并改变焊枪的姿态，确定圆弧的终点 P7	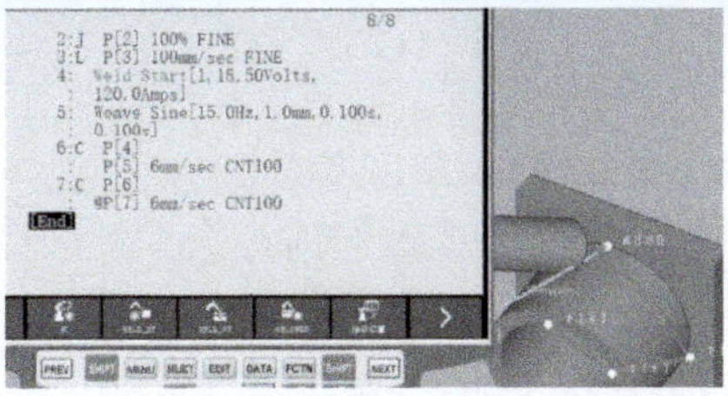	
11	在点 P7 添加摆动结束指令	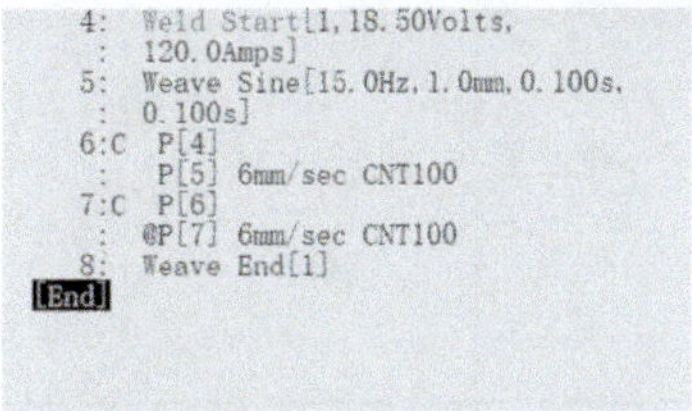	
12	在点 P7 添加焊接结束指令	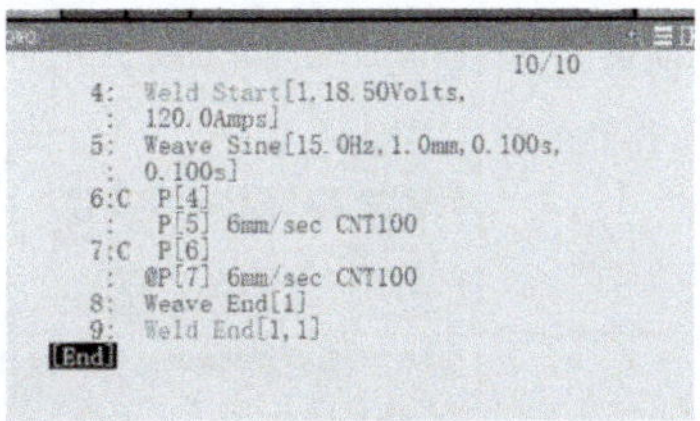	
13	直线拉起焊枪到一个安全点，并用关节记录点 P8	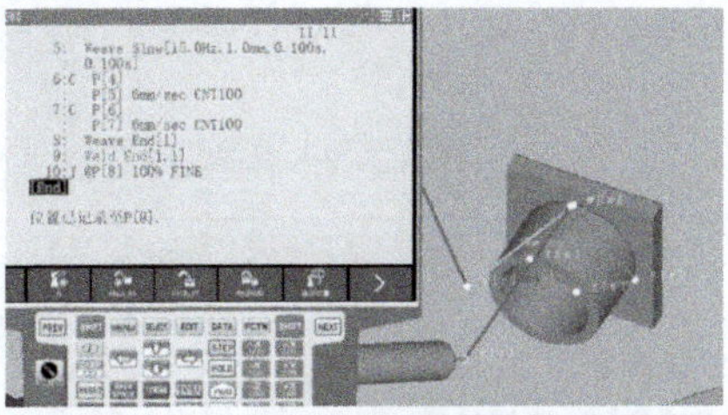	
14	重复关节指令，把 P9 改为 P2	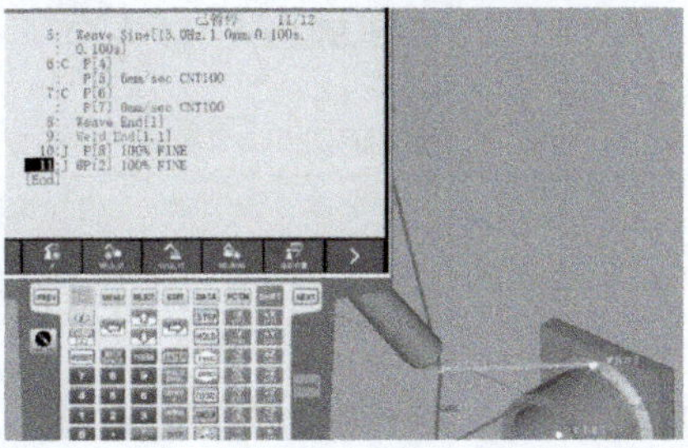	
15	重复添加直线指令，让焊枪靠近工件，点 P9 要比点 P3 往后一点	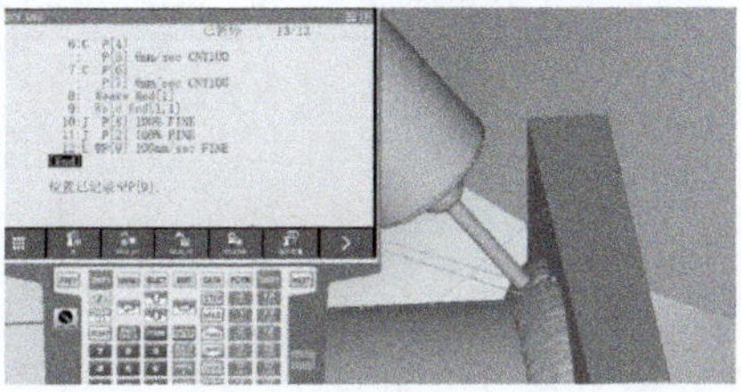	

(续)

序号	操作步骤	操作演示	补充说明
16	在点 P9 添加焊接开始指令,并设置焊接电流和电压	7:C P[6] : P[7] 6mm/sec CNT100 8: Weave End[1] 9: Weld End[1,1] 10:J P[8] 100% FINE 11:J P[2] 100% FINE 12:L @P[9] 100mm/sec FINE 13: Weld Start[1,18.50Volts, : 120.0Amps] [End]	
17	在点 P9 添加摆动指令,并设置摆动参数	8: Weave End[1] 9: Weld End[1,1] 10:J P[8] 100% FINE 11:J P[2] 100% FINE 12:L @P[9] 100mm/sec FINE 13: Weld Start[1,18.50Volts, : 120.0Amps] 14: Weave Sine[15.0Hz,2.0mm,0.100s, : 0.100s] [End]	
18	移动焊枪并改变焊枪的姿态,用圆弧指令记录中点 P10,并修改焊接速度		
19	移动焊枪并改变焊枪的姿态,确定圆弧的终点 P11		
20	移动焊枪并改变焊枪的姿态,用圆弧指令记录中点 P12,并修改焊接速度		
21	移动焊枪并改变焊枪的姿态,确定圆弧的终点 P13		
22	在点 P13 添加摆动结束指令	12:L P[9] 100mm/sec FINE 13: Weld Start[1,18.50Volts, : 120.0Amps] 14: Weave Sine[15.0Hz,2.0mm,0.100s, : 0.100s] 15:C P[10] : P[11] 6mm/sec CNT100 16:C P[12] : @P[13] 6mm/sec CNT100 17: Weave End[1] [End]	

（续）

序号	操作步骤	操作演示	补充说明
23	在点 P13 添加焊接结束指令		
24	重复关节指令,把 P14 改为 P5		
25	重复关节指令,把 P14 改为 P1		
26	焊接完成,焊缝成形		

5. 评价表（表 4-18）

表 4-18 机器人管-板 5FG 位角焊质量评价表

评价点	标准	配分	得分
安全准备	观察现场操作环境是否安全,劳保用品是否符合要求	20	
示教器使用	示教器握持的姿势是否正确,使用是否规范	10	
结果评价	焊脚尺寸是否在 6~8mm 之间	10	
结果评价	焊缝高低差及宽窄差是否不大于 0.5mm	10	
结果评价	焊缝是否有明显表面缺陷	20	
结果评价	焊缝是否成形良好、美观	20	
现场清理	是否符合规范	10	
总成绩		100	

工匠风采

张冬伟，现为沪东中华造船（集团）有限公司总装二部围护系统车间电焊二组班组长，高级技师，主要从事 LNG（液化天然气）船的围护系统 CO_2 焊接和氩弧焊焊接工作。

张冬伟刻苦钻研船舶建造技术，潜心传承工匠精神，成为公司高端产品 LNG 船以及当今世界最先进、建造难度最大的 45000t 集装箱滚装船的建造骨干工人。张冬伟主要负责焊接 LNG 船的最核心部件——液货舱围护系统的殷瓦钢（镍铁合金）。建造 LNG 船最大的难点就在于殷瓦钢的焊接。他用自己火红的青春谱写了一曲执着于国家海洋装备建设的奉献之歌。

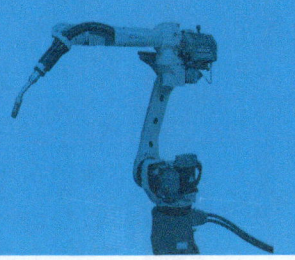

模块五
典型V形坡口焊接程序编制及调试

技能目标：熟练掌握机器人V形坡口对接平焊、对接横焊和对接立焊的焊缝程序编制，并焊出成形良好、符合质量要求的焊缝。

素养目标：养成沟通交流、积极进取的职业道德。

单元一　机器人平板V形坡口对接平焊技能训练

学习目标及技能要求

通过本单元的学习，读者应掌握机器人V形坡口对接平焊弧焊程序的编制及调试方法，并能根据焊接情况对焊接参数和摆动参数进行调节，完成机器人V形坡口对接单面焊双面成形的弧焊焊接作业，获得合格的焊缝。

1. 实操内容

操作焊接机器人，运用弧焊及弧焊摆动指令进行编程，并能运行程序，调整焊接参数，完成V形坡口对接平焊单面焊双面成形的弧焊焊接作业。

2. 设备、工具及工件准备

（1）焊件材料　Q235钢板。

（2）焊件尺寸　250mm×100mm×12mm（单侧开30°坡口，2件），如图5-1所示。

（3）焊接材料　G49A3C1S6（ϕ1.2mm），CO_2气体。

（4）焊接设备　焊接机器人工作站。

（5）焊接辅具　钢丝刷、尖嘴钳、扳手、钢直尺、角向磨光机、石笔等。

（6）劳动保护用品　焊接面罩、焊接手套、焊接工作服、焊接劳动保护鞋等。

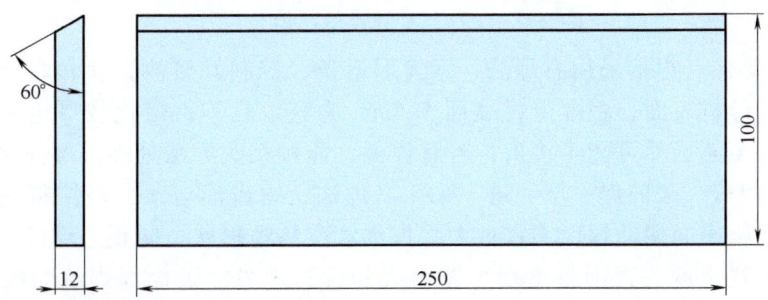

图5-1　焊接工件图

3. 知识准备

进行中厚板的V形坡口焊接时，为了达到满意的焊接质量和一定的尺寸要求，需要采用多层焊来进行焊接，如图5-2所示。

平板V形坡口对接平焊单面焊双面成形时，熔池呈悬空状态，液态金属受重力影响极易产生下坠现象。焊接机器人在编完程序后，又无法和焊条电弧焊时一样，根据熔孔的大小，适时调整焊接参数。特别是在打底层焊接时，编程时必须根据装配间隙和钝边等尺寸要求，设置好焊枪角度、摆动幅度、焊接速度、焊接电流和电弧电压等焊接参数，以控制熔孔尺寸，保证试件背面形成均匀一致的焊缝，避免产生焊瘤或者未焊透。在盖面层焊接过程中，也要严格控制焊枪角度，防止铁液超前，并且合理控制直线度与焊缝余高。

（1）清理　焊前将坡口和上、下表面靠近坡口两侧15~20mm内的油、锈、水分及其他污物打磨干净，直至露出金属光泽为止。打磨范围如图5-3所示。

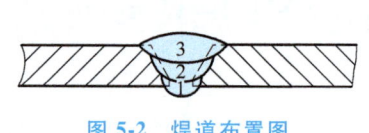

图5-2　焊道布置图

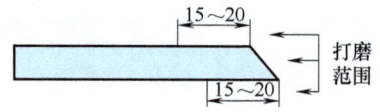

图5-3　打磨范围

（2）装配及定位焊　组对间隙为始焊端2mm左右，终焊端2.5mm左右。将打磨干净的试件在坡口正面的两端进行定位焊。定位焊焊缝要牢固，需单面焊双面成形，特别是终焊端更要牢固，预防产生错边。定位焊可采用与正式焊接方法相同的焊接工艺或者钨极氩弧焊的焊接工艺，定位焊后将定位焊缝内侧用角向磨光机打磨成斜坡状，并将坡口内的飞溅物清理干净。注意：定位焊背面不准打磨。

（3）示教要点

1）控制焊枪角度。焊接均采用连弧焊，焊枪角度在90°左右，后倾70°~80°左右，如图5-4所示。

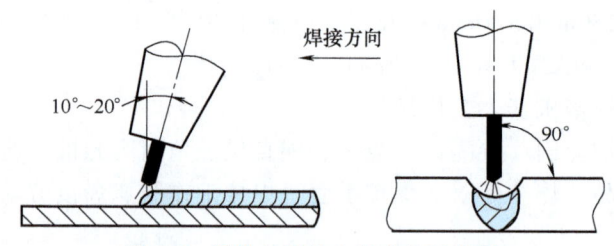

图5-4　焊枪与焊件之间夹角示意图

2）填充层焊接。焊接采用右焊法，锯齿形运条，控制好熔池宽度和焊缝厚度，整个填充层的表面低于母材表面，距离母材表面1.5mm为宜，且不得熔化坡口边缘棱角，以利于盖面层的焊接。填充层尽可能不接头，若有停弧，需按接头方法处理，保证接头质量。

3）盖面层焊接。盖面焊一层一道，采用右焊法，锯齿形运条，要控制住焊枪角度与电弧对中位置，焊枪横向摆动幅度不宜过大，仔细观察熔池形状，防止边缘处产生未熔合，保证焊缝直线度与宽窄度，否则易出现焊波粗大和咬边现象。盖面焊焊缝的咬边深度不大于0.5mm，不允许有气孔、未熔合、未焊满、超高等缺陷，要求焊缝成形宽窄度一致，且圆滑过渡，平缓美观。

4)焊后清理。盖面层焊接完成后,用电动钢丝刷清理焊缝表面,并用錾子清理焊缝正反两面的飞溅,焊缝上熔合性飞溅可不清理,不得修磨焊道,以保持焊缝原始状态。

根据焊接工艺要求采用三层三道焊,具体焊接参数可以参照表5-1。

表5-1 机器人焊接参数

焊接道次	焊接电流 /A	焊接电压 修正(%)	焊接速度 /(mm/s)	频率 /Hz	摆动幅度 /mm	左侧停留 /s	右侧停留 /s	收弧电流 /A
第一道	115~125	0	5	5	2	0.2	0.2	85~95
第二道	130~140	0	4	4	4.5	0.2	0.2	85~95
第三道	140~150	0	4	4	6.5	0.2	0.2	85~95

4. 操作步骤(表5-2)

表5-2 机器人平板V形坡口对接平焊操作步骤

序号	操作步骤	操作演示	补充说明
1	安装好工件		
2	在原点确定一个安全点P1		
3	用关节运动指令靠近工件点P2		
4	用直线运动指令接近工件点P3		
5	在点P3添加焊接开始指令,并设置焊接电流和电压		

（续）

序号	操作步骤	操作演示	补充说明
6	在点 P3 添加摆动指令，并设置摆动的参数		
7	移动到工件末端，添加焊接直线指令到点 P4，并修改焊接速度		
8	在点 P4 上添加摆动结束指令		
9	在点 P4 上添加焊接结束指令		
10	直线拉起焊枪到一个安全点，并用关节指令记录点 P5		
11	重复关节指令，把 P6 改为 P2		
12	重复添加直线指令，让焊枪靠近工件，点 P6 要比点 P3 往上一点		

（续）

序号	操作步骤	操作演示	补充说明
13	在点 P6 添加焊接开始指令，并设置焊接电流和电压	8: Weld End[1,1] 9:J P[5] 100% FINE 10:J P[2] 100% FINE 11:L @P[6] 100mm/sec FINE 12: Weld Start[1,18.50Volts, : 120.0Amps] [End]	
14	在点 P6 添加摆动指令，并设置摆动的参数	已暂停 14/14 6:L P[4] 6mm/sec FINE 7: Weave End[1] 8: Weld End[1,1] 9:J P[5] 100% FINE 10:J P[2] 100% FINE 11:L @P[6] 100mm/sec FINE 12: Weld Start[1,18.50Volts, : 120.0Amps] 13: Weave Sine[15.0Hz,2.0mm,0.100s, : 0.100s] [End]	
15	移动到工件末端，添加焊接直线指令到点 P7，并修改焊接速度		
16	在点 P7 上添加摆动结束指令	已暂停 16/16 8: Weld End[1,1] 9:J P[5] 100% FINE 10:J P[2] 100% FINE 11:L P[6] 100mm/sec FINE 12: Weld Start[1,18.50Volts, : 120.0Amps] 13: Weave Sine[15.0Hz,2.0mm,0.100s, : 0.100s] 14:L @P[7] 6mm/sec FINE 15: Weave End[1] [End]	
17	在点 P7 上添加焊接结束指令	9:J P[5] 100% FINE 10:J P[2] 100% FINE 11:L P[6] 100mm/sec FINE 12: Weld Start[1,18.50Volts, : 120.0Amps] 13: Weave Sine[15.0Hz,2.0mm,0.100s, : 0.100s] 14:L @P[7] 6mm/sec FINE 15: Weave End[1] 16: Weld End[1,1] [End]	
18	重复关节指令，把 P8 改为 P5	10:J P[2] 100% FINE 11:L P[6] 100mm/sec FINE 12: Weld Start[1,18.50Volts, : 120.0Amps] 13: Weave Sine[15.0Hz,2.0mm,0.100s, : 0.100s] 14:L @P[7] 6mm/sec FINE 15: Weave End[1] 16: Weld End[1,1] 17:J P[5] 100% FINE [End]	
19	重复关节指令，把 P8 改为 P2		

（续）

序号	操作步骤	操作演示	补充说明
20	重复添加直线指令，让焊枪靠近工件，点 P8 要比点 P6 往上一点		
21	在点 P8 上添加焊接开始指令，并设置焊接电流和电压		
22	在点 P8 上加入摆动指令，并设置摆动参数		
23	移动到工件末端，添加焊接直线指令到点 P9，并修改焊接速度		
24	在点 P9 上添加摆动结束指令		
25	在点 P9 上添加焊接结束指令		
26	重复关节指令，把 P10 改为 P5		
27	重复关节指令，把 P10 改为 P1		

（续）

序号	操作步骤	操作演示	补充说明
28	焊接完成，焊缝成形		

5. 评价表（表5-3）

表5-3 机器人平板V形坡口对接平焊焊接质量评价表

检查项目	标准、分数	焊缝等级				得分
		I	II	III	IV	
操作过程	标准	安全、规范		不安全或不规范		
	分数	20		0		
焊缝余高	标准/mm	≥0 且 ≤1.5	>1.5 且 ≤2	>2 且 ≤3	>3 或 <0	
	分数	10	7	4	0	
焊缝余高差	标准/mm	≤0.5	>0.5 且 ≤1.0	>1.0 且 ≤1.5	>1.5	
	分数	10	7	4	0	
焊缝宽度差	标准/mm	≤0.5	>0.5 且 ≤1.0	>1.0 且 ≤1.5	>1.5	
	分数	10	7	4	0	
焊缝偏离	标准/mm	≤1	>1 且 ≤1.5	>1.5 且 ≤2.0	>2.0	
	分数	10	7	4	0	
咬边	标准/mm	深度≤0.5		深度>0.5		
	分数	10		4		
背面成形	标准	成形		未成形或有明显缺陷		
	分数	10		0		
内部质量	标准	I	II	III	IV	
	分数	10	7	4	0	
现场清理		是否符合规范			10	
总成绩					100	

单元二 机器人平板V形坡口对接横焊技能训练

学习目标及技能要求

通过本单元的学习，读者应掌握机器人平板V形坡口对接横焊程序的编制及调试方法，并能根据焊接情况对焊接参数和摆动参数进行调节，完成机器人平板V形坡口对接横焊焊缝单面焊双面成形的弧焊焊接作业，获得合格的焊缝。

1. 实操内容

操作焊接机器人，运用弧焊及弧焊摆动指令进行编程，并能运行程序，调整焊接参数，完成平板对接 V 形坡口横横焊缝单面焊双面成形的弧焊焊接作业。

2. 设备、工具及工件准备

（1）焊件材料　Q235 钢板。

（2）焊件尺寸　250mm×100mm×12mm（单侧开 30°坡口，2 件），如图 5-5 所示。

（3）焊接材料　G49A3C1S6（ϕ1.2mm），CO_2 气体。

（4）焊接设备　焊接机器人工作站。

（5）焊接辅具　钢丝刷、尖嘴钳、扳手、钢直尺、角向磨光机、石笔等。

（6）劳动保护用品　焊接面罩、焊接手套、焊接工作服、焊接劳动保护鞋等。

3. 知识准备

在中厚板的 V 形坡口对接横焊时，为了达到满意的焊接质量和一定的尺寸要求，需要采用多层多道焊来进行焊接，如图 5-6 所示。

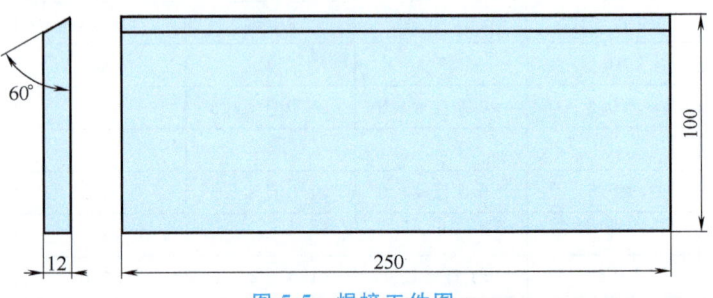
图 5-5　焊接工件图

图 5-6　焊道布置图

平板 V 形坡口对接横焊单面焊双面成形时，熔池呈悬空状态，液态金属受重力影响极易产生下坠现象。焊接机器人在编程时需要根据实际情况及焊接经验，预估每道焊缝的编程位置，并且尽可能地做到每块试件的装配精度达到一致，以便获得均匀一致的焊缝。

（1）清理　焊前将坡口和靠近坡口上、下表面两侧 15～20mm 内的油、锈、水分及其他污物打磨干净，直至露出金属光泽。打磨范围如图 5-7 所示。

（2）装配及定位焊　组对间隙始焊端为 2mm 左右，终焊端为 2.5mm 左右。将打磨干净的试件在坡口正面的

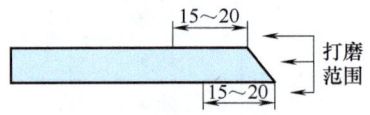
图 5-7　焊前打磨范围

两端进行定位焊。定位焊焊缝要牢固，需单面焊双面成形，特别是在终焊端更要牢固，预防产生错边。定位焊可采用与正式焊接方法相同的焊接工艺或者钨极氩弧焊的焊接工艺，定位焊后将定位焊缝内侧用角向磨光机打磨成斜坡状，并将坡口内的飞溅物清理干净。注意定位焊背面不准打磨。

（3）示教要点　对接横焊时，坡口下侧金属对熔池有承托作用，且焊缝呈平直位置，因此操作较容易。

1）焊道分布。单面焊，板厚为 12mm，采用三层六道焊接。

2）打底层焊接。采用右焊法，一层一道焊，摆动运条，因熔池在垂直面上，受重力影响，极易产生下坠。当熔池体积较大、温度较高、凝固速度较慢时，就会产生液态金属下坠现象。为防止焊接缺陷的产生，焊接时应保持较小的熔池和较小的焊接熔孔尺寸。焊接过程

中，控制好电弧稳定燃烧，焊枪与焊件之间的夹角如图 5-8 所示。电弧在上坡口停留时间稍长于下坡口停留时间，仔细观察熔孔形状，使之始终保持均匀一致，熔孔大小控制在 3~4mm，打底焊缝厚度保持在 3~4mm 左右。当电弧熄灭后，焊枪不能立刻离开熔池，需用延气保护未凝固的熔池，预防收尾熔池因保护不良而产生气孔；背面焊缝不允许存在咬边、未焊透、内凹、超高等缺陷。

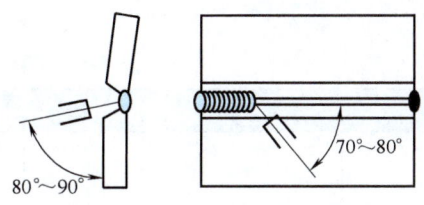

图 5-8 打底焊焊枪角度示意图

焊后将焊缝正面的焊渣、飞溅清理干净，将焊缝凸起处修磨平整，圆滑过渡，不允许有夹角。

3) 填充层焊接。填充层采用多道焊，即填充焊为一层两道，采用锯齿形运条，自左向右焊接（右焊法），焊枪与试件下端夹角如图 5-9 所示。焊接第一道焊缝时，焊枪对准打底焊缝的下边缘进行焊接。为防止产生未熔合，焊枪摆幅不能太大，集中温度以增加熔深。填充层焊缝填至距母材表面深度 1.0~1.5mm。焊接第二道焊缝时，焊枪与试件下端夹角如图 5-9 所示，焊接电弧以打底层焊缝的上边缘为中心焊接。为防止产生层间未熔合现象，焊接时注意焊枪与焊缝后侧的倾角应尽量大些，以 80°~85° 为宜。

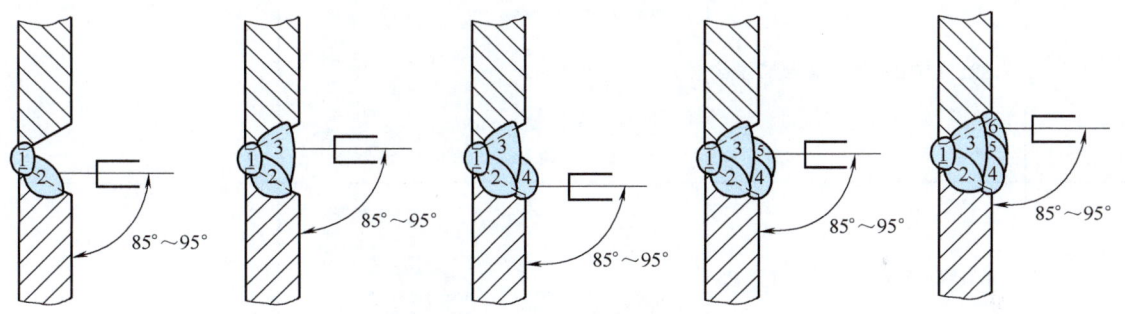

图 5-9 填充和盖面焊枪角度示意图

4) 盖面层焊接。盖面层采用多道焊，为一层三道焊，采用锯齿形运条，自左向右焊接（右焊法）。焊枪与试件之间的夹角如图 5-9 所示，其余未在图示中表达的焊道焊枪角度均垂直于工件表面。焊枪与始焊端夹角为 70° 左右。为保证焊缝均匀一致，第一道焊缝焊接时，熔池超过坡口边缘棱角 1mm 即可。以后各道焊缝焊接时，熔池都应熔化到前道焊缝的中心位置。最后一道焊缝焊接时，应注意坡口上侧边缘熔合情况，以熔池超过上坡口边缘棱角 1~1.5mm 为宜。

5) 焊后清理 盖面层完成后，用电动钢丝刷清理焊缝表面，并用錾子清理焊缝正反两面的飞溅，焊缝上熔合性飞溅可不清理，不得修磨焊道，以保持焊缝原始状态。

具体的焊接参数可以参照表 5-4。

表 5-4 V 形坡口对接横焊焊接参数

焊接道次	焊接电流 /A	焊接电压修正(%)	焊接速度 /(mm/s)	频率 /Hz	摆动幅度 /mm	左侧停留 /s	右侧停留 /s	收弧电流 /A
第一道	115~125	0	5	5	2	0.2	0.2	85~95
第二道	130~140	0	4	4	4.5	0.2	0.2	85~95
第三道	140~150	0	4	4	6.5	0.2	0.2	85~95

4. 操作步骤（表 5-5）

表 5-5　机器人平板 V 形坡口对接横焊操作步骤

序号	操作步骤	操作演示	补充说明
1	安装好工件		
2	在原点确定一个安全点 P1		
3	通过关节运动指令靠近工件点 P2		
4	用直线运动指令接近工件点 P3		
5	在点 P3 添加焊接开始指令，并设置焊接电流和电压	1:J P[1] 100% FINE 2:J P[2] 100% FINE 3:L @P[3] 100mm/sec FINE 4: Weld Start[1,18.50Volts, 120.0Amps] [End]	
6	在点 P3 添加摆动指令，并设置摆动参数	1:J P[1] 100% FINE 2:J P[2] 100% FINE 3:L @P[3] 100mm/sec FINE 4: Weld Start[1,18.50Volts, 120.0Amps] 5: Weave Sine[15.0Hz,1.0mm,0.100s, 0.100s] [End]	
7	移动到工件末端，添加焊接直线指令到点 P4，并修改焊接速度		

模块五　典型V形坡口焊接程序编制及调试

（续）

序号	操作步骤	操作演示	补充说明
8	在点 P4 添加摆动结束指令	1:J P[1] 100% FINE 2:J P[2] 100% FINE 3:L P[3] 100mm/sec FINE 4: Weld Start[1,18.50Volts, 　: 120.0Amps] 5: Weave Sine[15.0Hz,1.0mm,0.100s, 　: 0.100s] 6:L @P[4] 6mm/sec FINE 7: Weave End[1] [End]	
9	在点 P4 添加焊接结束指令	1:J P[1] 100% FINE 2:J P[2] 100% FINE 3:L P[3] 100mm/sec FINE 4: Weld Start[1,18.50Volts, 　: 120.0Amps] 5: Weave Sine[15.0Hz,1.0mm,0.100s, 　: 0.100s] 6:L @P[4] 6mm/sec FINE 7: Weave End[1] 8: Weld End[1,1] [End]	
10	直线拉起焊枪到一个安全点，并用关节指令记录点 P5		
11	重复关节指令，把 P6 改为 P2		
12	重复添加直线指令，让焊枪靠近工件，点 P6 要比点 P3 往上一点		
13	在点 P6 添加焊接开始指令，并设置焊接电流和电压	5: Weave Sine[15.0Hz,1.0mm,0.100s, 　: 0.100s] 6:L P[4] 6mm/sec FINE 7: Weave End[1] 8: Weld End[1,1] 9:J P[5] 100% FINE 10:J P[2] 100% FINE 11:L @P[6] 100mm/sec FINE 12: Weld Start[1,18.50Volts, 　: 120.0Amps] [End]	
14	在点 P6 添加摆动指令，并设置摆动参数	6:L P[4] 6mm/sec FINE 7: Weave End[1] 8: Weld End[1,1] 9:J P[5] 100% FINE 10:J P[2] 100% FINE 11:L @P[6] 100mm/sec FINE 12: Weld Start[1,18.50Volts, 　: 120.0Amps] 13: Weave Sine[15.0Hz,2.0mm,0.100s, 　: 0.100s] [End]	

(续)

序号	操作步骤	操作演示	补充说明
15	移动到工件末端添加焊接直线指令到点 P7,并修改焊接速度		
16	在点 P7 添加摆动结束指令		
17	在点 P7 添加焊接结束指令		
18	重复关节指令,把 P8 改为 P5		
19	重复关节指令,把 P8 改为 P2		
20	重复添加直线指令,让焊枪靠近工件,点 P8 要比点 P6 往上一点		
21	在点 P8 添加焊接开始指令,并设计焊接电流和电压		

模块五　典型V形坡口焊接程序编制及调试

（续）

序号	操作步骤	操作演示	补充说明
22	在点P8添加摆动指令,并设置摆动参数		
23	移动到工件末端,添加焊接直线指令到点P9,并修改焊接速度		
24	在点P9添加摆动结束指令		
25	在点P9添加焊接结束指令		
26	重复关节指令,把P10改为P5		
27	重复关节指令,把P10改为P1		
28	焊接完成,焊缝成形		

5. 评价表（表5-6）

表5-6 机器人平板V形坡口对接横焊焊接质量评价表

检查项目	标准、分数	焊缝等级				得分
		I	II	III	IV	
操作过程	标准	安全、规范		不安全、不规范		
	分数	20		0		
焊缝余高	标准/mm	≥0且≤1.5	>1.5且≤2	>2且≤3	>3或<0	
	分数	10	7	4	0	
焊缝余高差	标准/mm	≤0.5	>0.5且≤1.0	>1.0且≤1.5	>1.5	
	分数	10	7	4	0	
焊缝宽度差	标准/mm	≤0.5	>0.5且≤1.0	>1.0且≤1.5	>1.5	
	分数	10	7	4	0	
焊缝偏离	标准/mm	≤1	>1且≤1.5	>1.5且≤2.0	>2.0	
	分数	10	7	4	0	
咬边	标准/mm	深度≤0.5		深度>0.5		
	分数	10		4		
背面成形	标准	成形		未成形或有明显缺陷		
	分数	10		0		
内部质量	标准	I	II	III	IV	
	分数	10	7	4	0	
现场清理	是否符合规范				10	
总成绩					100	

单元三 机器人平板V形坡口对接立焊技能训练

学习目标及技能要求

通过本单元的学习，读者应掌握机器人平板V形坡口对接立焊程序的编制及调试方法，并能根据焊接情况对焊接参数和摆动参数进行调节，完成机器人平板V形坡口对接立焊焊缝单面焊双面成形的弧焊焊接作业，获得合格的焊缝。

1. 实操内容

操作焊接机器人，运用弧焊及弧焊摆动指令进行编程，并能运行程序，调整焊接参数，完成平板V形坡口对接立焊焊缝单面焊双面成形的弧焊焊接作业。

2. 设备、工具及工件准备

（1）焊件材料 Q235钢板。

（2）焊件尺寸 250mm×100mm×12mm（单侧开30°坡口，2件），如图5-10所示。

(3) 焊接材料　G49A3C1S6（φ1.2mm），CO_2 气体。

(4) 焊接设备　焊接机器人工作站。

(5) 焊接辅具　钢丝刷、尖嘴钳、扳手、钢直尺、角向磨光机、石笔等。

(6) 劳动保护用品　焊接面罩、焊接手套、焊接工作服、焊接劳动保护鞋等。

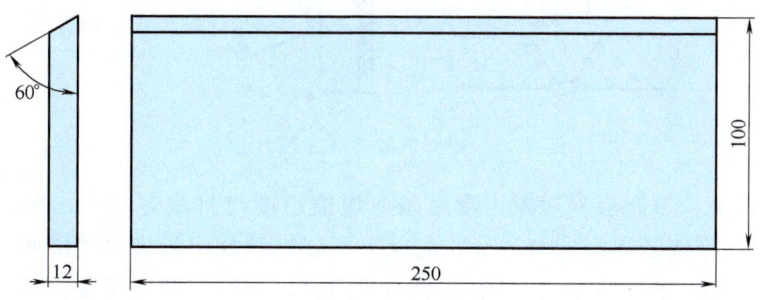

图 5-10　焊接工件图

3. 知识准备

在中厚板的 V 形坡口立位焊接时，为了达到满意的焊接质量和一定的尺寸要求，需要采用多层焊来进行焊接，如图 5-11 所示。

平板对接立焊单面焊双面成形时，熔池下部焊道对熔池起到依托作用，故能更好地观察到熔池和熔孔的情况，有利于实现单面焊双面成形，但同样受重力的影响，若焊接参数选择不当，也会产生液态金属下淌，使焊缝正面和背面形成焊瘤。

(1) 清理　焊前将坡口和靠近坡口的上、下表面两侧 15~20mm 内的钢板上的油、锈、水分及其他污物打磨干净，至露出金属光泽为止。打磨范围如图 5-12 所示。

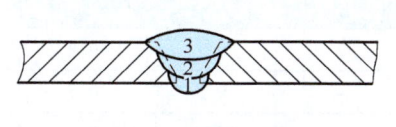

图 5-11　焊道布置图

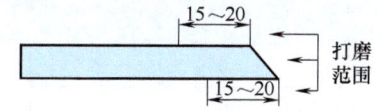

图 5-12　焊前打磨范围

(2) 装配及定位焊　组对间隙为始焊端 2mm 左右，终焊端 2.5mm 左右。将打磨干净的试件在坡口正面的两端进行定位焊。定位焊焊缝要牢固，需单面焊双面成形，特别是在终焊端更要牢固，预防产生错边。定位焊可采用与正式焊接方法相同的焊接工艺或者钨极氩弧焊焊接工艺，定位焊后将定位焊缝内侧用角向磨光机打磨成斜坡状，并将坡口内的飞溅物清理干净。注意：定位焊背面不准打磨。

(3) 示教要点

1) 焊道分布。单面焊，采用三层三道焊接。

2) 打底层焊接。打底层采用摆动或运条，向上立焊的方法，焊枪与焊件之间的夹角如图 5-13 所示，焊丝伸出长度为 10~15mm，引燃电弧，待电弧稳定后，沿斜坡向坡口根部焊接，至坡口根部后做锯齿形摆动，焊枪在摆动过程中，中间稍快两侧稍停顿，熔孔大小控制在 3~3.5mm。焊至最后熔孔处要减小焊接速度，保证背面弧坑填满。当电弧熄弧后，焊枪不能立刻离开熔池，用延气保护未凝固的熔池，预防收尾时熔池因保护不良而产生气孔；打底层背面焊缝不允许存在咬边、未焊透、内凹、超高等缺陷，正面焊缝表面需平整，不允许有夹角。

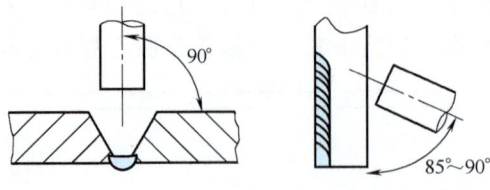

图 5-13　根部焊接焊枪角度示意图

3）填充层焊接。填充层采用锯齿形运条。焊枪角度与打底焊相同，板厚不同，焊枪摆动方法也不同。在保证能观察到熔池形状的前提下，焊丝伸出长度尽可能短，以获得更加稳定的电弧和保护效果。焊接时注意焊枪摆动均匀到位，在坡口两侧稍加停顿，以保证焊缝平整，同时有利于坡口两侧边缘的金属充分熔化，避免产生夹渣。填充层焊完后，焊缝表面距试件表面 1.5～2mm 为宜，且不得熔化坡口边缘棱角处的金属，便于盖面层的焊接。

4）盖面层焊接。盖面层采用锯齿形运条。焊枪角度与填充层相同，盖面层焊缝咬边深度不大于 0.5mm，不允许有气孔、未熔合、未焊满、超高等缺陷，要求焊缝成形宽窄度一致，且圆滑过渡，平缓美观。

（4）焊后清理　盖面层焊完后，用电动钢丝刷清理焊缝表面，并用錾子清理焊缝正反两面的飞溅，焊缝上熔合性飞溅可不清理，不得修磨焊道，以保持焊缝原始状态。

机器人平板 V 形坡口对接立焊的焊接参数可以参照表 5-7。

表 5-7　机器人平板 V 形坡口对接立焊的焊接参数

焊接道次	焊接电流 /A	焊接电压修正(%)	焊接速度 /(mm/s)	频率 /Hz	摆动幅度 /mm	左侧停留 /s	右侧停留 /s	收弧电流 /A
第一道	105～115	0	5	5	2	0.2	0.2	85～95
第二道	115～125	0	3	2	4	0.5	0.5	85～95
第三道	115～125	0	2	1.5	6	0.5	0.5	85～95

4. 操作步骤（表 5-8）

表 5-8　机器人平板 V 形坡口对接立焊操作步骤

序号	操作步骤	操作演示	补充说明
1	安装好工件		

(续)

序号	操作步骤	操作演示	补充说明
2	在原点确定一个安全点 P1		
3	用关节运动指令靠近工件点 P2		
4	用直线运动指令接近工件点 P3		
5	在点 P3 添加焊接开始指令,并设置焊接电流和电压	1:J P[1] 100% FINE 2:J P[2] 100% FINE 3:L @P[3] 100mm/sec FINE 4: Weld Start[1,18.50Volts, 120.0Amps] [End]	
6	在点 P3 添加摆动指令,并设置摆动参数	1:J P[1] 100% FINE 2:J P[2] 100% FINE 3:L @P[3] 100mm/sec FINE 4: Weld Start[1,18.50Volts, : 120.0Amps] 5: Weave Sine[15.0Hz,1.0mm,0.100s, 0.100s] [End]	
7	移动到工件末端,添加焊接直线指令到点 P4,并修改焊接速度		
8	在点 P4 添加摆动结束指令	1:J P[1] 100% FINE 2:J P[2] 100% FINE 3:L @P[3] 100mm/sec FINE 4: Weld Start[1,18.50Volts, : 120.0Amps] 5: Weave Sine[15.0Hz,1.0mm,0.100s, : 0.100s] 6:L @P[4] 6mm/sec FINE 7: Weave End[1] [End]	

(续)

序号	操作步骤	操作演示	补充说明
9	在点 P4 添加焊接结束指令		
10	直线拉起焊枪到一个安全点,并用关节指令记录点 P5		
11	重复关节指令,把 P6 改为 P2		
12	重复添加直线指令,让焊枪靠近工件,点 P6 要比点 P3 高一点		
13	在点 P6 添加焊接开始指令,并设置焊接电流和电压		
14	在点 P6 添加摆动指令,并设置摆动参数		
15	移动到工件末端,添加焊接直线指令到点 P7,并修改焊接速度		

（续）

序号	操作步骤	操作演示	补充说明
16	在点 P7 添加摆动结束指令		
17	在点 P7 添加焊接结束指令		
18	重复关节指令，把 P8 改为 P5		
19	重复关节指令，把 P8 改为 P2		
20	重复添加直线指令，让焊枪靠近工件，点 P8 要比点 P6 高一点		
21	在点 P8 添加焊接开始指令，并设置焊接电流和电压		
22	在点 P8 添加摆动指令，并设置摆动参数		

（续）

序号	操作步骤	操作演示	补充说明
23	移动到工件末端，添加焊接直线指令到点 P9，并修改焊接速度		
24	在点 P9 添加摆动结束指令		
25	在点 P9 添加焊接结束指令		
26	重复关节指令，把 P10 改为 P5		
27	重复关节指令，把 P10 改为 P1		
28	焊接完成，焊缝成形		

5. 评价表（表5-9）

表5-9 机器人平板V形坡口对接立焊焊接质量评价表

检查项目	标准、分数	焊缝等级				得分
		I	II	III	IV	
操作过程	标准	安全、规范		不安全、不规范		
	分数	20		0		
焊缝余高	标准/mm	≥0且≤1.5	>1.5且≤2	>2且≤3	>3或<0	
	分数	10	7	4	0	
焊缝余高差	标准/mm	≤0.5	>0.5且≤1.0	>1.0且≤1.5	>1.5	
	分数	10	7	4	0	
焊缝宽度差	标准/mm	≤0.5	>0.5且≤1.0	>1.0且≤1.5	>1.5	
	分数	10	7	4	0	
焊缝偏离	标准/mm	≤1	>1且≤1.5	>1.5且≤2.0	>2.0	
	分数	10	7	4	0	
咬边	标准/mm	深度≤0.5		深度>0.5		
	分数	10		4		
背面成形	标准	成形		未成形或有明显缺陷		
	分数	10		0		
内部质量	标准	I	II	III	IV	
	分数	10	7	4	0	
现场清理		是否符合规范			10	
总成绩					100	

工匠风采

卢仁峰，中国兵器工业集团首席焊接技师，中国兵器工业集团内蒙古一机集团焊工。他改革了熔化极氩弧焊、微束等离子弧焊、单面焊双面成形等操作技能，发布"短段逆向带压操作法""特种车辆焊接变形控制"等多项成果，发明了"HT火花塞异种钢焊接技术"等国家专利。他牵头完成152项技术难题攻关，提出改进工艺建议200余项，实现一批关键技术瓶颈的突破，为实现强军目标贡献了智慧和力量。卢仁峰主动请缨阅兵装备的某型号轮式车辆首批次生产，经过多次失败和从头再来，创造性地提出"正反面焊接，以变制变"的操作方法，使该产品合格率由60%提高到96%，对推动我军轮式装备性能和国防工业水平的跃升，解决"卡脖子"技术难题具有重要的牵引推动作用。2020年，他对某海军装备铝合金雷达结构件焊接变形问题进行攻关，通过优化焊接顺序、改进焊接方法、制作防变形工装等措施，一举解决了该装备的变形问题，为开拓海军装备市场奠定了工艺技术基础。

模块六
典型构件的机器人焊接

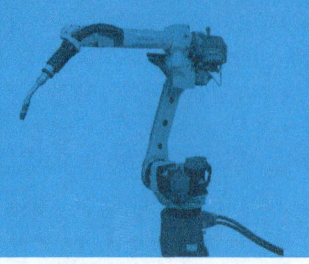

技能目标：能独立完成薄板密封构件、型材构件和中厚板密封构件的焊接程序编制，并焊出成形良好、符合质量要求的成品。

素养目标：形成综合考虑和解决问题的思路和能力，树立责任担当、劳动创造价值的观念。

单元一　薄板密封构件的焊接技能训练

学习目标及技能要求

通过本单元的学习，读者应掌握薄板密封构件焊接的操作方法及其焊接工艺，能熟练的运用相应的检测方法进行评分，并能通过检测结果，优化工艺，获得良好的焊接质量。

1. 实操内容

1）能够读懂图样（图 6-1）并按图样要求，采用焊条电弧焊进行试件组对。

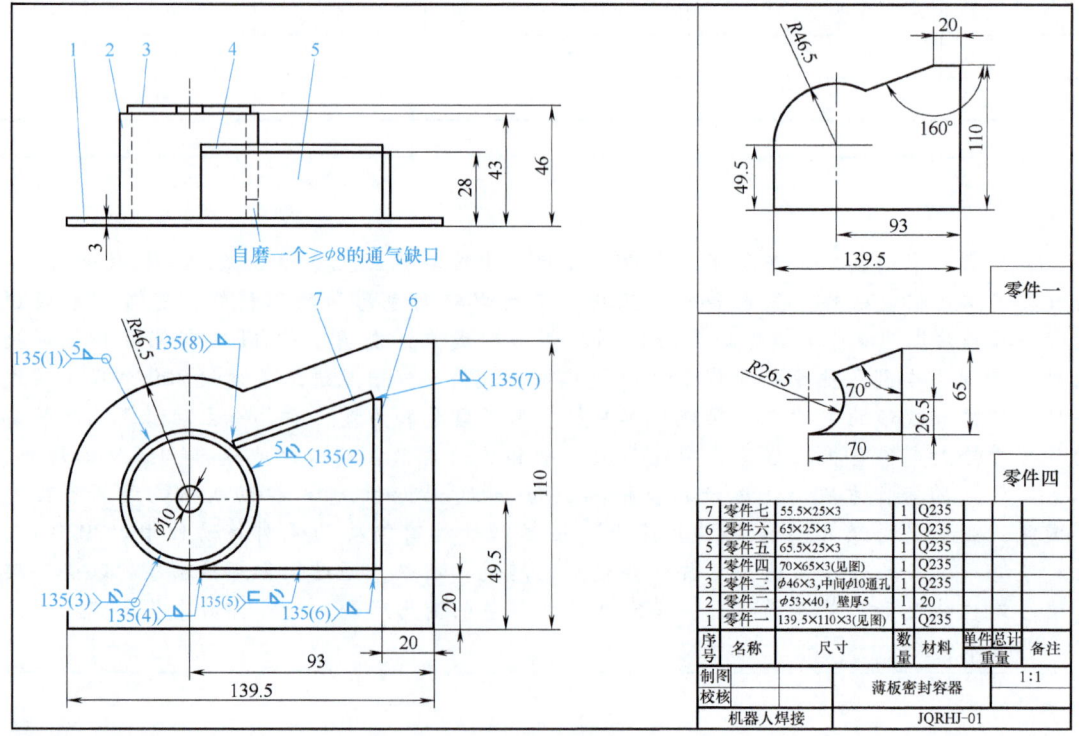

图 6-1　薄板密封容器

2）能够对机器人配套焊接设备系统（主电源、送丝系统、供气循环系统、焊接回路等）进行检测和调整。

3）根据图样要求，操作焊接机器人使用实心焊丝熔化极非惰性气体保护焊 GMAW（20%CO_2+80%Ar）（体积分数）进行金属板、管及结构件的焊接。

4）根据评价标准，完成评分。

2. 设备、工具及工件准备

（1）材料清单（表6-1）

表 6-1 材料清单

试件编号	材质	规格	数量	说明
零件一	Q235	139.5mm×110mm×3mm	1	图6-1
零件二	20	ϕ53mm×40mm，壁厚5mm	1	
零件三	Q235	ϕ46mm×3mm	1	中间ϕ10mm通孔
零件四	Q235	70mm×65mm×3mm	1	
零件五	Q235	65.5mm×25mm×3mm	1	
零件六	Q235	65mm×25mm×3mm	1	
零件七	Q235	55.5mm×25mm×3mm	1	

（2）设备清单（表6-2）

表 6-2 设备清单

序号	设备名称	规格	单位	数量
1	焊接机器人	6轴机器人，动作范围≥1400mm，6轴负载≥5kg，重复定位误差在±0.05mm之内	套	1套/工位
2	机器人焊接电源（含水箱）	额定电流≥350A	套	1套/工位
3	TIG焊接电源	额定电流≥400A	套	1套/工位
4	机器人焊枪	带防碰撞装置	套	1套/工位
5	柔性工作平台		套	1套/工位
6	排烟除尘设备		套	1套/工位
7	台虎钳及平台	组对打磨	套	1套/工位
8	混合气体（20%CO_2+80%Ar）	40L，符合 HG/T 3728—2004	瓶	1瓶/工位
9	混合气体流量调节器	通用，有合格证	套	1套/工位
10	氩气（99.99%，体积分数）	40L	瓶	1瓶/工位
11	氩气流量调节器	通用	套	1套/工位
12	工位照明设施		套	1套/工位

（3）护具及工具（表6-3）

表 6-3 护具及工具

序号	设备名称	型号	单位	数量
1	安全防护镜	不限	副	不限
2	面罩	不限	个	不限

（续）

序号	设备名称	型号	单位	数量
3	安全鞋	不限	双	不限
4	防护服	不限	套	不限
5	耳塞	不限	副	不限
6	焊接手套	不限	副	不限
7	角向磨光机	不限	台	不限
8	钢丝钳、大力钳等	不限	把	不限
9	磁性焊接固定器	不限	件	不限
10	钢丝刷	不限	个	不限
11	扁铲	不限	把	不限
12	划针	不限	根	不限
13	锉刀	不限	把	不限
14	角焊缝量规	不限	个	不限
15	钢直尺	不限	把	不限
16	角度尺	不限	把	不限
17	扳手	不限	把	不限
18	切（划）线工具	自制	个	不限

3. 操作要求

（1）实际操作时间 2h。

（2）组对及定位焊规定

1）按照图样要求采用惰性气体钨极氩弧焊一次完成组对。试件必须一次组对完成，若在组对过程中出现问题，自行手工修复。

2）除另有规定外，组对时试件的间隙、钝边、反变形、焊接参数、焊接顺序等均自行确定。

3）单个定位焊焊缝最长为15mm。

4）所有定位焊焊缝均应在试件外部，并且避开焊缝交汇处15～20mm。允许修磨定位焊缝。

5）零件一是密封板。密封容器前，检查容器内部有无定位焊焊缝，检查合格后需在监考记录中做出标注，并在试件规定位置打钢印号。未检查合格而擅自密封的容器，应在正式开始焊接前自行打开，经检查合格后，重新密封。

6）密封容器后，检查外部定位焊缝尺寸及位置，检查合格后需在监考记录中做出标注。未检查合格不得擅自开始焊接。

7）组对完的试件，用定位焊焊到一块 200mm×150mm×10mm 安装底板上，焊点数不得超过3点，每焊点长度不超过10mm，以便于安装与拆卸。

（3）打磨规定

1）已完成的根部焊道背面和盖面焊道表面须保持焊后状态。"盖面焊道"是指达到焊缝尺寸要求的最后一层焊缝。

2）启动机器人开始焊接后，禁止使用任何工具进行修磨。

3）焊接完成后可使用钢丝刷清理焊缝表面，但不得伤及盖面焊焊缝和母材。

（4）焊接规定

1）试件焊接必须全部在操作台上进行，不允许在操作台面上进行引弧试焊。

2）焊接时，所有试件应使用标准装卡工具进行装卡和固定。

3）所有试件在焊接过程中禁止使用包括冷却铜板、陶瓷衬垫等强迫焊缝成形的装置或材料进行焊接，禁止使用固体或液体媒介直接接触试件进行强制冷却。

4）焊接过程中，除为防止试件晃动在底板的自由端与平台进行夹持固定外，试板的焊接应在无刚性固定装置限制其变形的情况下完成。

5）焊接过程中，试件不准取下、移动或改变焊接位置。

6）正式焊接开始后，底板始终保持水平位置。

7）完成焊接机器人编程、轨迹示教后，经老师确认后，方可启动机器人进行焊接。

8）机器人焊接过程中，操作者不得擅自离开指定的安全区。

9）机器人自动运行模式下，严禁人机同时在工位内进行操作。

4. 评价标准

（1）实际操作评价表（表6-4）

表6-4　实际操作评价表

序号	分类	焊缝编号	数量	分值	项目总分	合计
1	外观检测	T形角焊缝1、2	2	10	20	85
2		转角焊缝3、5、6	3	10	30	
3		转角焊缝4	1	10	10	
4		转角焊缝7、8	2	10	20	
5		试件外观综合	1	5	5	
6	泄漏试验	气密性试验	1	15	15	15
		合计			100	100

（2）T形角焊缝1、2评价表（每焊缝一张）（表6-5）

表6-5　T形角焊缝1、2评价表

序号	评分内容	分值	实测值	得分
M1	焊脚尺寸1 4mm≤焊脚尺寸≤5mm,得2.2分 5mm<焊脚尺寸≤6mm,得1.6分 6mm<焊脚尺寸≤7mm,得0.8分 焊脚尺寸>7mm 或<4mm,得0分	2.2		
M2	焊脚尺寸2 4mm≤焊脚尺寸≤5mm,得2.2分 5mm<焊脚尺寸≤6mm,得1.6分 6mm<焊脚尺寸≤7mm,得0.8分 焊脚尺寸>7mm 或<4mm,得0分	2.2		

(续)

序号	评分内容	分值	实测值	得分
M3	咬边 没有咬边,得2.2分 咬边深度≤0.5mm,且累计咬边长度≤5mm,得1.6分 咬边深度≤0.5mm且5mm<累计长度≤15mm,得0.8分 咬边深度>0.5mm或深度≤0.5mm且累计咬边长度>15mm,得0分	2.2		
M4	垂直度 ≥0且≤0.5mm,得1.2分 >0.5mm,得0分	1.2		
M5	焊缝无表面孔穴或夹渣,得2.2分	2.2		

(3) 转角焊缝3、5、6评价表(每焊缝一张)(表6-6)

表6-6 转角焊缝3、5、6评价表

序号	评分内容	分值	实测值	得分
M1	焊缝宽度 5mm≤焊缝宽度≤6mm,得2.0分 6mm<焊缝宽度≤7mm,得1.4分 7mm<焊缝宽度≤8mm,得0.8分 >8mm或<5mm,得0分	2.0		
M2	焊缝宽窄差 0≤焊缝宽窄差≤1mm,得2.0分 1mm<焊缝宽窄差≤2mm,得1.4分 2mm<焊缝宽度≤3mm,得0.8分 >3mm,得0分	2.0		
M3	咬边 没有咬边,得1.2分 咬边深度≤0.5mm且累计咬边长度≤15mm,得0.8分 咬边深度≤0.5mm且15mm<累计长度≤30mm,得0.4分 咬边深度>0.5mm或咬边深度≤0.5mm且累计咬边长度>30mm,得0分	1.2		
M4	表面孔穴或夹渣 无孔穴和夹渣,得2.0分 孔穴或夹渣直径尺寸≤1.5mm,数目为1个,得1.6分 孔穴或夹渣直径尺寸≤1.5mm,数目为2个,得0.8分 孔穴或夹渣直径尺寸≤1.5mm且数目>2个或>1.5mm,得0分	2.0		
M5	焊缝是否完全焊接 焊道收尾处未完全焊接,长度大于2mm,得0分	0.8		

（续）

序号	评分内容	分值	实测值	得分
J1	转角焊缝饱满度 0级：不符合行业标准，接头未焊满或有平坦的曲线，得0分 1级：达到行业标准，饱满度曲线有平坦区域或焊趾处超出，得0.8分 2级：达到并在某些方面超过行业标准，饱满度曲线在某些区域有轻微平坦，得1.2分 3级：完全超过行业标准并视为完美，圆弧与板厚相同，得2分	2.0		

（4）转角焊缝4评价表（表6-7）

表6-7 转角焊缝4评价表

序号	评分内容	分值	实测值	得分
M1	焊缝宽度 8mm≤焊缝宽度≤9mm，得2.0分 9mm<焊缝宽度≤10mm，得1.4分 10mm<焊缝宽度≤11mm，得0.8分 >11mm 或<8mm，得0分	2.0		
M2	焊缝宽窄差 0≤焊缝宽窄差≤1mm，得2.0分 1mm<焊缝宽窄差≤2mm，得1.4分 2mm<焊缝宽度≤3mm，得0.8分 >3mm，得0分	2.0		
M3	咬边 没有咬边，得1.2分 咬边深度≤0.5mm且累计咬边长度≤15mm，得0.8分 咬边深度≤0.5mm且15mm<累计咬边长度≤30mm，得0.4分 咬边深度>0.5mm或咬边深度≤0.5mm且累计咬边长度>30mm，得0分	1.2		
M4	表面孔穴或夹渣 无孔穴和夹渣，得2.0分 孔穴或夹渣直径尺寸≤1.5mm，数目为1个，得1.6分 孔穴或夹渣直径尺寸≤1.5mm，数目为2个，得0.8分 孔穴或夹渣直径尺寸≤1.5mm且数目>2个或>1.5mm，得0分	2.0		
M5	焊缝是否完全焊接 焊道收尾处未完全焊接，长度大于2mm，得0分	0.8		
J1	转角焊缝饱满度 0级：不符合行业标准，接头未焊满或有平坦的曲线，得0分 1级：达到行业标准，饱满度曲线有平坦区域或焊趾处超出，得0.8分 2级：达到并在某些方面超过行业标准，饱满度曲线在某些区域有轻微平坦，得1.2分 3级：完全超过行业标准并视为完美，圆弧与板厚相同，得2.0分	2.0		

(5) 转角焊缝7、8评价表(每焊缝一张)(表6-8)

表6-8 转角焊缝7、8评价表

序号	评分内容	分值	实测值	得分
M1	焊缝宽度 6mm≤焊缝宽度≤7mm,得2.0分 7mm<焊缝宽度≤8mm,得1.4分 8mm<焊缝宽度≤9mm,得0.8分 >9,<6,得0分	2.0		
M2	焊缝宽窄差 0≤焊缝宽窄差≤1mm,得2.0分 1mm<焊缝宽窄差≤2mm,得1.4分 2mm<焊缝宽窄差≤3mm,得0.8分 >3mm,得0分	2.0		
M3	咬边 没有咬边,得1.2分 咬边深度≤0.5mm且累计咬边长度≤15mm,得0.8分 咬边深度≤0.5mm且15mm<累计咬边长度≤30mm,得0.4分 咬边深度>0.5mm或咬边深度≤0.5mm且累计咬边长度>30mm,得0分	1.2		
M4	表面孔穴或夹渣 无孔穴和夹渣,得2.0分 孔穴或夹渣直径尺寸≤1.5mm,数目为1个,得1.6分 孔穴或夹渣直径尺寸≤1.5mm,数目为2个,得0.8分 孔穴或夹渣直径尺寸≤1.5mm且数目>2个或>1.5mm,得0分	2.0		
M5	焊缝是否完全焊接 焊道收尾处未完全焊接,长度大于2mm,得0分	0.8		
J1	转角焊缝饱满度 0级:不符合行业标准,接头未焊满或有平坦的曲线,得0分 1级:达到行业标准,饱满度曲线有平坦区域或焊趾处超出,得0.8分 2级:达到并在某些方面超过行业标准,饱满度曲线在某些区域有轻微平坦,得1.2分 3级:完全超过行业标准并视为完美,圆弧与板厚相同,得2.0分	2.0		

(6) 试件外观综合评价表(表6-9)

表6-9 试件外观综合评价表

序号	评分内容	分值	实测值	得分
J1	焊缝外观成形 0级:不符合行业标准,焊缝弯曲,高低宽窄明显,得0分 1级:达到行业标准,成形一般,焊缝平直,得0.3分 2级:达到并在某些方面超过行业标准,成形较好,焊波均匀,焊缝平整,得0.6分 3级:完全超过行业标准并视为完美,成形美观,焊波均匀细密,焊缝平整,得1.0分	1.0		

(续)

序号	评分内容	分值	实测值	得分
J2	接头过渡 0级:焊缝未完成或不符合行业标准,焊缝接头不良,得0分 1级:达到行业标准,焊接接头较好,得0.3分 2级:达到并在某些方面超过行业标准,过渡平滑,成形较好,焊波均匀,焊缝平整,得0.6分 3级:完全超过行业标准并视为完美,过渡完美,成形美观,焊波均匀细密,焊缝平整,得1.0分	1.0		
J3	表面清理 0级:焊缝未完成,不符合行业标准,没有清除接头周围的熔渣、飞溅等,得0分 1级:达到行业标准,清除了大部分的熔渣、飞溅等,得0.3分 2级:达到并在某些方面超过行业标准,清除了熔渣、飞溅等,得0.6分 3级:完全超过行业标准并视为完美,试件表面没有任何熔渣、飞溅等,得1.0分	1.0		
M1	电弧擦伤 没有电弧擦伤,得1.0分 电弧擦伤≤2处,得0.6分 电弧擦伤≤3处,得0.3分 电弧擦伤>3处,得0分	1.0		
M2	组对精度 ≤1,得1.0分 >1,≤2,得0.6分 >2,≤3,得0.3分 >3,得0分	1.0		

(7) 气密性试验评价表(表6-10)

表6-10 气密性试验评价表

序号	评分内容	分值	实测值	得分
M1	气密性试验 没有泄漏,得15.0分 有1处泄漏,得12.0分 >1且≤3处泄漏,得8.0分 >3且≤5处泄漏,得4.0分 >5处泄漏,得0分	15.0		

单元二 型材构件的焊接技能训练

学习目标及技能要求

通过本单元的学习,读者应掌握型材构件焊接的操作方法及其焊接工艺,能熟练的运用相应的检测方法进行评分,并能通过检测结果,优化工艺,获得良好的焊接质量。

1. 实操内容

1)能够读懂图样(图6-2)并按图样要求,采用焊条电弧、焊接进行试件组对。

2)能够对机器人配套焊接设备系统(主电源、送丝通路系统、供气循环系统、焊接回路等)进行检测和调整。

3)根据图样要求,操作焊接机器人使用实心焊丝熔化极非惰性气体保护焊 GMAW($20\%CO_2+80\%Ar$,体积分数)进行金属板、管及结构件的焊接。

4)根据评价标准,完成评分。

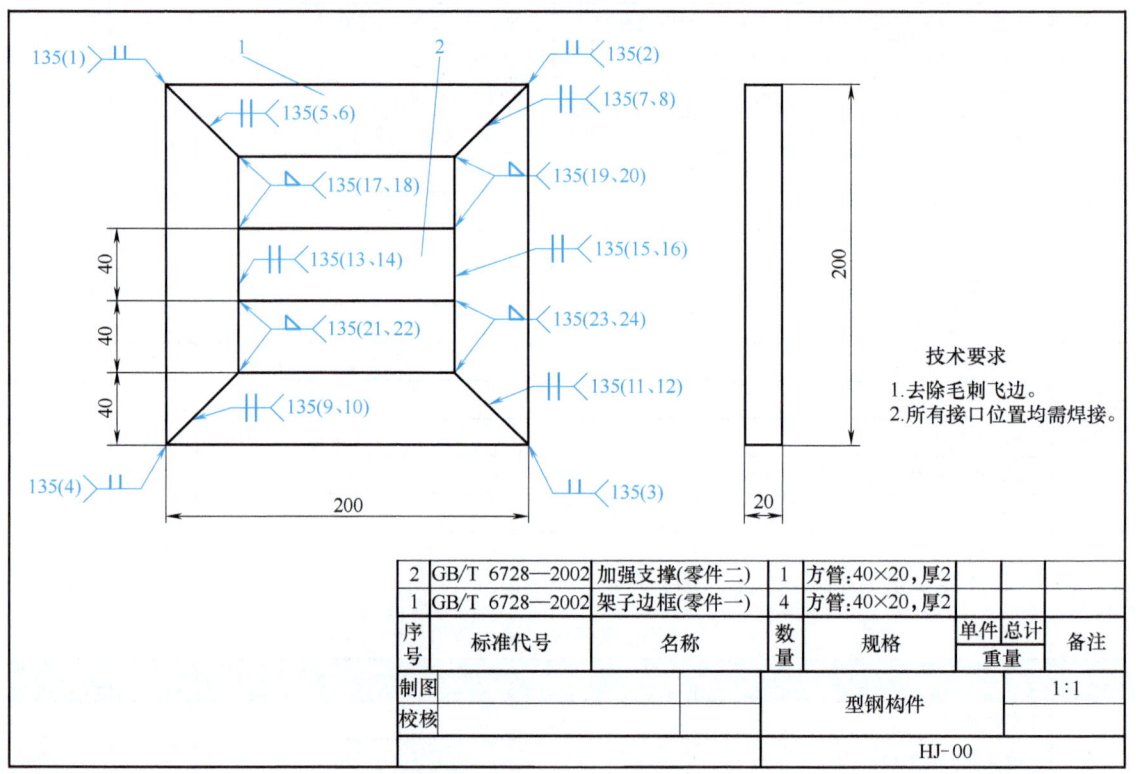

图 6-2 型钢构件

2. 设备、工具及工件准备

(1)材料清单(表6-11)

表 6-11 材料清单

试件编号	规格	长度	数量	说明
零件一	方管:40mm×20mm,壁厚 2mm	200mm	4	按图样 45°斜切
零件二	方管:40mm×20mm,壁厚 2mm	120mm	1	—

模块六 典型构件的机器人焊接

(2) 设备清单（表 6-12）

表 6-12 设备清单

序号	设备名称	规格	单位	数量
1	焊接机器人	6轴机器人，动作范围≥1400mm，6轴负载≥5kg，重复定位误差在±0.05mm内	套	1套/工位
2	机器人焊接电源（含水箱）	额定电流≥350A	套	1套/工位
3	TIG焊接电源	额定电流≥400A	套	1套/工位
4	机器人焊枪	带防碰撞装置	套	1套/工位
5	柔性工作平台		套	1套/工位
6	排烟除尘设备	满足试题要求	套	1套/工位
7	台虎钳及平台	组对打磨	套	1套/工位
8	混合气体（20% CO_2 +80% Ar，体积分数）	40L，符合 HG/T 3728—2004	瓶	1瓶/工位
9	混合气体流量调节器	通用，有合格证	套	1套/工位
10	氩气（99.99%，体积分数）	40L	瓶	1瓶/工位
11	氩气流量调节器	通用	套	1套/工位
12	工位照明设施	满足操作需要	套	1套/工位

(3) 护具及工具（表 6-13）

表 6-13 护具及工具

序号	设备名称	型号	单位	数量
1	安全防护镜	不限	副	不限
2	面罩	不限	个	不限
3	安全鞋	不限	双	不限
4	防护服	不限	套	不限
5	耳塞	不限	副	不限
6	焊接手套	不限	副	不限
7	角向磨光机	不限	台	不限
8	钢丝钳、大力钳等	不限	把	不限
9	磁性焊接固定器	不限	件	不限
10	钢丝刷	不限	个	不限
11	扁铲	不限	把	不限
12	划针	不限	根	不限
13	锉刀	不限	把	不限

149

(续)

序号	设备名称	型号	单位	数量
14	角焊缝量规	不限	个	不限
15	钢直尺	不限	把	不限
16	角度尺	不限	把	不限
17	扳手	不限	把	不限
18	切（划）线工具	自制	个	不限

3. 操作要求

（1）实际操作时间　2h。允许焊完一面后，翻转180°焊接另一面。

（2）组对及定位焊规定

1）按照图样要求采用惰性气体钨极氩弧焊一次完成组对。试件必须一次组对完成，在组对过程中若出现问题，自行手工修复。

2）除另有规定外，组对时试件的间隙、钝边、反变形、焊接参数、焊接顺序等均自行确定。

3）单个定位焊缝最长5mm。

4）所有定位焊缝均应在试件外部，并且避开焊缝交汇处3~5mm的范围，允许修磨定位焊缝。

（3）打磨规定

1）已完成的根部焊道背面和盖面层焊道表面须保持焊后状态。"盖面层焊道"是指达到焊缝尺寸要求的最后一层焊缝。

2）启动机器人开始焊接后，禁止使用任何工具进行修磨。

3）焊接完成后可使用钢丝刷清理焊缝表面，但不得伤及盖面层焊缝和母材。

（4）焊接规定

1）试件焊接必须全部在操作台上进行，不允许在操作台面上进行引弧试焊。

2）焊接时，所有试件应使用标准装夹工具进行装夹和固定。

3）所有试件在焊接过程中禁止使用包括冷却铜板、陶瓷衬垫等强迫焊缝成形的装置或材料进行焊接，禁止使用固体或液体媒介直接接触试件进行强制冷却。

4）焊接过程中，除了防止试件晃动在底板的自由端与平台进行夹持固定外，试板的焊接应在无刚性固定装置限制其变形的情况下完成。

5）焊接过程中，试件不准取下、移动或改变焊接位置。

6）正式焊接开始后，底板始终保持水平位置。

7）完成焊接机器人编程、轨迹示教后，经老师确认后，方可启动机器人进行焊接。

8）机器人焊接过程中，操作者不得擅自离开指定的安全区。

9）机器人自动运行模式下，严禁人机同时在工位内进行操作。

4. 评价标准

（1）实际操作评价表（表6-14）

表 6-14 实际操作评价表

序号	分类	焊缝编号	数量	分值	项目总分	合计
1	外观检测	转角焊缝 1~4	4	3	12	80
2		对接焊缝 5~12	8	3	24	
3		对接焊缝 13~16	4	3	12	
4		T 形角焊缝 17~24	8	3	24	
5		试件外观综合	1	8	8	
6	金相分析	宏观金相分析	4	5	20	20
		合计			100	100

（2）转角焊缝 1~4 评价表（每焊缝一张）（表 6-15）

表 6-15 转角焊缝 1~4 评价表

序号	评分内容	分值	实测值	得分
M1	焊缝宽度 2mm≤焊缝宽度≤3mm,得 0.5 分 3mm<焊缝宽度≤4mm,得 0.3 分 4mm<焊缝宽度≤5mm,得 0.1 分 >5mm 或<2mm,得 0 分	0.5		
M2	焊缝宽窄差 0≤焊缝宽窄差≤1mm,得 0.5 分 1mm<焊缝宽窄差≤2mm,得 0.3 分 2mm<焊缝宽窄差≤3mm,得 0.1 分 >3mm,得 0 分	0.5		
M3	咬边 没有咬边,得 0.5 分 有咬边,得 0 分	0.5		
M4	表面孔穴或夹渣 无孔穴和夹渣,得 0.5 分 有孔穴和夹渣,得 0 分	0.5		
M5	焊缝是否完全焊接 焊道收尾处未完全焊接,长度大于 1mm,得 0 分	0.5		
J1	转角焊缝饱满度 0 级:不符合行业标准,接头未焊满或有平坦的曲线,得 0 分 1 级:达到行业标准,饱满度曲线有平坦区域或焊趾处超出,得 0.2 分 2 级:达到并在某些方面超过行业标准,饱满度曲线在某些区域有轻微平坦,得 0.4 分 3 级:完全超过行业标准并视为完美,圆弧与板厚相同,得 0.5 分	0.5		

(3) 对接焊缝 5~12 评价表（每焊缝一张）（表 6-16）

表 6-16 对接焊缝 5~12 评价表

序号	评分内容	分值	实测值	得分
M1	焊缝宽度	0.5		
	3mm≤焊缝宽度≤4mm,得 0.5 分			
	4mm<焊缝宽度≤5mm,得 0.3 分			
	5mm≤焊缝宽度≤6mm,得 0.1 分			
	>6mm,<2mm,得 0 分			
M2	焊缝宽窄差	0.5		
	0≤焊缝宽窄差≤1mm,得 0.5 分			
	1mm<焊缝宽窄差≤2mm,得 0.3 分			
	2mm<焊缝宽窄差≤3mm,得 0.1 分			
	>3mm,得 0 分			
M3	咬边	0.5		
	没有咬边,得 0.5 分			
	有咬边,得 0 分			
M4	表面孔穴或夹渣	0.5		
	无孔穴和夹渣,得 0.5 分			
	有孔穴和夹渣,得 0 分			
M5	焊缝是否完全焊接	0.5		
	焊道收尾处未完全焊接,长度大于 1mm,得 0 分			
J1	转角焊缝饱满度	0.5		
	0 级:不符合行业标准,接头未焊满或有平坦的曲线,得 0 分			
	1 级:达到行业标准,饱满度曲线有平坦区域或焊趾处超出,得 0.2 分			
	2 级:达到并在某些方面超过行业标准,饱满度曲线在某些区域有轻微平坦,得 0.4 分			
	3 级:完全超过行业标准并视为完美,圆弧与板厚相同,得 0.5 分			

(4) 对接焊缝 13~16 评价表（每焊缝一张）（表 6-17）

表 6-17 对接焊缝 13~16 评价表

序号	评分内容	分值	实测值	得分
M1	焊缝宽度	0.5		
	5mm≤焊缝宽度≤6mm,得 0.5 分			
	6mm<焊缝宽度≤7mm,得 0.3 分			
	7mm<焊缝宽度≤8mm,得 0.1 分			
	>8mm 或<5mm,得 0 分			

（续）

序号	评分内容	分值	实测值	得分
M2	焊缝宽窄差 0≤焊缝宽窄差≤1mm,得0.5分 1mm<焊缝宽窄差≤2mm,得0.3分 2mm<焊缝宽窄差≤3mm,得0.1分 >3mm,得0分	0.5		
M3	咬边 没有咬边,得0.5分 有咬边,得0分	0.5		
M4	表面孔穴或夹渣 无孔穴和夹渣,得0.5分 有孔穴和夹渣,得0分	0.5		
M5	焊缝是否完全焊接 焊道收尾处未完全焊接,长度大于1mm,得0分	0.5		
J1	转角焊缝饱满度 0级:不符合行业标准,接头未焊满或平坦的曲线,得0分 1级:达到行业标准,饱满度曲线有平坦区域或焊趾处超出,得0.2分 2级:达到并在某些方面超过行业标准,饱满度曲线在某些区域有轻微平坦,得0.4分 3级:完全超过行业标准并视为完美,圆弧与板厚相同,得0.5分	0.5		

（5）T形角焊缝17~24评价表（每焊缝一张）（表6-18）

表6-18　T形角焊缝17~24评价表

序号	评分内容	分值	实测值	得分
M1	焊脚尺寸1 4mm≤焊脚尺寸≤5mm,得0.7分 5mm<焊脚尺寸≤6mm,得0.4分 6mm<焊脚尺寸≤7mm,得0.2分 焊脚尺寸>7mm或<4mm,得0分	0.7		
M2	焊脚尺寸2 4mm≤焊脚尺寸≤5mm,得0.7分 5mm<焊脚尺寸≤6mm,得0.4分 6mm<焊脚尺寸≤7mm,得0.2分 焊脚尺寸>7mm或<4mm,得0分	0.7		
M3	咬边 没有咬边,得0.5分 有咬边,得0分	0.5		

(续)

序号	评分内容	分值	实测值	得分
M4	垂直度	0.5		
	≥0 且 ≤0.5mm,得 0.5 分			
	>0.5mm,得 0 分			
M5	焊缝无表面孔穴或夹渣,得 0.6 分;有孔穴或夹渣,得 0 分	0.6		

（6）试件外观综合评价表（见表6-19）

表 6-19　试件外观综合评价表

序号	评分内容	分值	实测值	得分
J1	焊缝外观成形	2.0		
	0 级:不符合行业标准,焊缝弯曲,高低宽窄明显,得 0 分			
	1 级:达到行业标准,成形一般,焊缝平直,得 0.8 分			
	2 级:达到并在某些方面超过行业标准,成形较好,焊纹均匀,焊缝平整,得 1.2 分			
	3 级:完全超过行业标准并视为完美,成形美观,焊纹均匀细密,焊缝平整,得 2.0 分			
J2	接头过渡	1.0		
	0 级:焊缝未完成或不符合行业标准,焊缝接头不良,得 0 分			
	1 级:达到行业标准,焊接接头较好,得 0.3 分			
	2 级:达到并在某些方面超过行业标准,过渡平滑,成形较好,焊纹均匀,焊缝平整,得 0.6 分			
	3 级:完全超过行业标准并视为完美,过渡完美,成形美观,焊纹均匀细密,焊缝平整,得 1.0 分			
J3	表面清理	2.0		
	0 级:焊缝未完成,不符合行业标准,没有清除接头周围的熔渣、飞溅等,得 0 分			
	1 级:达到行业标准,大部分的熔渣、飞溅等清除了,得 0.8 分			
	2 级:达到并在某些方面超过行业标准,熔渣、飞溅清除了,得 1.2 分			
	3 级:完全超过行业标准并视为完美,试件表面没有任何熔渣、飞溅等,得 2.0 分			
M1	电弧擦伤	1.0		
	没有电弧擦伤,得 1.0 分			
	电弧擦伤≤2 处,得 0.6 分			
	电弧擦伤≤3 处,得 0.3 分			
	电弧擦伤>3 处,得 0 分			
M2	组对精度	2.0		
	≤1mm,得 2.0 分			
	>1mm,≤2,得 1.2 分			
	>2mm,≤3,得 0.7 分			
	>3mm,得 0 分			

（7）宏观金相试验评价表（表 6-20）

表 6-20 宏观金相试验评价表

序号	评分内容	分值	实测值	得分
M1	转角焊缝 1~4 任取一条	5.0		
	有熔深，无焊接缺陷等，得 5.0 分			
	无熔深或有明显焊接缺陷，得 0 分			
M2	对接焊缝 5~12 任取一条	5.0		
	有熔深，无焊接缺陷等，得 5.0 分			
	无熔深或有明显焊接缺陷，得 0 分			
M3	对接焊缝 13~16 任取一条	5.0		
	有熔深，无焊接缺陷等，得 5.0 分			
	无熔深或有明显焊接缺陷，得 0 分			
M4	T 形角焊缝 17~24 任取一条	5.0		
	有熔深，无焊接缺陷等，得 5.0 分			
	无熔深或有明显焊接缺陷，得 0 分			

单元三　中厚板密封构件的焊接技能训练

学习目标及技能要求

通过本单元的学习，读者应掌握中厚板密封构件焊接的操作方法及其焊接工艺，能熟练的运用相应的检测方法进行评分，并能通过检测结果，优化工艺，以保证良好的焊接质量。

1. 实操内容

1）能够读懂图样（图 6-3）并按图样要求，采用焊条电弧焊接进行试件组对。

2）能够对机器人配套焊接设备系统（主电源、送丝通路系统、供气循环系统、焊接回路等）进行检测和调整。

3）根据图样要求，操作焊接机器人使用实心焊丝熔化极非惰性气体保护焊 GMAW（20% CO_2 +80% Ar，体积分数）进行金属板、管及结构件的焊接。

4）根据评价标准，完成评分。

2. 设备、工具及工件准备

（1）材料清单（表 6-21）

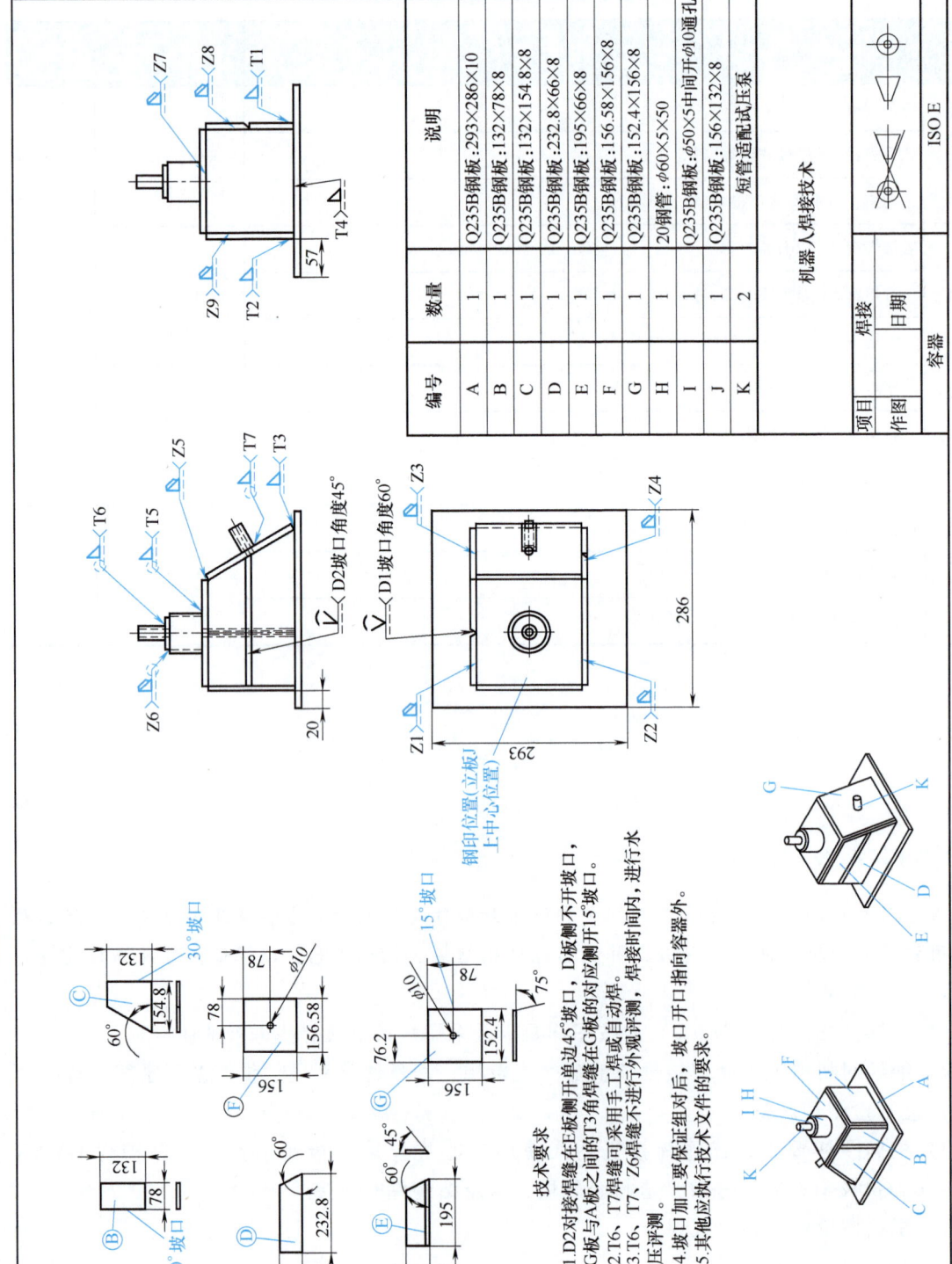

图 6-3 机器人焊接技术

表 6-21 材料清单

试件编号	材质	规格	数量	说明
A	Q235B	293×286×10	1	板
B	Q235B	132×78×8	1	单边开坡口 30°
C	Q235B	132×154.8×8	1	单边开坡口 30°
D	Q235B	232.8×66×8	1	
E	Q235B	195×66×8	1	单边开坡口 45°
F	Q235B	156.58×156×8	1	
G	Q235B	152.4×156×8	1	
H	20	$\phi 60 \times 5 \times 50$	1	管
I	Q235B	$\phi 50 \times 5$	1	板，$\phi 10mm$ 中心孔
J	Q235B	156×132×8	1	板
K	20	—	2	短管适配试压泵

(2) 设备清单（表 6-22）

表 6-22 设备清单

序号	设备名称	规格	单位	数量
1	焊接机器人	6轴机器人，动作范围≥1400mm，6轴负载≥5kg，-0.05mm≤重复定位误差≤0.05mm	套	1套/工位
2	机器人焊接电源（含水箱）	额定电流≥350A	套	1套/工位
3	TIG焊接电源	额定电流≥400A	套	1套/工位
4	机器人焊枪	满足试题要求，带防碰撞装置	套	1套/工位
5	柔性工作平台		套	1套/工位
6	排烟除尘设备		套	1套/工位
7	台虎钳及平台	组对打磨	套	1套/工位
8	混合气体（20%CO_2+80%Ar，体积分数）	40L，符合 HG/T 3728—2004	瓶	1瓶/工位
9	混合气体流量调节器	通用，有合格证	套	1套/工位
10	氩气（99.99%，体积分数）	40L	瓶	1瓶/工位
11	氩气流量调节器	通用	套	1套/工位
12	工位照明设施	满足操作需要	套	1套/工位

(3) 护具及工具（表 6-23）

表 6-23 护具及工具

序号	设备名称	型号	单位	数量
1	安全防护镜	不限	副	不限
2	面罩	不限	个	不限
3	安全鞋	不限	双	不限

(续)

序号	设备名称	型号	单位	数量
4	防护服	不限	套	不限
5	耳塞	不限	副	不限
6	焊接手套	不限	副	不限
7	角向磨光机	不限	台	不限
8	钢丝钳、大力钳等	不限	把	不限
9	磁性焊接固定器	不限	件	不限
10	钢丝刷	不限	个	不限
11	扁铲	不限	把	不限
12	划针	不限	根	不限
13	锉刀	不限	把	不限
14	角焊缝量规	不限	个	不限
15	钢直尺	不限	把	不限
16	角度尺	不限	把	不限
17	扳手	不限	把	不限
18	切（划）线工具	自制	个	不限

3. 操作要求

（1）实际操作时间　6h。

（2）组对及定位焊规定

1）按照图样要求采用惰性气体钨极氩弧焊一次完成组对。试件必须一次组对完成，在组对过程中出现问题，自行手工修复。

2）除另有规定外，组对时试件的间隙、钝边、反变形、焊接参数、焊接顺序等均自行确定。

3）单个定位焊焊缝最长 15mm。

4）所有定位焊焊缝均应在试件外部，并且避开焊缝交汇处 15~20mm 的范围。允许修磨定位焊缝。

5）F 板是密封板。密封容器前，应先检查容器内部有无定位焊焊缝，检查合格后，在试件规定位置打钢印号。

6）密封容器后，应先找老师检查外部定位焊缝尺寸及位置。

（3）打磨规定

1）已完成的根部焊道背面和盖面层焊道表面要保持焊后状态。"盖面层焊道"是指达到焊缝尺寸要求的最后一层焊缝。

2）启动机器人开始焊接后，禁止使用任何工具进行修磨。

3）焊接完成后可使用钢丝刷清理焊缝表面，但不得伤及盖面焊缝和母材。

（4）焊接规定

1）试件焊接必须全部在操作台上进行，不允许在操作台面上进行引弧试焊。

2）焊接时，所有试件应使用标准装夹工具进行装夹和固定。

3）所有试件在焊接过程中禁止使用包括冷却铜板、陶瓷衬垫等强迫焊缝成形的装置或材料进行焊接,禁止使用固体或液体媒介直接接触试件进行强制冷却。

4)焊接过程中,除为防止试件晃动在底板的自由端与平台进行夹持固定外,试板的焊接应在无刚性固定装置限制其变形的情况下完成。

5)焊接过程中,试件不准取下、移动或改变焊接位置。

6)正式焊接开始后,底板始终保持水平位置。

7)完成焊接机器人编程、轨迹示教后,应经老师确认后,方可启动机器人进行焊接。

8)机器人焊接过程中,操作者不得擅自离开指定的安全区。

9)机器人自动运行模式下,严禁人机同时在工位内进行操作。

10)焊缝T6、T7,不规定焊接位置、焊接方式。

11)焊缝T6、T7、Z6不参与焊缝外观评测,但须按要求进行焊接,参与水压试验评测。

4. 评价标准

(1)实际操作评价表(表6-24)

表6-24 实际操作评价表

序号	分类	焊缝编号	数量	分值	项目总分	合计
1	外观检测	转角焊缝 Z1、Z2	2	4	8	73
2		斜转角焊缝 Z3、Z4	2	6	12	
3		背板转角焊缝 Z7、Z8、Z9	3	4	12	
4		底板 T 形角焊缝 T1、T2、T4	3	4	12	
5		斜面下角焊缝 T3	1	4	4	
6		斜面上转角焊缝 Z5	1	4	4	
7		管板角焊缝 T5	1	4	4	
8		对接立焊缝 D1	1	6	6	
9		对接横焊缝 D2	1	6	6	
10		试件外观综合	1	5	5	
11	射线探伤	对接立焊缝 D1 射线探伤	1	6	6	12
12		对接横焊缝 D2 射线探伤	1	6	6	
13	水压试验	水压试验	1	15	15	15
14		合计			100	100

(2)转角焊缝 Z1、Z2、Z7、Z8、Z9 评价表(每焊缝一张)(表6-25)

表6-25 转角焊缝 Z1、Z2、Z7、Z8、Z9 评价表

序号	评分内容	分值	实测值	得分
M1	焊缝宽度 11mm≤焊缝宽度≤12mm,得 1.0 分 12mm<焊缝宽度≤13mm,得 0.7 分 13mm<焊缝宽度≤14mm,得 0.4 分 >14mm 或<11mm,得 0 分	1.0		

(续)

序号	评分内容	分值	实测值	得分
M2	焊缝宽窄差 0≤焊缝宽窄差≤1mm,得1.0分 1mm<焊缝宽窄差≤2mm,得0.7分 2mm<焊缝宽窄差≤3mm,得0.4分 >3mm,得0分	1.0		
M3	咬边 没有咬边,得0.6分 咬边深度≤0.5且累计咬边长度≤15,得0.4分 咬边深度≤0.5且15<累计咬边长度≤30,得0.2分 咬边深度>0.5或咬边深度≤0.5且累计咬边长度>30,得0分	0.6		
M4	表面孔穴或夹渣 无孔穴和夹渣,得0.6分 孔穴或夹渣直径尺寸≤1.5,数目为1个,得0.4分 孔穴或夹渣直径尺寸≤1.5,数目为2个,得0.2分 孔穴或夹渣直径尺寸≤1.5且数目>2个或>1.5,得0分	0.6		
M5	焊缝是否完全焊接 焊道收尾处未完全焊接,长度须大于2mm,得0分	0.4		
J1	转角焊缝饱满度 0级:不符合行业标准,接头未焊满或平坦的曲线,得0分 1级:达到行业标准,饱满度曲线有平坦区域或焊趾处超出,得0.1分 2级:达到并在某些方面超过行业标准,饱满度曲线在某些区域有轻微平坦,得0.3分 3级:完全超过行业标准并视为完美,圆弧与板厚相同,得0.4分	0.4		

(3) 转角焊缝 Z3、Z4 评价表（每焊缝一张）（表 6-26）

表 6-26 转角焊缝 Z3、Z4 评价表

序号	评分内容	分值	实测值	得分
M1	焊缝宽度 11mm≤焊缝宽度≤12mm,得1.5分 12mm<焊缝宽度≤13mm,得0.7分 13mm<焊缝宽度≤14mm,得0.4分 >14mm,<11mm,得0分	1.5		
M2	焊缝宽窄差 0≤焊缝宽窄差≤1mm,得1.5分 1mm<焊缝宽窄差≤2mm,得0.7分 2mm<焊缝宽窄差≤3mm,得0.4分 >3mm,得0分	1.5		

（续）

序号	评分内容	分值	实测值	得分
M3	咬边	1.2		
	没有咬边，得1.2分			
	咬边深度≤0.5且累计咬边长度≤15mm，得0.8分			
	咬边深度≤0.5且15<累计咬边长度≤30mm，得0.4分			
	咬边深度>0.5或咬边深度≤0.5mm且累计咬边长度>30mm，得0分			
M4	表面孔穴或夹渣	1.0		
	无孔穴和夹渣，得1.0分			
	孔穴或夹渣直径尺寸≤1.5mm，数目为1个，得0.7分			
	孔穴或夹渣直径尺寸≤1.5mm，数目为2个，得0.3分			
	孔穴或夹渣直径尺寸≤1.5mm且数目>2个，或>1.5mm，得0分			
M5	焊缝是否完全焊接	0.4		
	焊道收尾处未完全焊接，长度大于2mm，得0分			
J1	转角焊缝饱满度	0.4		
	0级：不符合行业标准，接头未焊满或有平坦的曲线，得0分			
	1级：达到行业标准，饱满度曲线有平坦区域或焊趾处超出，得0.1分			
	2级：达到并在某些方面超过行业标准，饱满度曲线在某些区域有轻微平坦，得0.3分			
	3级：完全超过行业标准并视为完美，圆弧与板厚相同，得0.4分			

（4）角焊缝T1、T2、T4、T5评价表（每焊缝一张）（表6-27）

表6-27 角焊缝T1、T2、T4、T5评价表

序号	评分内容	分值	实测值	得分
M1	焊脚尺寸1	1.1		
	6mm≤焊脚尺寸≤7mm，得1.1分			
	7mm<焊脚尺寸≤8mm，得0.8分			
	8mm<焊脚尺寸≤9mm，得0.4分			
	焊脚尺寸>9mm或<6mm，得0分			
M2	焊脚尺寸2	1.1		
	6mm≤焊脚尺寸≤7mm，得1.1分			
	7mm<焊脚尺寸≤8mm，得0.8分			
	8mm<焊脚尺寸≤9mm，得0.4分			
	焊脚尺寸>9mm或<6mm，得0分			
M3	咬边	0.6		
	没有咬边，得0.6分			
	咬边深度≤0.5mm且累计咬边长度≤15mm，得0.4分			
	咬边深度≤0.5mm且15mm<累计咬边长度≤30mm，得0.2分			
	咬边深度>0.5mm或咬边深度≤0.5mm且累计咬边长度>30mm，得0分			

(续)

序号	评分内容	分值	实测值	得分
M4	垂直度 =0,得0.6分 ≤1mm,得0.4分 >1mm且≤2mm,得0.2分 >2mm,得0分	0.6		
M5	焊缝无表面孔穴或夹渣,得0.6分	0.6		

（5）角焊缝 T3、Z5 评价表（每焊缝一张）（表 6-28）

表 6-28 角焊缝 T3、Z5 评价表

序号	评分内容	分值	实测值	得分
M1	焊缝宽度 ≤10mm,得1.0分 10mm<焊缝宽度≤11mm,得0.7分 11mm<焊缝宽度≤12mm,得0.4分 >12mm,得0分	1.0		
M2	焊缝宽窄差 0≤焊缝宽窄差≤1mm,得1.0分 1mm<焊缝宽窄差≤2mm,得0.7分 2mm<焊缝宽窄差≤3mm,得0.4分 >3mm,得0分	1.0		
M3	咬边 没有咬边,得0.6分 咬边深度≤0.5mm且累计咬边长度≤15mm,得0.4分 咬边深度≤0.5mm且15mm<累计咬边长度≤30mm,得0.2分 咬边深度>0.5mm或咬边深度≤0.5mm且累计咬边长度>30mm,得0分	0.6		
M4	表面气孔或夹渣 无气孔和夹渣,得0.6分 气孔或夹渣尺寸≤ϕ1.5mm,数目为1个,得0.4分 气孔或夹渣尺寸≤ϕ1.5mm,数目为2个,得0.2分 气孔或夹渣尺寸≤ϕ1.5mm且数目>2个,或>ϕ1.5mm,得0分	0.6		
M5	焊缝是否完全焊接 焊道收尾处未完全焊接长度大于2mm,得0分,焊缝完全焊接,得0.4分	0.4		
J1	转角焊缝饱满度 0级:不符合行业标准,接头未焊满或平坦的曲线,得0分 1级:达到行业标准,饱满度曲线有平坦区域或焊趾处超出,得0.1分 2级:达到并在某些方面超过行业标准,饱满度曲线在某些区域有轻微平坦,得0.3分 3级:完全超过行业标准并视为完美,圆弧与板厚相同,得0.4分	0.4		

（6）对接焊缝 D1、D2 评价表（每焊缝一张）（表 6-29）

表 6-29 对接焊缝 D1、D2 评价表

序号	评分内容		分值	实测值	得分
M1	焊缝余高		1.2		
		0≤焊缝余高≤1mm,得 1.2 分			
		1mm<焊缝余高≤2mm,得 0.8 分			
		2mm<焊缝余高≤3mm,得 0.4 分			
		>4mm 或<0,得 0 分			
M2	焊缝最大宽度		1.2		
		焊缝最大宽度≤14mm,得 1.2 分			
		14mm<焊缝最大宽度≤15mm,得 0.8 分			
		15mm<焊缝最大宽度≤16mm,得 0.4 分			
		>16mm,得 0 分			
M3	焊缝宽窄差		1.2		
		焊缝宽窄差≤1,得 1.2 分			
		1mm<焊缝宽窄差≤2mm,得 0.8 分			
		2mm<焊缝宽窄差≤3mm,得 0.4 分			
		>3mm,得 0 分			
M4	咬边		1.0		
		没有咬边,得 1.0 分			
		咬边深度≤0.5mm 且累计咬边长度≤15mm,得 0.7 分			
		咬边深度≤0.5mm 且 15mm<累计咬边长度≤30mm,得 0.3 分			
		咬边深度>0.5mm 或咬边深度≤0.5mm 且累计咬边长度>30mm,得 0 分			
M5	焊缝无表面气孔或夹渣,得 0.7 分		0.7		
M6	焊缝无角变形或错边,得 0.7 分		0.7		
X1	NB/T 47013.2—2015（Ⅰ级、Ⅱ级、Ⅲ级、Ⅳ级）		6.0		
		Ⅰ级无缺陷,得 6.0 分			
		Ⅰ级有缺陷,但底片评级区外无缺陷,得 5.0 分			
		Ⅰ级有缺陷,且底片评级区外有缺陷,每 1 点圆形缺陷扣 0.2 分,最大允许扣 1.0 分,得 4.0 分			
		Ⅱ级且底片评级区外无缺陷,得 4.0 分			
		Ⅱ级底片评级区外有缺陷,每 1 点圆形缺陷扣 0.2 分,每 1 个Ⅱ级片允许的条形缺陷扣 0.4 分,最大允许扣 2.0 分,得 2.0 分			
		Ⅲ级且底片评级区外无缺陷,得 2.0 分			
		Ⅲ级底片评级区外有缺陷,每 1 点圆形缺陷扣 0.2 分,每 1 个Ⅲ级片允许的条形缺陷扣 0.4 分,最大允许扣 2.0 分,得 0 分			
		Ⅳ级,得 0 分			

(7) 试件外观综合评价表（表6-30）

表6-30 试件外观综合评价表

序号	评分内容	分值	实测值	得分
J1	焊缝外观成形 3级：完全超过行业标准并视为完美，成形美观，焊波均匀细密，焊缝平整，得1.2分 2级：达到并在某些方面超过行业标准，成形较好，焊波均匀，焊缝平整，得0.8分 1级：达到行业标准，成形一般，焊缝平直，得0.4分 0级：不符合行业标准，焊缝弯曲，高低宽窄明显，得0分	1.2		
J2	接头过渡 3级：完全超过行业标准并视为完美，过渡完美，成形美观，焊波均匀细密，焊缝平整，得1.2分 2级：达到并在某些方面超过行业标准，过渡平滑，成形较好，焊波均匀，焊缝平整，得0.8分 1级：达到行业标准，焊接接头较好，得0.4分 0级：焊缝未完成或不符合行业标准，焊缝接头不良，得0分	1.2		
J3	表面清理 3级：完全超过行业标准并视为完美，试件表面没有任何熔渣、飞溅等，得1.0分 2级：达到并在某些方面超过行业标准，熔渣、飞溅等清除了，得0.6分 1级：达到行业标准，大部分的熔渣、飞溅等清除了，得0.3分 0级：焊缝未完成，不符合行业标准，没有清除接头周围的熔渣、飞溅等，得0分	1.0		
M1	电弧擦伤 没有电弧擦伤，得1.0分 电弧擦伤≤2处，得0.8分 电弧擦伤≤3处，得0.4分 电弧擦伤>3处，得0分	1.0		
M2	组对精度 组对精度≤1mm，得0.6分 1mm<组对精度≤2mm，得0.4分 2mm<组对精度≤3mm，得0.2分 组对精度>3mm，得0分	0.6		

(8) 水压试验评价表（表6-31）

表6-31 水压试验评价表

序号	评分内容	分值	实测值	得分
M1	试件在大气压下观察无泄漏	1.0		
M2	试件在0.1MPa压力下观察无泄漏	2.0		
M3	试件在0.2MPa压力下观察无泄漏	4.0		
M4	试件在0.4MPa压力下观察无泄漏	4.0		
M5	试件在0.6MPa压力下观察无泄漏	4.0		

工匠风采

胡奉雅，现任鞍钢集团钢铁研究院焊接与腐蚀研究所副所长、研究员，辽宁省青联第十二届委员会委员、中国机械工程学会焊接分会青年委员。她曾获得"全国青年岗位能手""中央企业青年岗位能手""辽宁省青年五四奖章"等荣誉，组建的青年突击队入选全国优秀青年突击队案例。她负责或参与的国家"十四五"重大专项、省级项目近40项，承担重点材料应用技术开发和评定30余项，发表论文15篇，授权专利20项，获各级科研奖项10余项。她把目光聚焦在"别人不能焊"的材料上，成为成功破解"钛钢复合板无法熔焊"这一世界性难题的中国第一人。她能够焊接全球最厚的水电用钢，也能够焊接全球强度最高的深海用钢，还能够焊接全球最高线能量船舶用钢，更能够把现有的焊接效率提高10倍以上，熔焊技术全球遥遥领先。

模块七
机器人焊接接头的焊后检验

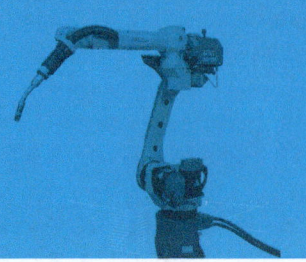

技能目标：掌握机器人焊接接头焊后检验的知识和操作方法。
素养目标：培养产品质量意识和工作责任心。

单元一　焊接检测基础知识

学习目标及技能要求

通过本单元的学习，读者可了解焊接检测的基础知识，掌握焊接检测方法的种类和金属焊接各种工艺缺陷的类型及概念，了解各种缺陷产生的原因，熟悉各种缺陷的预防措施。

一、焊接检测概述

20世纪的最后十年，焊接技术在我国国民经济建设各个领域的应用在广度和深度方面均发生了质的飞跃，焊接结构作为焊接技术的载体，在国民经济生产的各个领域（如石油化工、船舶和海洋石油工程、军工、核设施、航空航天、冶金建筑、能源工业等）都有了广泛应用。显然，这些焊接结构必须是高质量的。现代化焊接结构生产要求实行全面质量管理，即要求产品在设计、制造、安装与维修等所有环节都实行质量保证和质量控制，对于生产过程中保证和控制质量重要手段之一的质量检验，则要求其贯穿生产过程的始终。焊接结构生产的质量检测简称为焊接检测，可具体地认为是采用调查、检查、度量、试验和检验等方法，对产品的焊接质量同其使用要求不断进行比较的过程。

焊接检测是保证焊接质量的前提。焊接检测的目的是以预防为主，积极做好施焊前的各项准备工作，最大限度地避免或减少焊接缺陷的产生。焊接过程中进行检测的目的是预防和及时发现焊接缺陷，对已发生的焊接缺陷进行有效的修复，保证焊接结构在制造过程中的质量。由于条件限制，焊前和焊接过程中有些检测项目无法进行，所以应在焊后对焊接结构进行质量检验，以确保焊接结构的质量完全符合技术要求。

焊接检测按检测方法不同，可分为破坏性检测、非破坏性检测和工艺性检验。

1. 破坏性检测

破坏性检测是指直接从产品的焊接接头上取样，对其进行各种理化性能的检测。焊接接头理化性能检测项目包括力学性能试验、化学分析与试验和金相与断口的分析试验。

1）力学性能试验，包括拉伸、弯曲及压扁、冲击、硬度、疲劳、韧度等试验。
2）化学分析与试验，包括化学成分分析、晶间腐蚀试验和铁素体含量测定试验。
3）金相与断口的分析试验，包括宏观组织分析、微观组织分析和断口检验与分析。

2. 非破坏性检测

非破坏性检测是指采用各种物理手段检测焊接接头的致密性，而不破坏焊接结构完整性的检测方法。焊接结构的非破坏性检测包括以下内容：

（1）外观检测　包括母材、焊材、坡口、焊缝等表面质量检验，成品或半成品的外观几何形状和尺寸的检验。

（2）无损检测　无损检测的方法很多，实际应用中常见的有以下几种：

1）常规无损检测，包括超声检测（Ultrasonic Testing，UT）、射线检测（Radio-graphic Testing，RT）、磁粉检测（Magnetic Particle Testing，MT）、渗透检验（Penetrant Testing，PT）和涡流检测（Eddy Current Testing，ET）。

2）非常规无损检测，包括声发射（Acoustic Emission，AE）检测、红外检测、激光全息检测和磁记忆检测等。

（3）耐压试验和泄漏试验　承压设备的容器、管道和其他某些受压部件，按相应技术监督规程的要求应做压力试验，以检验结构和焊接接头的整体强度和密封性。压力试验包括耐压试验和泄漏试验。

1）耐压试验，主要用于强度检验，包括液压试验（主要是水压试验）和气压试验。

2）泄漏试验，主要用于结构上可拆连接部位和焊接接头的密封性检验，包括气密性试验、吹气试验、载水试验、水冲试验、沉水试验、煤油试验、氨渗透试验、氨检漏试验、卤素检漏试验等。

3. 工艺性检验

工艺性检验是指在产品制造过程中，为了保证工艺的正确性而进行的检验，包括材料焊接性试验、焊接工艺评定试验、焊接电源检验、工艺装备检验、辅机及工具检验、结构的装配及质量检验、焊接参数检验、焊接热参数（预热、后热及焊后热处理）检验等。

二、金属焊接工艺缺陷

焊接缺欠是指在焊接接头中因焊接产生的金属不连续、不致密或连接不良的现象，简称缺欠。焊接缺欠的存在将影响焊接接头的质量，而焊接接头的质量又直接影响着焊接结构的使用安全。焊接缺欠和焊接缺陷的区别是：存在焊接缺欠时，虽然焊接接头的质量和性能下降，但只要不超过规定限值，不影响设备的运行，就是允许的，不致对焊接结构的运行产生危害；焊接缺陷是焊接过程中或焊后，在接头中产生的不符合标准要求的缺欠，或者说焊接缺陷超出了焊接缺欠的规定限值，是不允许的。存在焊接缺陷的产品应被判废或进行返修，因为焊接缺陷的存在将直接影响焊接结构件的安全使用。

之所以要对焊接缺陷进行分析，一方面是为了找出缺陷产生的原因，进而在材料、工艺、结构、设备等方面采取有效措施，以防止缺陷产生；另一方面是为了在焊接结构的制造或使用过程中，能够正确地选择焊接检测的技术手段，及时发现缺陷，从而定性或定量地评价焊接结构的质量，使焊接检测达到预期的目的。

根据 GB/T 6417.1—2005《金属熔化焊接头缺欠分类及说明》，金属熔化焊接头焊接缺欠可根据其性质、特征分为以下 6 个种类：裂纹，孔穴，固体夹杂，未熔合及未焊透，形状和尺寸不良及其他缺欠。每种缺欠又可根据位置和状态进行分类。

1. 裂纹

裂纹是在应力作用下,接头中局部区域金属原子的结合力遭到破坏所产生的缝隙。裂纹不仅会给生产带来许多困难,而且可能带来灾难性的事故。据统计,在世界上焊接结构所出现的各种事故中,除少数是由于设计不当、选材不合理和运行操作上有问题外,绝大多数是由裂纹引起的脆性破坏。因此,裂纹是导致焊接结构发生破坏的主要原因。

在焊接生产中,由于钢种和结构类型的不同,可能出现各种裂纹,如图 7-1 所示。裂纹按其产生的本质不同,大体上可以分为以下五大类:热裂纹、再热裂纹、冷裂纹、层状撕裂裂纹和应力腐蚀开裂裂纹。

(1) 热裂纹 热裂纹是焊接生产中比较常见的一种缺陷,从常用的低碳钢、低合金钢到奥氏体不锈钢、铝合金和镍基合金等都有产生热裂纹的可能。热裂纹可分为结晶裂纹、液化裂纹和多边化裂纹三类。

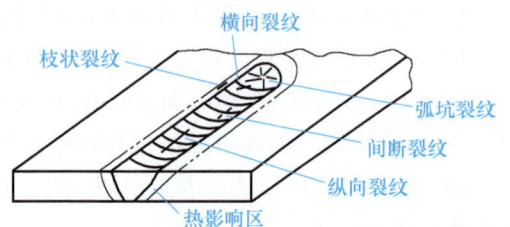

图 7-1 各种裂纹的外观

1) 结晶裂纹。结晶裂纹是指在焊缝金属凝固后期,低熔点共晶(如碳钢和低合金高强度结构钢中的磷、硅、镍,不锈钢、耐热钢中的硫、磷、硼、锆等)被排挤在与柱状晶交遇的中心部位,形成液态薄膜,此时在由收缩产生的拉伸应力的作用下,这个液态薄膜的薄弱地带将开裂而形成结晶裂纹,也称为凝固裂纹。

结晶裂纹的特征是沿奥氏体晶界开裂,其敏感的温度区间是固相线温度以上稍高的温度(固液状态)。结晶裂纹的形态和分布如图 7-2 所示,这种裂纹易产生在含硫、磷杂质较多的碳钢、单相奥氏体钢、镍基合金和某些铝合金的焊缝中。

2) 液化裂纹。在焊接热循环峰值温度的作用下,由于近缝区或多层焊层间部位的被焊金属含有较多的低熔点共晶而被重新熔化,在拉伸应力的作用下沿奥氏体晶界发生开裂的裂纹称为液化裂纹。液化裂纹主要发生在含有铬、镍的高强度钢、奥氏体钢,以及某些镍基合金的近缝区或多层焊的层间部位。当母材和焊丝中的硫、磷、碳、硅含量偏高时,液化裂纹的倾向将显著提高,其形态和分布如图 7-3 所示。

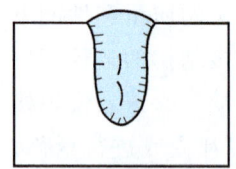

图 7-2 结晶裂纹的形态和分布

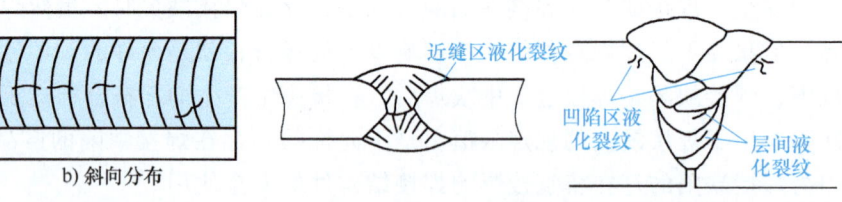

图 7-3 液化裂纹的形态和分布

3) 多边化裂纹。多边化裂纹多数产生于焊缝中,它是在形成多边化(已经凝固的晶粒在一定的温度和应力下形成二次边界)的过程中,由于焊接材料在高温下的塑性很低而造成的,故又称为高温低塑性裂纹。多边化裂纹多发生在纯金属或单相奥氏体合金的焊缝中和热影响区处或多层焊的前层焊缝中,其发生部位比液化裂纹距熔合线更远一点。

(2) 再热裂纹 采用含有某些沉淀强化合金元素钢材的厚板焊接结构,在进行消除应力热处理或在一定温度下工作的过程中,在焊接热影响区粗晶部位产生的裂纹称为再热裂纹。由于这种裂纹是在再次加热过程中产生的，故称为再热裂纹，又称为消除应力处理裂纹，简称为 SR 裂纹。

再热裂纹多发生在低合金高强度结构钢、珠光体耐热钢、奥氏体不锈钢和某些镍基合金焊接热影响区的粗晶部位，并沿粗大奥氏体晶粒边界扩展，且多半发生在咬边等应力集中处。它可形成沿熔合线的纵向裂纹，也可形成粗晶区中垂直于熔合线的网状裂纹，其断口呈被氧化的颜色。

热裂纹和再热裂纹的预防措施如下：

1）冶金方面。焊接低碳钢、低合金钢时，有害元素 S、P、C 不仅能形成低熔共晶，还能促进偏析，从而增大结晶裂纹的敏感性。为了消除它们的有害作用，应尽量限制母材和焊接材料中 S、P、C 的含量；同时，可在焊接材料中加入适量的 Mn、Ti、Zr 等合金元素，以克服 S、P 的不良作用，提高焊缝抗热裂纹的能力。重要的焊接结构应采用碱性焊条或焊剂。

另外，通过改善焊缝凝固结晶形态和细化晶粒，也可以提高抗裂性，广泛采用的方法是向焊缝中加入细化晶粒元素，如 Mo、V、Ti、Ni、Zr、Al、稀土等。对于不锈钢，希望得到铁素体相低于 5% 的双相组织焊缝。

2）工艺方面。工艺方面主要是指在焊接参数、预热、材质、接头设计和焊接顺序等方面预防焊接热裂纹。

① 焊接参数。提高焊缝成形系数可以提高焊缝的抗裂性能，而为了控制成形系数，必须合理调整焊接参数。平焊时，焊缝成形系数随焊接电流的增大而减小，随焊接电压的增大而增大；焊接速度提高时，不仅焊缝成形系数会减小，而且由于熔池形状改变，焊缝的柱状晶将呈直线状，从熔池边缘垂直地向焊缝中心生长，最后在焊缝中心线上形成明显的偏析层，从而增大了产生结晶裂纹的倾向。

② 预热。一般冷却速度加快，焊缝金属的应变速率也随之增大，容易产生热裂纹。为此，应采取缓冷措施。预热对于降低热裂纹倾向比较有效，因为预热能减慢冷却速度；但预热温度过高将提高焊接热输入，从而促使晶粒长大，增加偏析倾向，使防裂效果不明显，甚至适得其反。

③ 材质。采用碱性焊条和焊剂，其熔渣具有较强的脱硫能力，因此具有较高的抗热裂能力。

④ 接头设计和焊接顺序。焊接接头的形式不同，将影响接头的受力状态、结晶条件和热量分布等，因而热裂纹的倾向也不同。表面堆焊和熔深较浅的对接焊缝的抗裂性较好；熔深较大的对接焊缝和角焊缝的抗裂性能较差，因为这些焊缝的收缩应力方向基本垂直于杂质聚集的结晶面，故其产生热裂纹的倾向较大。

为了减小结晶过程中的收缩应力，在接头设计和焊接顺序安排方面应尽量降低接头的刚度和拘束度。例如：在设计上减小焊接结构的板厚，合理布置焊缝；在施工上合理安排焊件的装配顺序和每条焊缝的先后顺序，避免在焊缝处于刚性拘束状态下进行焊接，设法让每条焊缝有较大的自由度。起弧时用引弧板慢速起弧，断弧时用引出板逐渐断弧，以减少弧坑裂纹的产生。对于厚板焊接结构，常采用多层焊，其裂纹倾向比单层焊有所缓和，但应注意控制各层的熔深。在焊接接头处避免应力集中（如错边、咬边、未焊透等），也是降低裂纹倾向的有效方法。

（3）冷裂纹　冷裂纹是焊接过程中最为普遍的一种裂纹，它是焊后冷却至较低温度时产生的。对于低合金高强度结构钢，冷裂纹大约出现在钢的马氏体转变温度 M_s 附近，是由拘束应力、淬硬组织和扩散氢的作用产生的。冷裂纹主要发生在低、中合金钢和中、高碳钢的焊接热影响区，如图7-4a、b所示；个别情况下，如焊接超高强度钢或某些钛合金时，冷裂纹也出现在焊缝金属上，如图7-4c所示。

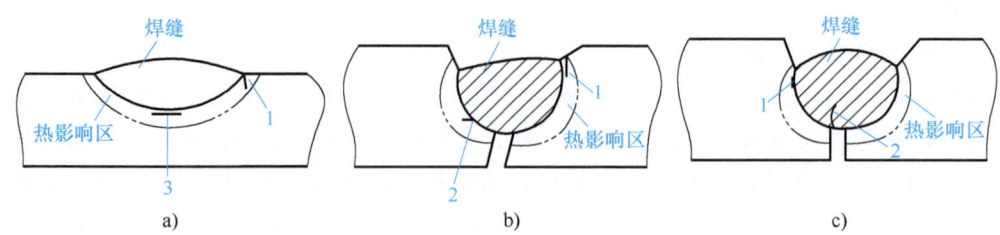

图 7-4　焊接接头区的冷裂纹分布形态
1—焊趾裂纹　2—焊根裂纹　3—焊道下裂纹

1）淬火裂纹（淬硬脆化裂纹）。一些淬硬倾向很大的钢种，其焊接时即使没有氢的诱发，仅在应力的作用下也能导致开裂。焊接含碳量较高的 Ni-Cr-Mo 钢、马氏体不锈钢、工具钢及异种钢等时，都有可能出现淬火裂纹。淬火裂纹完全是由于冷却时发生马氏体相变而脆化造成的，焊后常立即出现，在热影响区和焊缝上都可能发生。

2）氢致裂纹。氢致裂纹具有延迟特征，即焊后经过数小时、数日甚至更长时间才出现的冷裂纹，因此也称为延迟裂纹。氢致裂纹按分布情况可分为焊趾裂纹、焊道下裂纹和焊根裂纹，如图7-4所示。普通低合金钢的氢致裂纹在焊后24h内产生（一般情况下，焊趾裂纹发生在焊后数分钟内，焊道下裂纹发生在焊后数小时），高合金钢则在焊后10天内产生。氢致裂纹产生时，有时可察觉到断裂的响声。

焊趾裂纹起源于焊缝与母材交叉处有明显应力集中的部位，一般由焊趾表面开始向母材深处延伸，可能沿粗晶区扩展，也可能向垂直于拘束方向的细晶区或母材扩展，裂纹的取向经常与焊缝纵向平行。另外，对于焊接结构中X形坡口的对接接头及K形坡口的T形接头，在咬边或其他形状缺陷的影响下，易产生焊趾裂纹。

一般情况下，焊道下裂纹的取向与熔合线平行，经常发生在淬硬倾向大的材料中，位于热影响区的粗晶内。当钢中沿轧制方向有较多和较长的 MnS 系夹杂物时，焊道下裂纹也可沿轧制方向分布的硫化物呈阶梯状扩展。

焊根裂纹起源于焊缝根部最大应力处，随后在拘束应力的作用下向焊缝内或热影响区扩展。裂纹出现的部位取决于焊缝金属及热影响区的强度、伸长率和根部形状。

3）低塑性脆化裂纹。某些塑性较低的材料冷却至低温时，由于收缩而引起的应变超过了材料本身所具有的塑性储备或材质变脆而产生的裂纹，称为低塑性脆化裂纹。例如，补焊铸铁、堆焊硬质合金和焊接高铬合金时，就容易出现这类裂纹。低塑性脆化裂纹通常是在焊后立即产生，无延迟现象。

4）冷裂纹的预防措施。钢种的淬硬倾向、焊缝中的氢含量及其分布、焊接接头的拘束应力状态是影响冷裂纹形成的三大要素。

焊接时，钢种的淬硬倾向越大，越容易产生冷裂纹。当焊接热影响区中氢的含量足够高时，能使具有马氏体组织的热影响区进一步脆化，形成焊道下裂纹；当氢的含量稍低时，仅在有应力集中的部位出现裂纹，容易形成焊趾裂纹和焊根裂纹。

拘束应力主要由不均匀加热和冷却过程中产生的温度应力、金属相变时由于体积变化引起的组织应力和焊接结构在拘束条件（如结构形式、焊接位置、焊接顺序及方向、构件刚性等）下产生的应力三部分组成。

三大影响因素对冷裂纹产生的影响既有各自的内在规律，又相互联系、相互依赖。焊接冷裂纹的预防措施就是对三大影响因素进行控制：

① 控制母材的化学成分，尽量选择碳当量低或对冷裂纹敏感度小的钢材，使钢种的淬硬倾向减小，从而使产生冷裂纹的可能性减小。

② 减少氢的来源，改善焊缝金属的塑性和韧性。例如：焊前严格烘干焊条和焊剂；选用优质的低氢和超低氢焊接材料；选用强度级别比母材略低的焊条，以减小焊接应力，降低冷裂倾向；选用奥氏体焊条焊接淬硬倾向较大的低、中合金高强度钢；向焊接材料中加入某些合金元素，如 Mo、V、Ti、Nb、B、稀土等韧化焊缝。

③ 正确选择焊接工艺。包括合理选定焊接热输入、预热、层间温度、后热、焊后热处理方法和施焊顺序等，目的是改善热影响区和焊缝组织，促使氢的逸出及减小焊接拘束应力。

预热是指焊前对焊件整体或局部进行加热，它是防止厚板、低合金和中合金钢接头产生焊接冷裂纹的有效措施之一。焊接强度级别较高、有淬硬倾向、导热性能良好或厚度较大的焊件时，以及当焊接区域周围的环境温度太低时，焊前往往需要对焊件进行预热。预热可以降低焊接接头的冷却速度，减少或避免淬硬组织的产生；减小焊接区的温度梯度，降低焊接接头的应力；延长焊接区（500~800℃）的冷却时间，有利于氢的逸出，从而可防止冷裂纹产生。

后热是焊后将焊件或整条焊缝加热到一定温度，并保温一段时间后空冷的措施，包括低温后热处理和消氢处理。强度等级高于 650MPa 或合金的总质量分数大于 3% 的低合金钢和中合金钢的厚壁多层焊缝中，经常产生相对于焊缝横向分布的延迟冷裂纹。为了避免氢在焊缝表层下聚集，防止横向延迟裂纹产生，可进行消氢处理。消氢处理的温度为 300~400℃，时间为 1~2h，必须在焊接结束后立即进行。

消除应力退火是一种重要的焊后热处理方法。消除应力退火是指将焊件以一定速度均匀地加热到 A_c 线以下足够高的温度（530~620℃），保温一段时间后随炉冷却到 300~400℃，最后空冷。消除应力退火有以下作用：减小焊接接头中的残余应力，消除冷作硬化，提高焊接接头抗脆性断裂和耐应力腐蚀的能力；改善焊接接头的金相组织，提高其塑性；消除焊缝中的氢气，提高焊接接头的抗裂性和韧性。

④ 加强工艺管理。许多焊接裂纹缺陷并不是由选材不当或设计不合理造成的，而是由于施工质量差造成的。因此施工时应注意以下问题：仔细清理焊接坡口及其两侧 30mm 的区域，以去除铁锈、油污和水分等，并防止已清理过的坡口被再次污染。不得使用未经烘干的焊条或焊剂，若条件允许，每位焊接操作者都应配备焊条保温筒，保证使用前焊条处于干燥状态。

a. 提高装配质量，避免因出现过大错边或装配间隙而造成未焊透、夹渣或焊缝成形不良等缺陷。尽量不使用夹具进行强制装配，以免造成过大的装配应力和拘束应力，这些都会增加冷裂倾向。

b. 对于重要结构，如压力容器等，严格要求操作者遵守持证上岗制度，按工艺规程操作，防止产生气孔、夹渣、未焊透、咬边等缺陷，因为这些缺陷将构成局部应力集中，成为氢的聚集场所，从而增加了冷裂倾向。

c. 注意施工环境，避免在阴雨潮湿天气下施工；冬天在室外焊接时，要采取防风雪措施，以免焊缝过快地冷却。

（4）层状撕裂裂纹　大型厚壁结构在焊接过程中，会沿钢板的厚度方向出现较大的拉伸应力，如果钢中有较多的夹杂物，则会沿钢板轧制方向出现一种台阶状的裂纹，一般称其为层状撕裂裂纹。层状撕裂裂纹属于低温开裂，一般低合金钢的撕裂温度不超过400℃。层状撕裂裂纹易发生在低合金高强度钢厚壁结构的T形接头、十字接头和角接头处，如图7-5所示。

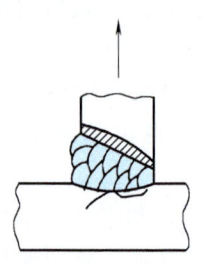 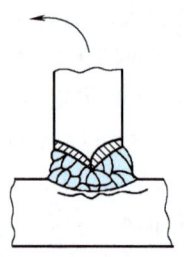 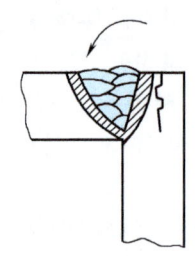

a）由焊根裂纹引起　　b）由夹杂物开裂后沿热影响区扩展　　c）产生在母材厚度中心附近

图7-5　层状撕裂的类型

层状撕裂裂纹的主要类型、产生原因和预防措施见表7-1。

表7-1　层状撕裂裂纹的主要类型、产生原因和预防措施

主要类型	产生原因	预防措施
焊根或焊趾处，由冷裂等引起的层状撕裂	1）由冷裂引起（淬硬及拘束应力） 2）轧制成条、片状的MnS夹杂 3）由角变形引起的弯曲拘束应力或由缺口引起的应力、应变集中 4）氢脆	1）降低钢材的焊接冷裂敏感性 2）降低钢材中的含硫量、选用精炼的抗层状撕裂用钢 3）防止角变形、改善接头形式及坡口形状，从而防止应力、应变集中 4）降低焊缝中的含氢量
以夹杂物为裂纹源并沿热影响区扩展的层状撕裂	1）MnS、SiO_2、Al_2O_3等夹杂物 2）存在Z向拉伸拘束应力 3）氢脆	1）降低钢中S、P、Si、Al等的含量，并在钢中加入适量稀土元素 2）改善钢材的轧制条件和热处理工艺 3）缓和外部的Z向拘束 4）提高焊接金属的塑性并降低含氢量
远离热影响区，在板厚中央部位出现的层状撕裂	1）MnS、SiO_2、Al_2O_3等夹杂物 2）弯曲拘束产生的残留应力 3）应变失效	1）选用耐层状撕裂用钢 2）对轧制钢板端面进行机械加工并仔细装配 3）改善接头形式和坡口形状 4）预热堆焊层

（5）应力腐蚀开裂裂纹　应力腐蚀开裂（Stress Corrosion Cracking，SCC）是在拉应力和

腐蚀介质的共同作用下产生裂纹的一种现象，图 7-6 所示是典型的应力腐蚀开裂裂纹。形成应力腐蚀开裂裂纹的基本条件是：

1）材质必须是合金，也包括含微量元素的合金；纯金属一般不会发生应力腐蚀开裂裂纹。

2）材质与介质相匹配。金属材料并非与任何介质作用都会产生应力腐蚀开裂裂纹，而是有一定的匹配关系。例如：低碳钢与氢氧化钠水溶液（沸腾）、硝酸盐水溶液、海水等；奥氏体不锈钢与氯化铵水溶液、海洋气氛、海水、硫酸+氯化物水溶液等。

3）必须存在拉应力。拉应力可以是工作应力或残余应力，焊接残余应力在焊缝及近缝区通常为拉应力，有时高达材料的屈服点。所以，即使焊接结构不承受载荷，只要有腐蚀介质存在，就有可能产生 SCC。

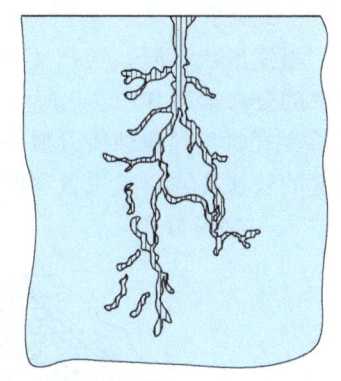

图 7-6　典型应力腐蚀裂纹

影响 SCC 的因素是多方面的，因此其预防途径也是多方面的：

① 选用抗应力腐蚀性好的母材是防止 SCC 的根本措施之一。当前，高铬铁素体不锈钢、双相钢、高镍不锈钢和高镍合金有较好的耐应力腐蚀性能。

② 焊缝金属必须具有与母材相同的抗应力腐蚀能力，因此焊缝的化学成分应尽可能与母材一致。许多试验表明，在高温下工作的 18-8 型不锈钢，其抗应力腐蚀性能随着含碳量的增加而降低，所以选用焊接材料时以低碳钢或超低碳钢为好。

③ 零部件从成形加工到组装都可能引起残余应力，而残余应力是引起应力腐蚀开裂裂纹的原因之一。因此，必须严格控制组装质量，如保证各零部件下料尺寸准确、避免进行强力组装等。

④ 在焊接工艺方面，主要是防止产生焊接热影响区硬化和应力集中，可以通过调节焊接热输入和焊接顺序等来进行控制。对于奥氏体钢，因无淬硬问题，因此主要是防止晶粒粗大，焊接时适当采用小的焊接热输入；对于易淬硬的钢，则应适当增大焊接热输入。另外，应根据结构特点制订出使焊接应力最小的焊接顺序。

⑤ 焊后消除应力不仅可降低冷裂、脆断的倾向，还可以防止产生 SCC 和改善焊接接头的组织，因此对一些重要的焊接结构（包括在腐蚀介质条件下工作的）都要进行消除应力处理。

⑥ 采用表面工程技术。近年来，表面工程的应用范围日益扩大，并在预防应力腐蚀开裂裂纹方面取得了令人满意的效果。其做法是在与腐蚀介质接触的一侧喷涂耐腐蚀层、塑料涂层，或在表面堆焊不锈钢等。

2. 气孔和夹渣

气孔和夹渣是焊接生产中经常出现的一种缺陷，它们不仅会削弱焊缝的有效工作截面，还会造成应力集中，从而显著降低焊缝金属的强度和韧性，对动载强度和疲劳强度更为不利。在个别情况下，气孔和夹渣还会引起裂纹。

（1）气孔　焊接熔池在结晶过程中，由于某些气体来不及逸出而残存在焊缝中形成气孔。气孔是焊接接头中常见的缺陷，碳钢、高合金钢、有色金属焊接接头中都有可能产生气孔。

根据分布形态不同，气孔可分为均布气孔、密集气孔和链状气孔。均布气孔在焊缝中分布均匀，密集气孔则是许多气孔聚集在一起形成气孔带，链状气孔与焊缝轴线平行呈串状，如图 7-7 所示。

根据形状不同，气孔又分为球形气孔、长条形气孔和虫形气孔等。不同形状的气孔在焊缝中的分布形态如图 7-7 所示。球形气孔在焊缝中的形态近似于球形的孔穴；长条形气孔是在长度方向与焊缝轴线近似平行的非球形长气孔；虫形气孔是由于气孔在焊缝金属中上浮而引起的管状孔穴，其位置和形状取决于焊缝金属的凝固形式和气体的来源，通常成群出现并呈"人"字形分布。

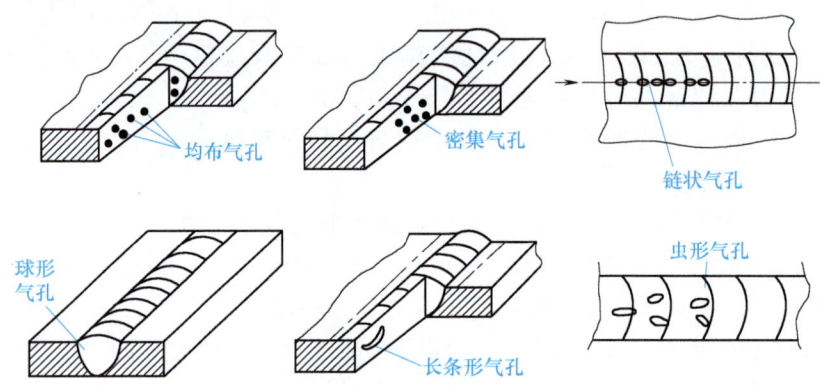

图 7-7　不同形状的气孔在焊缝中的分布形态

根据产生气孔的气体种类，焊缝中的气孔主要有氢气孔、氮气孔和 CO 气孔，其特征与分布情况见表 7-2。

表 7-2　气孔的特征与分布情况

名称	特征	分布
氢气孔	断面形状多为螺纹形，从焊缝表面看呈形，其四周有光滑的内壁	焊缝表面
氮气孔	与蜂窝相似，常成堆出现	焊缝表面
CO 气孔	表面光滑，呈虫形	多产生于焊缝内部，沿其结晶方向分布

防止焊缝中出现气孔的措施如下：

1）焊前必须对焊丝表面、坡口及其附近 20~30mm 的范围进行清理，去除表面锈蚀、氧化膜、油污和水分等杂质，露出金属光泽。焊条、焊剂必须防潮，烘干后放在专用烘干箱或保温筒中保管，随用随取。一般碱性焊条的烘干温度为 350~450℃，酸性焊条为 200℃左右。

2）空气侵入熔池是产生气孔的原因之一，如进行焊条电弧焊时，若电弧电压太高，会使空气中的氮侵入熔池，从而出现氮气孔。

3）进行气体保护焊时，保护气体的纯度、流量对焊接质量有较大影响。如氩气中所含的氧、氮超过标准规定时，会降低氩气的保护性能，使焊缝气孔增加、电弧不稳定。当氩气流量太大时，不仅会造成浪费，而且会产生紊流，将空气卷入保护区，从而降低保护效果；反之，当氩气流量过小时，电弧挺度不够，保护气体排除周围空气的能力减弱，同样会使保护效果变差。另外，进行气体保护焊时必须防风，焊枪喷嘴前端保护气体的流速一般为 2m/s 左右，如果风速超过此值，保护气体不能稳定而成为紊流状态。

4）正确选用焊接材料，适当调整熔渣的氧化性。例如：为减小 CO 气孔的产生倾向，可适当降低熔渣的氧化性；为减小氢气孔的产生倾向，可适当增加熔渣的氧化性。

5）正确选取焊接参数，如 TIG（钨极惰性气体保护电弧焊）时若焊接速度过快，由于空气对保护气层的影响，或遇侧向气流的侵袭，会使保护气层偏离钨极和熔池，从而使保护效果变差，产生气孔。

（2）夹渣 焊后残留在焊缝中的焊渣称为夹渣，其形状一般为线状、长条状、颗粒状及其他形式。夹渣主要发生在坡口边缘和每层焊道之间的非圆滑过渡部位，在焊道形状发生突变或存在深沟的部位也容易产生夹渣，如图 7-8 所示。横焊、立焊和仰焊时产生的夹渣比平焊时多。当混入细微的非金属夹杂物时，在焊缝金属凝固过程中可能产生微裂纹或孔洞。进行钨极氩弧焊时，若钨极不慎与熔池接触，而使钨颗粒进入焊缝金属中，将造成夹钨缺陷。焊接镍铁合金时，夹渣与钨形成合金，即使用 X 射线检测也很难发现。

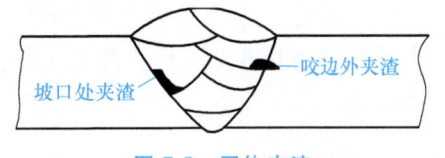

图 7-8 固体夹渣

防止焊缝中产生夹渣的重要措施是控制原材料（包括母材和焊丝）中的夹杂物含量，正确选择焊条、焊剂等，进行脱氧、脱硫处理。其次是注意工艺操作方法，例如：选用合适的焊接参数，以利于熔渣的浮出；多层焊时，应注意清除前层焊缝的焊渣；焊条要适当地摆动，以便熔渣浮出；操作时注意保护熔池，防止空气侵入。

3. 未焊透和未熔合

未焊透对焊接结构的直接危害是减小承载截面面积，降低焊接接头的力学性能。未焊透引起的应力集中远比强度降低的危害性要大，承受交变载荷、冲击载荷、应力腐蚀或在低温下工作的焊接结构，常常由于未焊透导致脆性断裂。未熔合不仅减小了焊接结构的有效厚度，而且在工件使用过程中，未熔合的边缘处容易产生应力集中，并在此处向外扩展形成裂纹，从而导致整个焊缝开裂。

（1）未焊透 未焊透是焊接接头根部未完全熔透的现象。单面焊和双面焊时都可能产生未焊透缺陷，未焊透在焊缝中的形态特征如图 7-9 所示。

1）未焊透缺陷产生的原因：焊接参数选择不当，如焊接电流太小、运行速度太快、焊条角度不当、电弧发生偏吹、对接间隙太小及坡口角度不当等，未焊透与焊

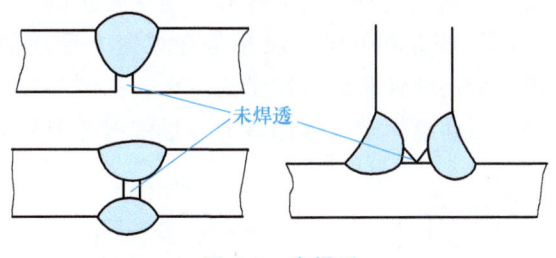

图 7-9 未焊透

接冶金因素关系不大；操作失误，如进行不开坡口的双面埋弧焊时中心对偏等；坡口加工不良，如钝边太厚，或一侧厚一侧薄，加上焊接电流太小等。

2）未焊透缺陷的预防措施：使用较大的电流进行焊接是预防未焊透缺陷的基本方法。对于角焊缝，用交流电流代替直流电流可防止磁偏吹。另外，合理设计坡口并保持坡口清洁、采用短弧焊等措施，也可以有效防止未焊透缺陷的产生。

（2）未熔合　在焊缝金属和母材或焊道金属与焊道金属之间未完全熔化结合的部分称为未熔合。未熔合常出现在坡口的侧壁、多层焊的层间及焊缝的根部，如图7-10所示。未熔合有时间隙很大，与焊渣难以区别；有时虽然结合紧密但未焊合，往往会在未熔合区末端产生微裂纹。

1）未熔合缺陷产生的原因：焊接面未清理干净，有油污或铁锈；坡口形状不合理，有死角；焊接电流太小；焊枪没有充分摆动；焊工擅自提高电流以加快焊接速度等。

2）未熔合缺陷的预防措施：采用合适的焊接电流，正确进行施焊操作和保持坡口清洁。

4. 形状缺陷和其他缺陷

（1）咬边　咬边是指沿着焊趾，在母材部分形成的凹陷或沟槽，如图7-11所示。咬边减小了母材的有效截面积，降低了焊接结构的承载能力，同时还会造成应力集中，甚至发展为裂纹源。

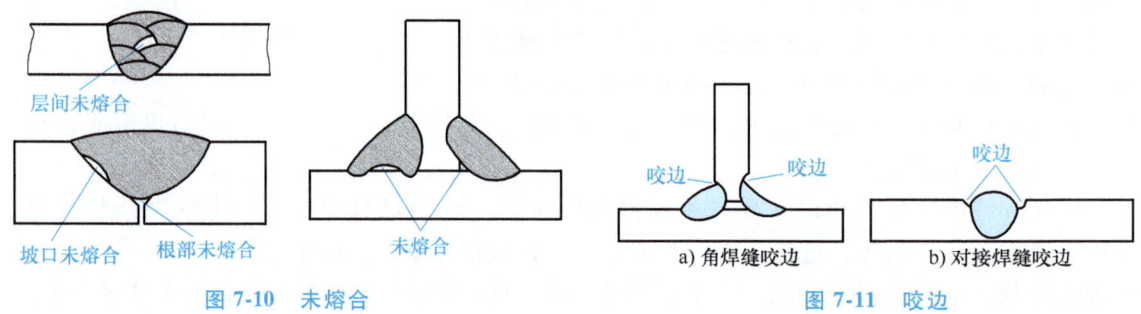

图7-10　未熔合　　　　　　图7-11　咬边

咬边易在立焊、仰焊时产生，其产生原因主要是：焊接电流过大或焊接速度太慢；焊条角度和摆动不正确或运条不当；立焊、横焊和角焊时电弧太长。

（2）焊瘤　焊瘤是在焊接过程中，熔化金属流溢到焊缝以外的未熔化母材金属上，在焊缝边缘处形成的与母材未熔合的堆积物，如图7-12所示。焊瘤不但影响焊缝强度，而且经常与未焊透和夹渣等其他缺陷共同存在，严重影响了焊缝的质量。

焊瘤产生的原因主要是：坡口太小；焊接操作不当，电压过低，焊接速度不合适；焊条角度不正确或电极未对准焊缝；运条不正确。

（3）烧穿和下塌　烧穿是在焊缝上形成的穿透性孔洞，可能导致熔化金属向下流漏，使焊缝的连续性和致密性受到破坏，如图7-13a所示。穿过单层焊缝根部，或在多层焊接接头中穿过前道熔敷金属塌落的过量焊缝金属称为下塌，如图7-13b所示。

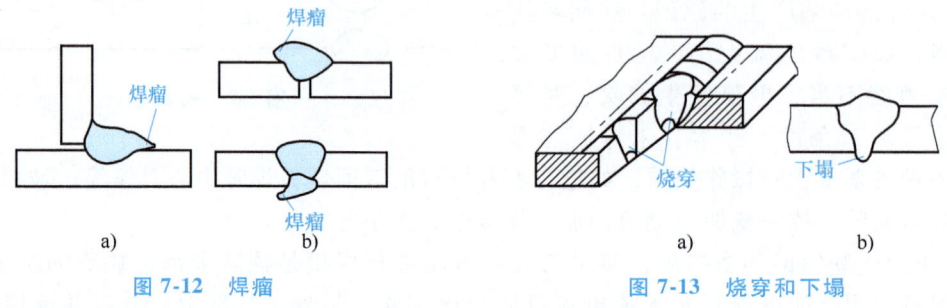

图7-12　焊瘤　　　　　　图7-13　烧穿和下塌

焊接薄板或管子时易产生烧穿和下塌。造成烧穿和下塌的原因可能是焊接电流过大、焊接速度过慢、接头组装间隙太大、钝边太小等。为防止烧穿的产生，应尽量避免焊件的加热温度过高，严格控制焊接电流、焊接速度和接头间隙的大小；必要时可以沿焊缝进行间距较小的定位焊，然后缩短电弧进行快速焊或在背面加垫板。

（4）凹坑与弧坑　如图 7-14 所示，凹坑是焊后在焊缝表面或焊缝背面形成的低于母材表面的低洼部分；弧坑是焊接时在收弧处产生的表面下陷现象。凹坑和弧坑减小了焊缝的有效截面积，严重削弱了焊缝强度，而且焊缝弧坑处经常产生弧坑裂纹。

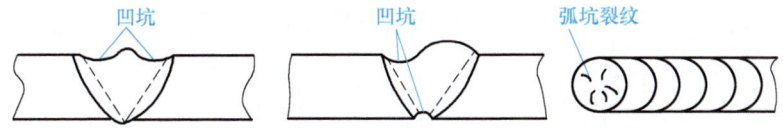

图 7-14　焊接凹坑与弧坑

（5）电弧擦伤与飞溅

1）电弧擦伤。焊接时，由于空间位置不足造成操作不便极易产生电弧擦伤，如图 7-15a 所示。电弧擦伤多因人为不注意而产生，焊工偶然不慎使焊条与施焊部位表面发生接触引起电弧就会造成表面擦伤，即电弧擦伤。

被电弧擦伤的工件表面冷却速度快，且没有任何焊渣和气体的保护，使电弧擦伤部位发生严重的脆化，导致焊接部件产生裂纹及脆性破坏，从而缩短了焊接件的使用寿命，甚至会引发事故。

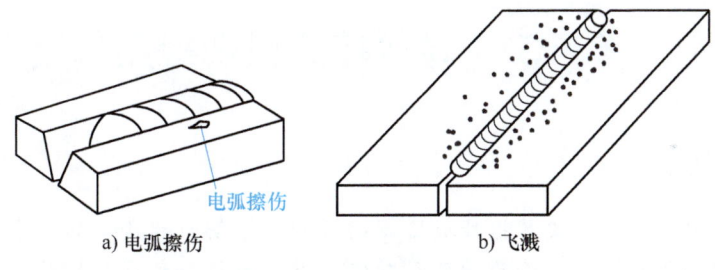

a）电弧擦伤　　　　b）飞溅

图 7-15　电弧擦伤和飞溅

2）飞溅。熔焊过程中，熔化的金属颗粒和熔渣向周围飞散的现象称为飞溅（图 7-15b）。对于不锈钢焊接结构件，飞溅缺陷会降低其耐蚀能力。

为避免飞溅的产生，焊接时必须选用质量合格的焊条，并按规定对其进行烘干处理。采用碱性焊条时，应尽量缩短电弧，选用适当的焊接电流，并避免采用飞溅严重的 CO_2 气体保护焊进行焊接。焊接不允许有飞溅的不锈钢件时，可以在焊缝两侧覆盖一层厚涂料（如白垩粉）。

（6）角变形和错边　错边和焊缝尺寸、形状不符合要求也是常见的焊缝外观缺陷，如图 7-16 和图 7-17 所示。

从结构因素看，角变形程度与坡口形状和板厚有关系，如对接焊缝 V 形坡口比 X 形坡口的角变形大，中等板厚比厚板和薄板的角变形大。从工艺上看，焊接顺序、焊接夹具质量、热输入及采取的反变形措施等对角变形程度都有影响。如果焊前装配质量得到保证，则错边的主要原因是焊接过程中对接边的热不平衡，如焊偏或接头两侧夹具夹紧情况不同等。

坡口不合适、装配间隙不均匀、焊接规范不正确、焊条角度或运条手法不当等，可能会造成焊缝尺寸、形状不符合要求。

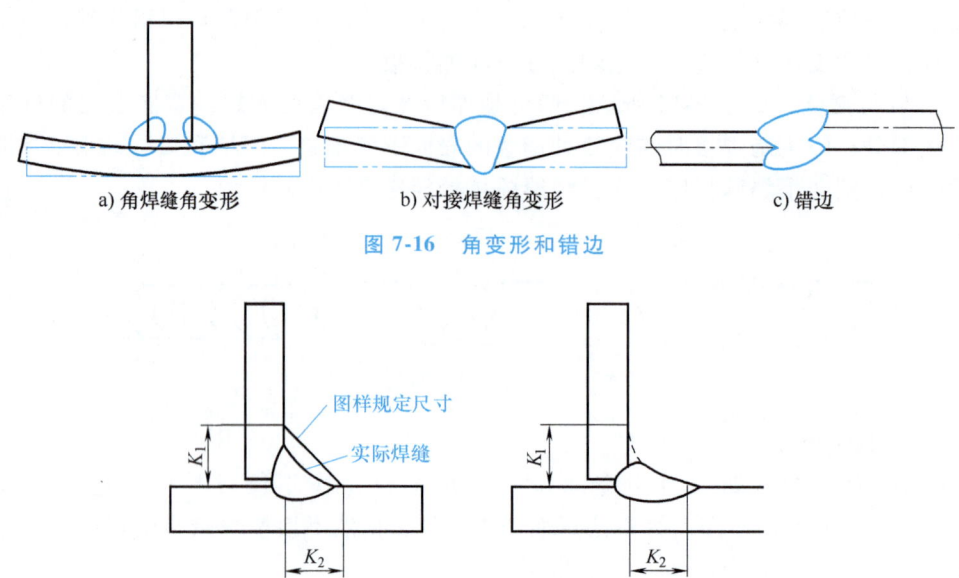

图 7-16 角变形和错边

图 7-17 角焊缝的尺寸缺陷

单元二 焊接接头目视检测

学习目标及技能要求

通过本单元的学习，读者要掌握外观检测的目的，了解目视检测的注意事项和所使用的设备与仪器。同时要熟悉焊接检验尺的各种功能，并能熟练操作焊接检验尺。

一、目视检测概述

目视检测是一种重要的无损检测方法，是指用人的眼睛或借助于光学仪器对工业产品的表面进行观察或测量。目视检测是一种表面检测方法，其应用范围相当广泛，不但能检测工件的几何尺寸、结构完整性、形状缺陷等，而且能检测工件表面上的缺陷和其他细节。

目视检测的主要优点是简单、快速，无须复杂的设备器材，检测结果直观、真实、可靠、重复性好等。其主要缺点是表面可能需作某些准备，如清洗，去除油漆、氧化皮及尘土，有时需要喷丸或喷砂；由于受到人眼分辨能力和仪器设备分辨率的限制，目视检测不能发现表面上非常细微的缺陷；在观察过程中，由于受到表面照度、颜色等的影响容易发生漏检现象。

二、目视检测设备与仪器

1. 放大镜、反光镜和望远镜

放大镜是用于观察尺寸小于 0.2mm 的物体的一种最简单的光学仪器，如图 7-18 所示。

目视检测所使用的放大镜，其放大倍数一般在 6 倍以下。为使用方便，通常选用带有手柄和照明功能、透镜直径为 80~150mm 的放大镜。

目视检测中最常用的反光镜是反射面为平面的平面反光镜，它是利用光的反射原理，在人眼不能直接进行观察的情况下转折光路，从而达到观察的目的。平面反光镜由透光良好的玻璃加背面镀银组成，其结构简单、成本低廉，市场上随处可购得，是目视检测时的必备工具之一。但由于反光镜由玻璃制成，使用中容易破坏和破裂，因而在特殊场合，如容器内部及洁净场合应当慎用。医用牙科镜也是目视检测的常用工具之一，其镜面直径均为 22mm，并与手柄成 45°，医学上常用于做口腔检查，用在目视检测上能清晰显示管道内壁焊缝的表面状况。

图 7-18　放大镜

望远镜是一种用于观察远距离物体的目视光学仪器，它能把远方很小物体的张角按一定的倍率放大，使其在像空间内具有较大的张角，使本来无法用肉眼看清或分辨的物体变得清楚可见。因而，望远镜也是目视检测中常用的工具之一。

2. 内窥镜检测设备

内窥镜检测设备主要包括内窥镜、检测工装、辅助照明设备等，其中最主要的为内窥镜。内窥镜有不同的分类方法，见表 7-3。本单元主要介绍刚性内窥镜、柔性内窥镜和视频内窥镜。

表 7-3　内窥镜分类

分类依据	内窥镜类别	
使用领域	工业内窥镜	医用内窥镜
是否能弯曲	刚性内窥镜	柔性内窥镜
成像特征	光纤内窥镜	视频内窥镜

（1）刚性内窥镜　刚性内窥镜通常限用于观察者和观察区之间是直通道的场合，典型的刚性内窥镜结构如图 7-19 所示。在不锈钢镜管内，光导纤维束将光从外部光源导入，以照明观测区，由物镜和一系列消色差转像透镜和目镜组成的光学系统使观测者可对观测区进行高分辨力的观测，放大倍数通常为 3~4 倍，也有些可放大 50 倍。

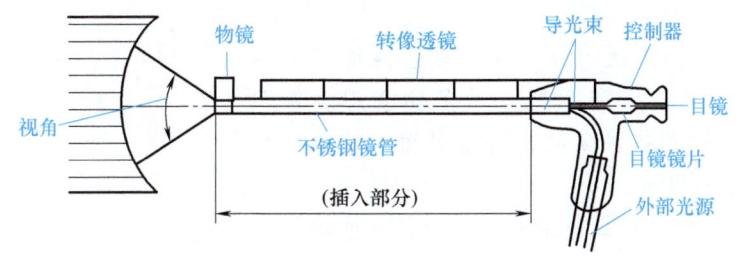

图 7-19　典型刚性内窥镜结构示意图

这种内窥镜插入部分的管径为 1.7~10mm，工作长度为 20~1500mm，观测方向（视向）

可以是0°、45°、70°、80°、90°和110°，视野可以是35°、50°、56°、60°、70°、80°和90°。

（2）柔性内窥镜　柔性内窥镜主要用于观察者与观察区之间无直通道的场合，典型的柔性光纤内窥镜由物镜、先端部、弯曲部、柔软部、操作部和目镜等组成，导光束和用以操纵头部角度的钢丝等均装在镜筒中。

光传导束所用光纤的直径通常是30μm；图像传导束中光纤的直径关系到所获图像的分辨力，光纤直径小、排列精确，则在图像传导束中就可装填更多的光纤，从而可获得较高的分辨力，在分辨力较高的情况下，有可能利用视场较宽的物镜和目镜将图像放大，图像传导束的光纤直径一般为6.5~17μm。

（3）视频内窥镜　视频内窥镜可提供清晰度高的图像，且具有更大的灵活性。典型的视频内窥镜成像系统由先端部、弯曲部、柔软部、控制部、视频内窥镜控制组和监视器等组成。

首先利用光导管将光送至检测区，先端部的一只固定焦点透镜将收集由检测区反射回来的光线并将其传导至CCD（电荷耦合器件）芯片（直径约为7mm）表面，数千只细小的光敏电容器将反射光转变成电模拟信号。然后，此信号进入探测头，经放大、滤波及时钟分频后，由图像处理器使其数字化并加以组合，最后直接输出给监视器。

3. 照明装置和图像记录设备

（1）照明装置　一般的照明装置有三种形式。一种是带白炽灯或聚光灯和反射器的移动式台灯，它可照明相当大的面积，灯头可上下调动，光可投向任何方向，对于照明记录是很好的照明源；其缺点是灯泡寿命短，会产生相当多的热量。另两种是带旋转臂的白炽灯和带旋转臂的荧光灯，它们的形状、尺寸、强度和旋转臂的形式各不相同，较第一种形式的强度和照明面积小，适用于小面积的照明，且寿命长。

（2）图像记录设备　常用的图像记录设备为照相机和摄像机。照相机通常由照相物镜、取景器、调焦系统三部分组成。照相物镜（镜头）的作用是把外界景物成像在感光底片上，使底片曝光产生景物像。取景器的作用是观察被摄景物，以便在摄影时选取合适的摄影范围。调焦系统的作用是在摄影时，使不同距离的被摄景物能在感光底片上清晰成像。

如今，数码相机使用广泛，它用图像传感器代替了感光胶片，但成像原理与传统相机是一致的。摄像机的基本原理与照相机相同，只是成像单元用磁带代替了感光胶片，因而可以动态记录景物。目前，大部分摄像机都是具有摄像和放像功能的一体机，可直接在其取景器中或连接电视机观察图像。

4. 测量工具及其使用方法

焊接检验尺主要由主尺、高度尺、咬边深度尺和多用尺四部分组成。图7-20所示是一种多功能焊缝检验尺，可用来检测焊件的各种角度、焊缝高度、宽度、焊接间隙及焊缝咬边深度等。

1) 余高、宽度和错边量的测量。图7-21a所示为测量余高的情形，首先把咬边深度尺对准零位并紧固螺钉，然后滑动高度尺与焊缝余高接触，高度尺示值即为焊缝余高。

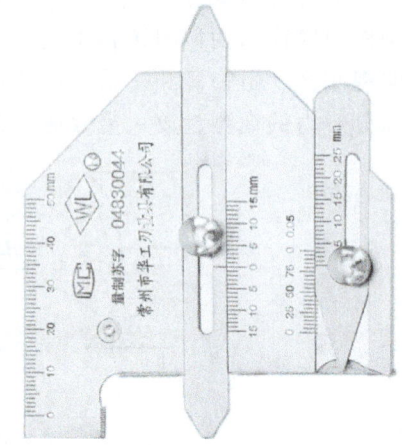

图7-20　多功能焊缝检验尺

图 7-21b 所示为测量焊缝宽度的情形，先使主尺测量角靠近焊缝一边，然后旋转多用尺的测量角靠紧焊缝的另一边，即可读出焊缝宽度示值。

图 7-21c 所示为测量错边量的情形，先使主尺靠近焊缝一边，然后滑动高度尺使其与焊缝另一边接触，高度尺示值即为错边量。

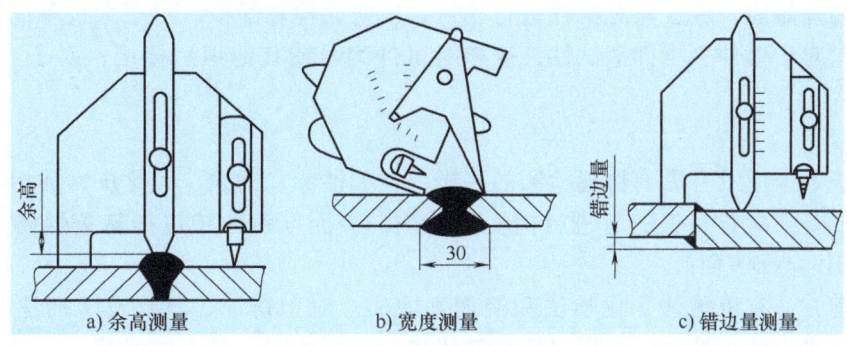

图 7-21　余高、宽度和错边量的测量

2）焊脚高度、焊缝厚度、角度和间隙测量。图 7-22a 所示为测量角焊缝焊脚高度的情形，使主尺的工作面靠紧焊件和焊缝，滑动高度尺与焊件的另一边接触，高度尺示值即为焊脚高度。

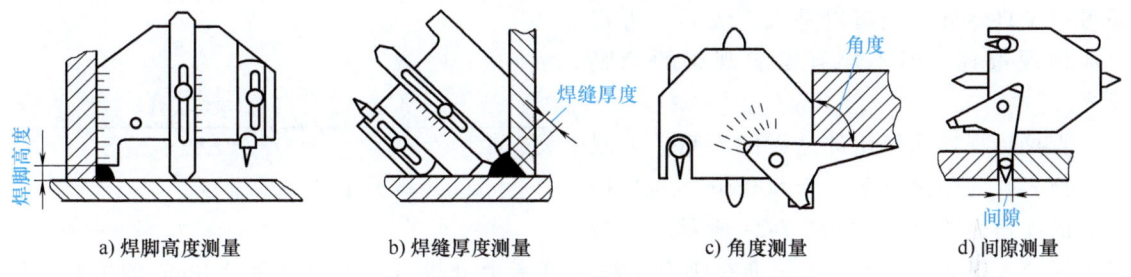

图 7-22　焊脚高度、焊缝厚度、角度和间隙测量

图 7-22b 所示为测量角焊缝厚度的情形，使主尺的工作面与焊件靠紧，并滑动高度尺与焊缝接触，高度尺示值即为角焊缝厚度。

图 7-22c 所示为测量角度的情形，将主尺和多用尺分别靠紧被测角的两个面，其示值即为角度值。

图 7-22d 所示为测量间隙的情形，将多用尺插入两焊件之间，即可测量两焊件的间隙。

3）咬边深度测量。测量平面咬边深度时，先把高度尺对准零位并紧固螺钉，然后用咬边深度尺测量咬边深度，如图 7-23a 所示。

如图 7-23b 所示，测量圆弧面咬边深度时，先把咬边深度尺对准零位并紧固螺钉，使三点测量面与工件接触（不要放在焊缝处）；锁紧高度尺，松开咬边深度尺，将其放于测量处，活动咬边深度尺，其示

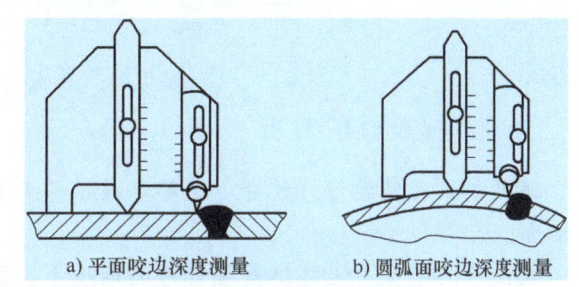

图 7-23　咬边深度测量

值即为咬边深度。

三、目视检测操作

1. 试件的确认

目视检测开始前，应首先对试件进行确认，以防误检和漏检。对于大批量试件，应核对批号和数量；对于单件、小批量试件，应核对试件编号或其他识别标记；对于容器类设备，应核对铭牌。

2. 表面清理

被检焊缝表面应没有影响目视检测的污染物，如油漆、锈蚀、氧化皮、油污、焊接飞溅物等。表面准备还应有利于随后进行的无损检测，表面准备区域包括整条焊缝表面和邻近25mm宽的基体金属表面。

表面清理方法有机械法、化学法和溶剂去除法。对于锈蚀、氧化皮、油漆和焊接飞溅物，可用砂纸进行磨光处理，也可以用砂轮机进行打磨处理；对于油污等，可以用溶剂进行表面清洗，以达到可以进行目视检测的条件。

3. 目视检测方法

（1）直接目视检测　直接目视检测是指直接用人眼或使用放大倍数为6倍以下的放大镜对试件进行检测。目视检测时，表面光照度应至少达到350lx，但推荐光照度为500lx。光源可以是自然光，也可以是人工光源，可视具体情况选择，但不能有影响观察的刺眼反光。

直接目视检测使用的是人的眼睛。人眼与被检表面的距离应不大于600mm，与被检表面的夹角大于30°，如图7-24所示。在自然光源或人工光源的条件下，能在18%中性灰度卡上分辨出一条宽度为0.8mm的黑线，将其作为目视检测者必须达到的分辨率。

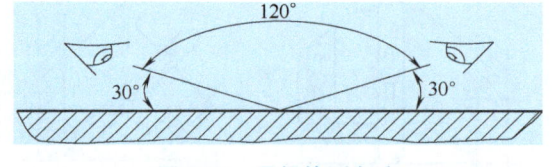

图7-24　目视检测角度

（2）间接目视检测　对于无法直接进行观察的区域，可以辅以各种光学仪器或设备进行间接观察，如使用反光镜、望远镜、工业内窥镜、光导纤维或其他合适的仪器进行检测。间接目视检测必须至少具有与直接目视检测相当的分辨率。

单元三　焊接接头无损检测

学习目标及技能要求

通过本单元的学习，读者可了解焊接接头无损检测的分类及常用检测方法的原理及其应用场合。

无损检测是在不破坏材料和焊件的前提下，对其缺陷进行检测的方法。常用的无损检测方法包括射线检测、超声波检测、磁粉检测、渗透检测等。这四种方法是钢结构焊接质量检验最常用的检测方法。其中射线检测和超声波检测主要用于探测试件内部缺陷，磁粉检测和渗透检测主要用于探测试件表面或近表面缺陷。其他检测方法，如 TOFD 检测、相控阵检测等，在无损检测领域也有不同程度的应用。

一、无损检测的目的

1）保证钢结构焊接的内在质量，保障使用安全，尽量减少损坏或事故。
2）改进钢结构焊接工艺，确定满足要求的制造规范。
3）检测焊接过程中出现的缺陷，及时修补，降低制造成本。

二、无损检测应用的特点

1. 无损检测要与破坏性检测相配合

无损检测的最大特点是能在不损伤材料、工件和结构的前提下进行检测。但是，并不是所有需测试的指标都能进行无损检测，且无损检测技术自身也有局限性。某些试验只能采用破坏性检测，因此，目前无损检测还不能完全代替破坏性检测。

2. 正确选择实施无损检测的时机

正确选择实施无损检测的时机是非常重要的。例如锻件的超声检测，要在锻造和粗加工后，钻孔、铣槽、精磨等最终机加工前进行。这是因为此时扫查面较平整，耦合较好，有可能干扰检测的孔、槽、台还未加工，发现质量问题较易处理。再如，要检查高强钢焊缝有无延迟裂纹，无损检测就应安排在焊接完成 24h 或 48h 后进行。要检查热处理后是否发生再热裂纹，就应将无损检测放在热处理之后进行。电渣焊焊接接头晶粒粗大，超声波检测就应在正火处理细化晶粒后再进行。只有正确选定实施无损检测的时机，检测才能顺利完成。

3. 选用最适当的无损检测方法

每种检测方法本身都有局限性，不可能适用于所有工件和所有缺陷。选择无损检测方法时，既要考虑被检物的材质、结构、形状、尺寸、预计可能产生的缺陷，又要考虑无损检测方法各自的特点。例如，钢板的分层缺陷因其延伸方向与板平行，不适合射线检测而应选择超声检测。检查工件表面细小的裂纹，就不能选择射线检测和超声检测，而应选择磁粉检测和渗透检测。此外，无损检测的目的不是片面追求产品的高质量，而是在保证充分安全性的同时要保证产品的经济性。只有这样，无损检测方法的选择和应用才会是最合理的。

4. 结合应用各种无损检测方法

在无损检测的应用中，如果可能，不要只采用一种无损检测方法，而应尽可能地同时采用几种无损检测方法，以便保证各种检测方法取长补短，从而取得更多的信息。另外，还应利用无损检测以外的其他检测所得的信息，如材料、焊接、加工工艺的知识及产品结构的知识，综合来判断。例如，超声波对裂纹缺陷探测灵敏度较高，但定性不准，而射线检测的优点是对缺陷定性比较准确，两者配合使用，就能保证检测结果准确可靠。

三、射线检测

射线检测是将具有穿透能力的射线穿过工件照射到胶片上，由于工件上有缺陷和无缺陷的部分密度或厚度不同，射线在这些部位的衰减程度不同，导致照射到胶片上的强度不同，胶片的感光程度不同，经过暗室处理后产生不同的黑度，根据底片的黑度差，即可判断工件是否有缺陷。目前各种数字化射线照相技术正日益取代胶片，用计算机存储射线图像，实时射线成像，如机场使用的安检设备。

但基于胶片的射线检测仍然是迄今为止在焊接检测中应用最广泛的方法。

1. 射线检测的种类

射线检测根据射线源不同可分为两大类，一类为 X 射线（图 7-25），射线源由高能电子束发生器产生 X 射线；另一类为 γ 射线，射线源由原子核分裂（核裂变）产生 γ 射线。

焊缝射线检测的 X 射线的能量范围是 30keV 到 20MeV。常规的 X 射线管可以产生不超过 400keV 的射线，超过 400keV 的 X 射线是由电子感应加速器或线性加速器产生的，这些装置只能在固定的设备内应用。X 射线发生器产生的射线在一定频率范围内其频谱是连续的，反映了电子束中电子能量的分布状况。低能射线比较容易被吸收，可产生对比度与灵敏度都比 γ 射线更好的底片。常规的 X 射线装置可对厚度不超过 60mm 的钢板进行高质量的检测，电子感应加速器和线性加速器产生的 X 射线对钢的穿透能力可超过 300mm。

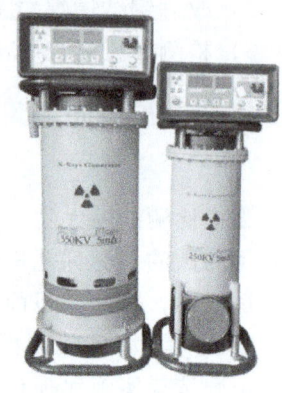

图 7-25　X 射线仪

焊缝射线照相使用的 γ 射线源来自放射性同位素，其频谱是不连续的。在焊缝射线检测中常用的 4 种同位素，即铥 170、镱 169、铱 192 和钴 60，其能量依次增大。对钢质焊缝而言，铥 170 可检测的厚度为 7mm（相当于 90keV 的 X 射线），且放射源的物理尺寸可小于 0.5mm；镱 169 的能量相当于 120keV 的 X 射线，可用来透照厚度 12mm 左右的钢；铱 192 放射源的物理尺寸为 2~3mm，是焊缝射线照相检测中最常用的同位素，能量相当于 500keV 的 X 射线，检测厚度为 10~75mm；钴 60 的能量相当于 1.2MeV 的 X 射线，可检测厚度为 40~150mm 的钢，但放射源不便携带。

与 X 射线相比，γ 射线源携带方便、不需要电源，但射线产生的底片质量比 X 射线差，且当仪器未得到妥善保养，或操作者未经足够培训，可能会危害操作者人身安全。此外，由于同位素使用期有限，需要定期购买新的同位素，因而 γ 射线源的使用成本相对较高。

2. 射线检测原理

射线检测的原理是基于射线穿过物质的衰减作用和照相作用。X 射线和 γ 射线通过物质时，其强度逐渐衰减。

射线的另一重要性质是能使胶片感光。当 X 射线或 γ 射线照射胶片时，与普通光线一样，能在胶片乳剂层中产生潜象，经过显影和定影后黑化，接收射线越多的部位黑化程度越高，即为射线的照相作用。

射线检测技术的原理是对射线吸收率差异的测量，通过被检试件有效厚度的变化发现缺陷区域，材料中如有缺陷会影响射线的吸收，透过物体后射线强度会发生变化，用胶片可测量出这一变化，即薄壁区域或低密度区域在射线照片上显得较黑、而厚壁区域或高密度区域在射线照片上显得较亮。图 7-26 为射线检测原理图，厚度为 T 的物体中有厚度为 ΔT 的缺陷，射线透过无缺陷部位后射线强度为 I，曝光后底片的黑度为 D，而射线穿过有缺陷部位后射线强度为 $I+\Delta I$，曝光后底片黑度为 $D+\Delta D$，因此根据底片上的黑度变化即可判断出有无缺陷，以及缺陷的种类、数量、大小等。射线检测方法适用于所用材料，极易检测体积缺陷，如夹杂、气孔等（图 7-27）；而裂纹、未焊透、未熔合等面状缺陷在底片上显示的信号很微弱，不易检出，对于面状缺陷检测，超声波检测比射线检测更有效。

为了评定底片的灵敏度，需要采用像质计以检查透照技术和胶片处理质量（图 7-28）。我国标准规定使用粗细不同的金属丝等距离排列做成线型像质计，用底片上必须显示的最小钢丝直径与相应的像质指数来表示照相的灵敏度，即射线检测能发现最小缺陷。

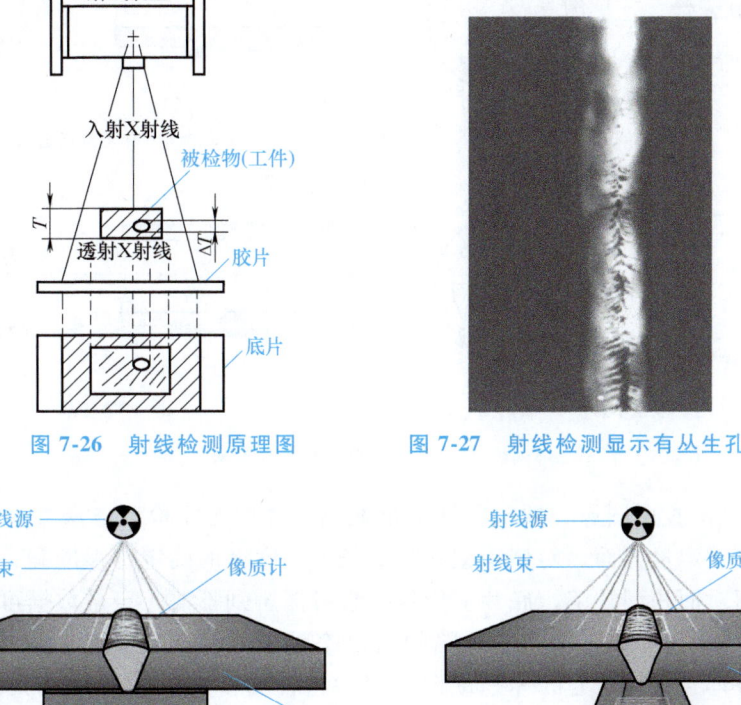

图 7-26　射线检测原理图　　　图 7-27　射线检测显示有丛生孔洞

a) 曝光前示意图　　　　　　　b) 曝光后示意图

图 7-28　射线检测像质计的使用示意图

按射线源、工件和底片之间的相互位置关系，射线检测的透照方式分为以下四种，如图 7-29 所示。

1) 单壁单影（SWSI，图 7-29a）：胶片在里，射线源在外，像质计放置在射线源一侧。

2) 单壁单影中心周向透照（SWSI，图 7-29b）：胶片在外，射线源在里，像质计放置在胶片一侧，单次曝光。

3) 双壁单影（DWSI，图 7-29c）：胶片在外，射线源在外，像质计放置在胶片一侧，多次曝光。该技术多用于直径大于 100mm 的管道焊缝。

4) 双壁双影（DWDI，图 7-29d）：胶片在外，射线源在外，像质计放置在射线源或胶片一侧，多次曝光。该技术多用于直径小于 100mm 的管道对接环焊缝。

3. 射线检测的特点

射线检测的特点有：

1) 检测结果有直接记录（底片）。射线底片上记录的信息十分丰富，且可长期保存，是各种无损检测方法中记录可追踪性最好的检测方法。

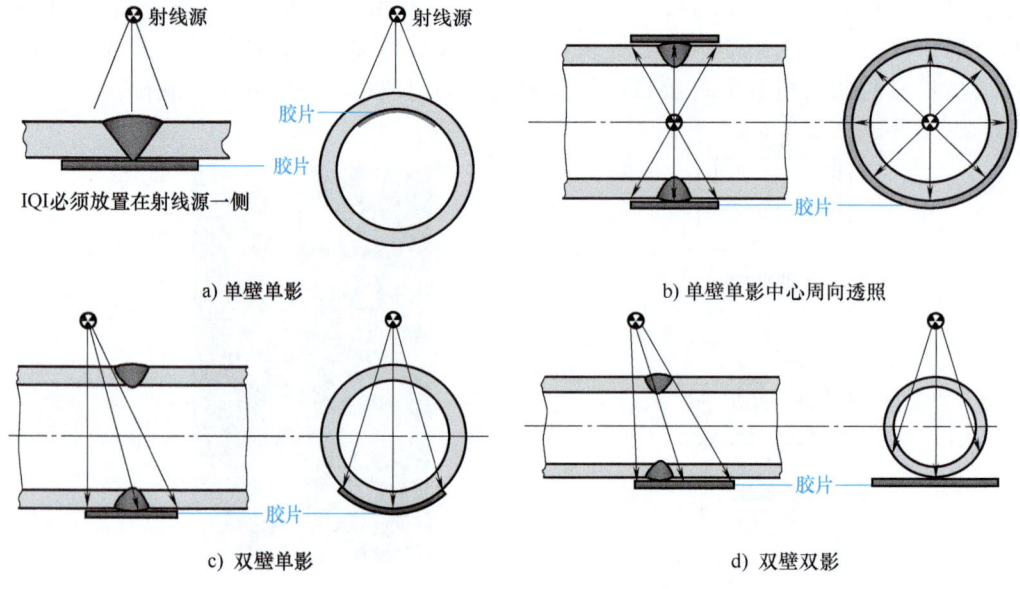

图 7-29 射线检测透照方式示意图

2)可以获得缺陷投影图像,缺陷定性定量准确。各种无损检测方法中,射线检测对缺陷定性是最准的。在定量方面,对体积型缺陷的长度、宽度的确定也很准确,其误差在零点几毫米范围内。但对面积型缺陷,底片上影像尖端可能辨别不清,定量数据可能偏小。

3)体积型缺陷检出率高,面积型缺陷的检出率受到多种因素影响。对体积缺陷而言,可检出直径为试件厚度 1% 以上的体积缺陷,当被检件为薄试件时,由于人眼分辨率的限制,可检出缺陷的最小尺寸约为 0.5mm。对面积缺陷而言,厚试件的裂纹检出率较低;对薄试件,除非裂纹或未熔合的高度和张口宽度极小,否则只要照相角度适当,底片灵敏度符合要求,裂纹检出率还是足够高的。

4)适用于所有材料的检测,但检测厚度有限制。射线能透照所有的材料,因此适用于任何材料的检测,但其检测受射线能量和强度的限制,其检测厚度有极限值。

5)适宜检测对接焊缝,不适于检测角焊缝、板材、棒材、锻件等。射线检测角焊缝时,透照布置困难,成像质量不高;而板材、棒材、锻件的大部分缺陷与射线束垂直,无法检测。

6)要求被测件两面可及,有些结构和现场条件不适合射线检测照相。由于是穿透法检验,检测时需要接近工件的两面,有的结构和现场条件会限制检测的进行,如有厚保温层的容器,内部介质未排空的容器等。

7)检测成本高、检测速度慢。射线检测设备投资较高,从透照开始到评定出结果往往需要几小时。

8)射线对人体有伤害。

四、超声波检测

超声波检测是利用超声波与待测件的相互作用,研究其反射、透射和散射波,对待测件进行缺陷检测、几何特征测量等的技术。超声波检测一般用于缺陷检测和材料测厚。

1. 超声波检测的原理

超声波检测是基于超声波在工件中的传播特性，即超声波在均质材料中沿直线以固定速度传播，超声波遇到声阻抗不同的两种介质界面时会发生反射等，其工作原理（图 7-30）为：

1）声源产生超声波，并以一定的方式使超声波进入工件。

2）超声波在工件中传播并与工件材料及其中的缺陷相互作用，使其传播方向或特征发生改变。

3）改变后的超声波被检测设备接收，并对其进行分析和处理。

4）根据接收的超声波特征，评估工件及其内部是否存在缺陷及缺陷的特性。

图 7-30 超声波检测原理示意图

2. 超声检测仪器

手工超声检测仪器（图 7-31）包括主机和超声探头。

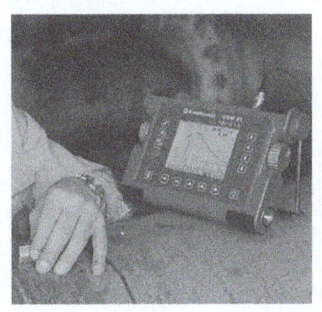 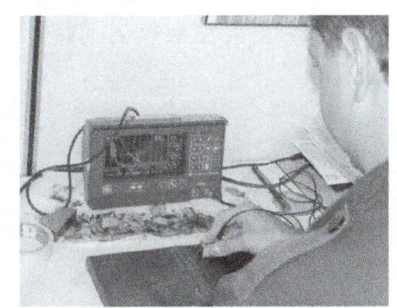

图 7-31 超声检测仪器

（1）主机 由以下部分组成：
1）脉冲发生器。
2）含延时控制的扫描基线可调的发生器。
3）显示屏。
4）已标定的放大器（由逐级增益控制或衰减器组成）。

（2）超声探头 由以下部分组成：
1）将电脉冲转换成机械振动及将机械振动转换成电脉冲的压电晶体元件。
2）探头基体，包括有机玻璃楔块、保护膜，用于粘接固定压电晶体。
3）电子及机械晶体的阻尼装置，以防止过度的噪声。

为使超声波进入材料，需在探头和试件之间加入耦合剂。

手工超声波检测设备结构轻巧，便于携带。自动或半自动超声系统的基本组成与手工超声相同，但增加了检测通道，适用于需要进行大量检测的场合，如在管道建设中，自动超声系统已经成为主要的检测手段。

3. 超声波检测方法

检测使用的超声波主要为横波和纵波，通常用直探头产生纵波，斜探头产生横波（图 7-32）。纵波检测容易发现与探测面平行或稍有倾斜的缺陷，多用于钢板、锻件、铸件的检测；而斜射的横波检测，容易发现垂直于探测面或倾斜较大的缺陷，主要用于焊缝的检测。当超声波碰到尺寸相当于波长一半时的缺陷，会发生衍射，因此超声检测缺陷的检出极限为超声波波长的一半。缺陷的尺寸越大，越容易反射。

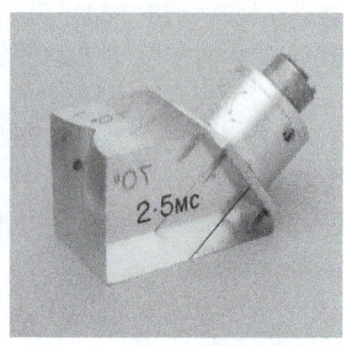

a) 纵波超声探头　　　　　b) 横波超声探头

图 7-32　超声检测探头

缺陷形状和方向不同，其反射的超声波也有所不同。当超声波垂直入射到平面状的反射体（如裂纹）时，大部分反射波都返回到晶片，可以得到很高的缺陷回波（图 7-33a）；

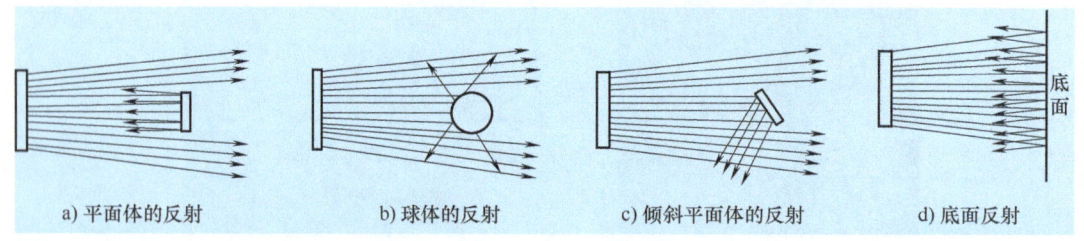

图 7-33　各种反射体的超声波反射

球形缺陷（如气孔）的反射波，因为是各个方向的反射，回到晶片的反射波较少，所以缺陷回波较低（图 7-33b）。另外，如果是与声束轴线成一定角度的平面状缺陷，也可能几乎没有反射波返回晶片（图 7-33c）。从超声波入射面（即检测面）的对面，即工件的底面，反射回来的超声波为底面回波（图 7-33d）。

典型的超声检测范例如图 7-34 所示。

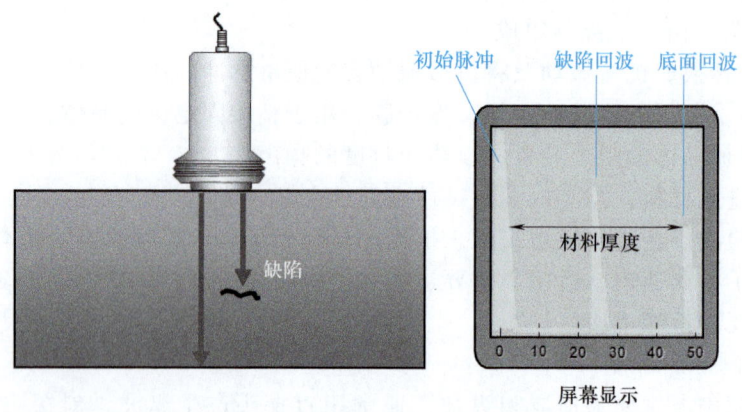

图 7-34　典型的直探头超声检测结果

在斜探头超声检测中，由于超声波在被检物中是斜向传播的，超声波是斜向射到底面，所以没有底面回波（图 7-35）；因此，不能利用底面回波来对缺陷定位，需要用标准试块将显示屏横坐标调整到适当状态。显示屏上显示的探头到缺陷的距离与缺陷位置的关系如图 7-36 所示。

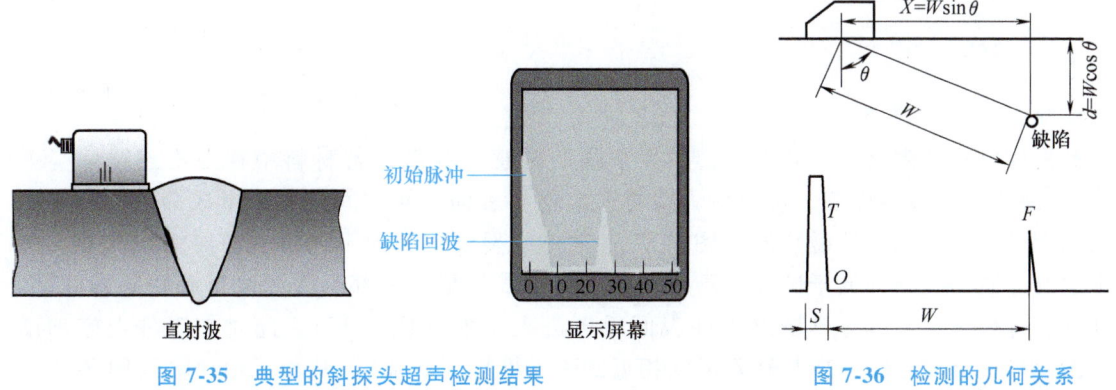

图 7-35　典型的斜探头超声检测结果　　　　图 7-36　检测的几何关系

4. 超声波检测的特点

1）面积型缺陷（如裂纹、未熔合等）的检出率较高，而体积型缺陷（如气孔、夹渣等）的检出率较低。面积型缺陷反射面积大，体积型缺陷的反射面积小，因此，面积型缺陷的检出率高。通常对板厚 30mm 以上的焊缝裂纹和未熔合的检测，超声检测比射线检测灵敏。

2）适合检测厚度较大（6mm 以上）的工件。超声波对钢有足够的穿透能力，检测厚焊缝并不太困难；检测厚度大的工件表面回波和缺陷波容易区分，因此超声波更适合检验厚度较大的工件。对厚度较小的工件，如厚度小于 6mm 的焊缝或板材，进行超声检测则存在困难，其原因是上下表面回波容易与缺陷波混淆。

3）适用于各种复杂接头的检测。超声波检测应用范围包括对接焊缝、角焊缝、T 形焊缝、板材、管材、棒材、锻件，以及复合材料等。

4）检测成本低、结果显示快，仪器便于携带，适于现场使用。超声检测仪器设备造价较低，重量仅 2～3kg，且检测过程消耗材料费用很少。通常情况下，一名检测人员一天能检测数十米焊缝，且检测结果当场就能得到。

5）无法得到缺陷直观图像，定性困难，定量精度不高。超声波检测无法得到缺陷图像，缺陷的形状等特征也很难获得，因此难以判定缺陷的性质。缺陷位置根据回波位置来确定，小缺陷（10mm 以下）可直接用波高测量大小，结果为当量尺寸；大缺陷需要移动探头进行测量，结果为指示长度或指示面积，这些都与缺陷的实际尺寸有差别。

6）检测结果无直接见证记录，对操作技能要求高。目前常用的超声检测设备不能像射线检测那样留下直接见证记录，超声检测结果的真实性、直观性和可追踪性都不如射线检测。超声波检测的可靠性在很大程度上受检测人员责任心和技术水平的影响。

7）对缺陷在工件厚度方向上的定位较准确。能够对缺陷进行深度定位，同时由于射线检测无法对缺陷在板厚方向定位，其缺陷通常用超声检测定位。

8）材质、晶粒度对结果有影响。晶粒粗大的材料，例如铸钢、奥氏体不锈钢焊缝，未经正火处理的电渣焊焊缝等，一般认为不宜用超声检测。这是因为粗大晶粒的晶界会反射声波，在屏幕上出现大量"草状回波"，容易与缺陷波混淆，因而影响检测可靠性。

9）对"待测表面"要求高，耦合剂可能污染工件表面。扫查面的平整度和粗糙度对超声检测结果有影响，但一般轧制表面或机加工表面可满足要求，检测中需要使用耦合剂。

10）对人体无伤害。

五、磁粉检测

1. 磁粉检测的原理

铁磁性材料被磁化后，其内部会产生很强的磁感应强度，若材料中存在不连续性（如缺陷），磁力线会发生畸变，部分磁力线将逸出材料表面，从空间穿过，形成漏磁场。漏磁场的局部磁极能够吸引铁磁物质，图 7-37 为试件中裂纹造成的不连续性使磁力线畸变。裂纹中空气介质的磁导率低于试件的磁导率，使磁力线受阻，一部分磁力线挤到缺陷的底部，一部分穿过裂纹，一部分排挤出工件表面后再进入工件（图 7-37）。此时在工件上施加磁粉，漏磁场就会使磁粉形成与缺陷形状相近的磁粉堆积（磁痕），从而显示缺陷（图 7-38）。但当裂纹方向平行于磁力线的传播方向时，将不影响磁力线的传播，此时不能检出缺陷。

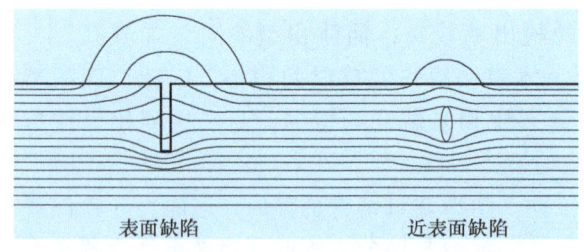

图 7-37　缺陷漏磁场

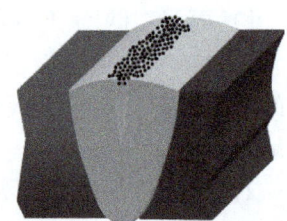

图 7-38　缺陷导致磁粉聚集

常用的磁粉检测仪器为电磁轭检测仪（直流、交流均可），如图 7-39 所示。磁粉检测所显示的磁痕有的肉眼可见，有的须经荧光染色后提高相对于基体的对比度，也可以对基体进行轻微喷涂，形成白色背景，以形成与磁痕颜色的反差。荧光磁粉具有较高的检测灵敏度。磁粉通常悬浮于液体中，通过喷涂散布于检测表面。磁粉检测发现的裂纹如图 7-40 所示。

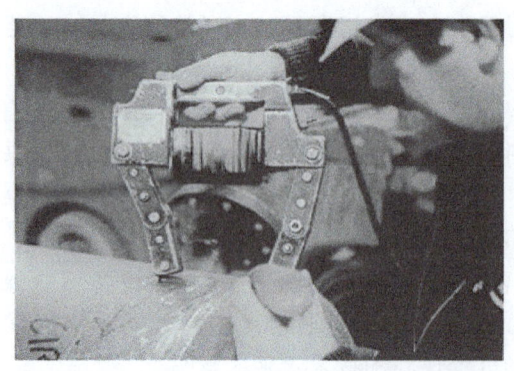 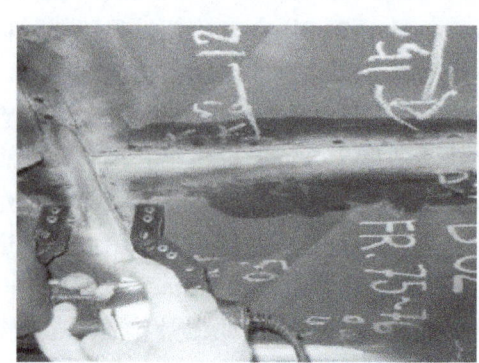

图 7-39　磁粉检测

磁粉检测法只适用于铁磁材料，且低于居里温度（大约 650℃）表面及近表面缺陷的检测。垂直于磁场方向的线性不连续缺陷会引起最大的磁泄漏，这意味着在进行全面彻底的检

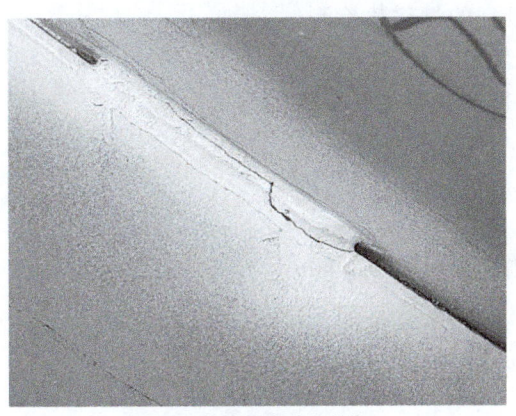 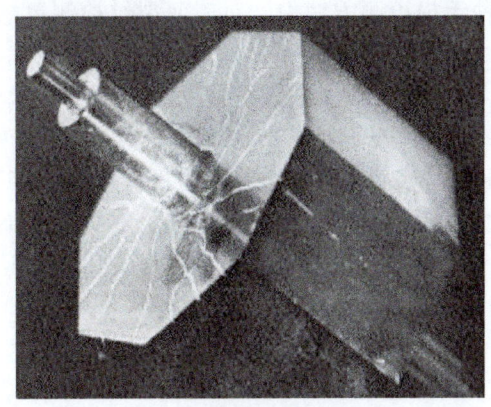

a) 普通磁粉检测发现的裂纹　　　　　　　b) 荧光磁粉检测发现的裂纹

图 7-40　磁粉检测发现的裂纹

测时,必须施加两次磁场,磁场方向互相垂直。磁粉检测的优点是成本低、速度快、对操作者的技能要求相对较低。

2. 磁粉检测的步骤

磁粉检测的步骤为预处理、磁化和施加磁粉、观察、记录以及后处理。

(1) 预处理　去除待测件表面的油脂、涂料以及铁锈等,以免妨碍磁粉附着在缺陷上,需要的时候可以喷反差增强剂。

(2) 磁化　选定适当的磁化方法和磁化电流值,接通电源,对试件进行磁化。

(3) 施加磁粉　按连续法或剩磁法两种方式施加磁悬液。连续法是在磁化工件的同时喷洒磁粉,磁化一直延续到磁粉施加完成;而剩磁法则是在磁化工件之后才施加磁粉。

(4) 观察　在磁粉检测时,肉眼见到的磁粉堆积为磁痕,但不是所有的磁痕都是缺陷。用非荧光磁粉时,在光线明亮的地方(自然日光或灯光)进行观察;使用荧光磁粉时,在暗室等暗处用紫外线灯进行观察。

(5) 记录　可采用照相或用透明胶带把磁痕粘下备查。

(6) 后处理　检测结束后,应根据需要对工件进行退磁、除去磁粉和防锈等处理。进行退磁处理的原因是,剩磁可能造成工件运行受阻和加大零件的磨损,特别是转动部件经磁粉检测后,更应进行退磁处理。退磁时,要一边使磁场反向,一边降低磁场强度。

3. 磁粉检测的特点

磁粉检测的特点有:

1) 只能用于铁磁性材料检测。铁磁性材料包括:各种碳钢、低合金钢、马氏体不锈钢、铁素体不锈钢等;非铁磁性材料包括:奥氏体不锈钢等。

2) 可以检出表面和近表面的缺陷。可检缺陷的深度与磁场强度、工件状况、缺陷状况等有关。对光洁表面(如磨床加工),可检出深度为 1~2mm 的近表面缺陷,采用强直流磁场可检出深度达 3~5mm 的近表面缺陷;但当焊缝表面粗糙度较高时,近表面缺陷漏检率较高。

3) 检测灵敏度很高,适合于检测线性缺陷(如裂纹)。相关研究表明,磁粉检测可检出裂纹的最小尺寸约为:宽度 1μm,深度 10μm,长度 1mm,在射线、超声波、磁粉、着色四种无损检测方法中,对表面裂纹检测灵敏度最高的是磁粉检测。

4)直接得到缺陷位置,但不反映缺陷深度信息。

5)需要对工件进行两个方向的交叉磁化,检测完成后可能需要退磁处理。

6)对操作者技能要求低。

7)对工件表面平整度和粗糙度要求相对较低。

8)检测成本低,速度快,实时显示结果。

磁粉检测设备成本低,耗材费用少,且检测速度可达 2m/min。

六、渗透检测

1. 渗透检测的原理

渗透检测利用了毛细管作用原理,即渗透剂在毛细管作用下引导到贯通表面的开口处。工件表面施涂含有荧光染料或着色染料的渗透液后,在毛细管作用下,经过一定时间,渗透液渗进表面开口的缺陷中;去除工件表面多余的渗透液后,再在零件表面施加显像剂,在毛细管作用下,显像剂将吸引缺陷中保留的渗透液回渗到显像剂中,在一定的光源下(紫外线光或白光),缺陷处的渗透液痕迹被显示,从而探测缺陷的形貌及分布状态。图 7-41 为典型渗透检测照片。

图 7-41 渗透检测

根据渗透剂成分,可将渗透检测分为荧光法、着色法两大类。渗透液内含有荧光物质,缺陷图像在紫外线下能激发荧光的为荧光法。渗透液内含有有色染料,缺陷图像在白光或日光下显色的为着色法。荧光渗透剂的使用可显著提高渗透检测的分辨率,但渗透检测在极端温度条件下不适用,如在低温时(低于 5℃),渗透媒介(通常是油)会变得很稠,渗透时间大大延长,降低检测灵敏度;在高温时(高于 60℃)渗透剂会变干燥,使检测方法完全失效。

2. 渗透检测的过程

渗透检测过程如图 7-42 所示,可分为以下五个步骤:

(1)预清洗　通常用溶剂清洗待测面,保证表面清洁。

(2)渗透　将试件浸渍于渗透液中,或者用喷雾器或刷子把渗透液施加在试件表面,并停留 15~20min(驻留时间),通过毛细管作用,渗透剂会渗入到缺陷中。

（3）清洗渗透剂　待渗透液充分地渗透到缺陷内之后，用清洗剂去除试件表面的渗透液，但不要将缺陷内部的渗透剂清洗掉。

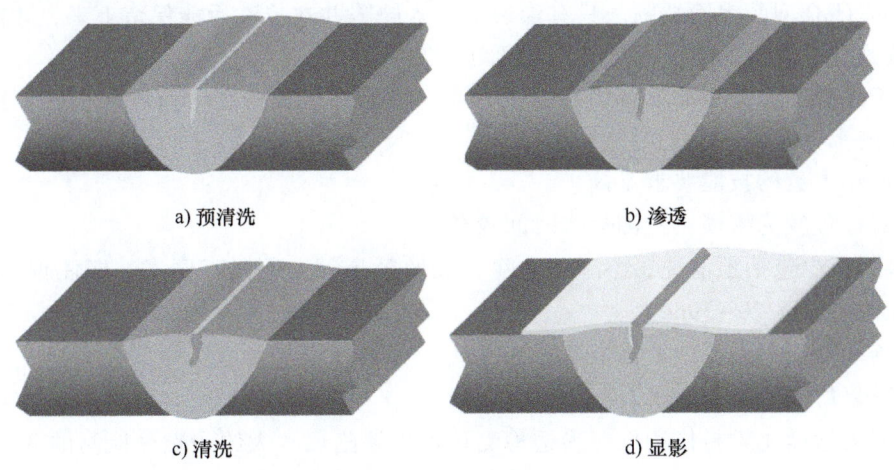

a) 预清洗　　　　　　　　　　b) 渗透

c) 清洗　　　　　　　　　　　d) 显影

图 7-42　渗透检测过程示意图

（4）显影　在表面渗透剂清除干净后，再喷上一层薄薄的显影剂。显影剂对渗透剂产生反差增强的作用，并使渗透剂产生逆向毛细管作用，将残留在缺陷中的渗透液吸出，在其表面上形成放大的显示痕迹。

（5）观察　施加显影剂后，在显影时间内缺陷会在表面显示痕迹。荧光渗透液的显示痕迹在紫外线照射下呈黄绿色（图 7-43a），着色渗透液的显示痕迹在自然光下呈红色（图 7-43b），肉眼即可观察细小的缺陷。检查完毕后，通常还需对被检部件进行清理。

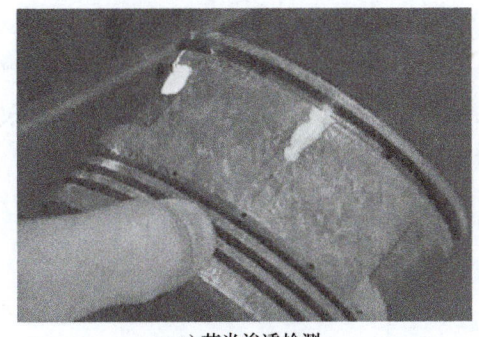

a) 荧光渗透检测　　　　　　　　　　b) 着色渗透检测

图 7-43　渗透检测结果显示

3. 渗透检测的特点

1）可以用于除疏松多孔性材料外的任何材料。渗透检测对材料的适应性是最广的，但考虑到方法特性、效率等因素，一般对铁磁材料首选磁粉检测，渗透检测只是作为替代方法。但对非铁磁材料，渗透检测是表面缺陷检测的首选方法。

2）适合于形状复杂的部件，一次操作可做到全面检测。工件几何形状对渗透检测的影响很小，且一次检测操作就可完成几个方向缺陷的检测。对于结构、形状、尺寸不利于磁化的工件，可用渗透检测代替磁粉检测。

3）只能检测表面开口的缺陷，但不反应深度信息。可检测出表面开口的缺陷，不能检出埋藏缺陷或闭合型的表面缺陷。只有渗透剂渗入缺陷并在清洗后能保留下来，才能产生缺陷显示，埋藏缺陷渗透剂无法渗入，所以无法检出。

4）便于携带，无大型的设备，可不用电源。对无电源或高空作业的现场，使用喷罐式着色渗透检测十分方便。

5）对操作人员的技能要求不高。

6）检测过程较为繁琐，检测耗费时间较长。

渗透检测至少包括预清洗、渗透、去除、显像等步骤，检测工序多，即使很小的工件，完成全部工序也需要20~30min。

7）渗透剂可能污染工件，需要事后清洗。

8）可重复检测的次数有限。

9）检测灵敏度比磁粉检测低。渗透检测可检出缺陷尺寸大约是磁粉检测的3~5倍，但与射线检测或超声波检测相比，渗透检测的灵敏度至少要高一个数量级。

10）需采用必要的保护措施。渗透检测所用的渗透剂大多易燃有毒，必须充分注意工作场所通风，以及对眼睛、皮肤的保护。

在评价各种无损检测方法的优劣时，应当注意，绝大多数的灾难性失效起源于部件的表面。因此，磁粉检测法和着色渗透检测的价值不可低估。对于靠近表面的缺陷，其对应的超声信号往往被部件边界的信息所掩盖，因而超声波检测法并不能很容易地检测出来，这时就必须由适当的表面检测方法来补充，以最大限度地提高检测的可靠性。

七、焊缝质量等级分类及无损检测方法标准

GB 50205—2020《钢结构工程施工质量验收规范》中给出了焊缝质量等级及缺陷分类，见表7-4。焊缝表面不得有裂纹、焊瘤等缺陷，一、二级焊缝表面不得有气孔、夹渣、弧坑裂纹、电弧擦伤等缺陷，一级焊缝不得有咬边、未焊满、根部收缩等缺陷；可采用放大镜等仪器检查，当存在疑义时，采用渗透或磁粉检测检查。

1. 相关标准及规范

钢结构无损检测方法应执行以下标准规范：

GB 50661—2011《钢结构焊接规范》

GB/T 50621—2010《钢结构现场检测技术标准》

GB/T 3323.1—2019《焊缝无损检测 射线检测 第1部分：X和伽玛射线的胶片技术》

GB/T 11345—2023《焊缝无损检测 超声检测技术、检测等级和评估》

JG/T 203—2007《钢结构超声探伤及质量分级法》

GB/T 15822.1—2024《无损检测 磁粉检测 第1部分：总则》

GB/T 15822.2—2024《无损检测 磁粉检测 第2部分：检测介质》

GB/T 15822.3—2024《无损检测 磁粉检测 第3部分：设备》

2. 缺陷分级

缺陷分级见表7-4。

表 7-4 一、二级焊缝质量等级及缺陷分级

焊缝质量等级		一级	二级
内部缺陷 超声波检测	评定等级	Ⅱ	Ⅲ
	检验等级	B 级	B 级
	检测比例	100%	20%
内部缺陷 射线检测	评定等级	Ⅱ	Ⅲ
	检验等级	AB 级	AB 级
	检测比例	100%	20%

注：检测比例的计数方法应按以下原则：①对工厂制作焊缝，应按每条焊缝计算百分比，且检测长度不应小于 200mm，当焊缝长度不足 200mm 时，应对整条焊缝检测；②对现场安装的焊缝，应按同一类型、同一施焊条件的焊缝条数计算百分比，检测长度不应小于 200mm，并不应少于 1 条焊缝。

单元四　焊接接头及母材理化检验

学习目标及技能要求

通过本单元的学习，读者要了解焊接接头及母材理化检验的含义、分类及其意义，掌握常用的力学性能试验、化学成分分析、断裂试验、金相分析等四种焊接接头及母材理化检验的方法。

一、概述

1. 理化检验的主要内容

母材及焊接接头的理化检验是钢结构焊接质量控制的重要环节，是钢结构质量评估的重要依据。理化试验的主要内容包括力学性能试验、化学成分分析、断裂试验、金相分析四个部分。焊接试板上焊接接头的理化检验是以破坏试板为前提的，对于钢结构的焊接接头，则只能进行非破坏性理化检验，如现场光谱分析、现场金相、便携式硬度测定等。

焊接接头的理化检验与母材理化检验的区别在于，焊接接头由焊缝、熔合区、热影响区组成，三部分的化学成分、金相组织、理化性能是不均匀的；而母材可认为是均匀的。

2. 常用的理化检验方法

1）力学性能试验。常用的力学性能试验包括：拉伸试验、弯曲试验、冲击试验、硬度试验等，用于判定原材料（母材、焊接材料）和焊接接头是否符合规范要求。

2）化学成分分析。检验原材料（母材、焊接材料）和焊接接头的化学成分、扩散氢含量等，以确定材质或焊接接头是否符合标准。

3）断裂试验。通过使试件断裂并检查断口以评估焊缝的质量，判断有无缺陷。

4）金相分析。金相分析包括宏观金相分析和微观金相分析，宏观金相分析主要用于检查焊接接头是否存在夹渣、未熔合、裂纹等缺陷，微观金相分析则用于分析焊接接头的显微组织特征。

二、力学性能试验

1. 拉伸试验

拉伸试验为定量试验方法,可以获得母材或焊接接头的基本力学性能指标,如抗拉强度、屈服强度、伸长率、断面收缩率等。拉伸试验依据的标准为:

GB 50661—2011《钢结构焊接规范》

GB/T 2651—2023《金属材料焊缝破坏性试验 横向拉伸试验》

GB/T 2652—2022《金属材料焊缝破坏性试验 熔化焊接头焊缝金属纵向拉伸试验》

GB/T 228.1—2021《金属材料 拉伸试验 第1部分:室温试验方法》

(1)焊接接头的拉伸试验 焊接接头拉伸试验采用横向拉伸试验方法按 GB/T 2651—2023 规定的方法进行,以评价焊接接头强度是否满足标准要求。

1)试样制备。横向拉伸试样取样从焊接接头垂直于焊缝轴线方向截取,焊缝的轴线应位于拉伸试样平行长度部分的中间。试样的厚度可以加工成与接头的厚度相同,但当接头很厚时,需要制取若干个横向拉伸试样,以覆盖整个接头厚度并分别测试其拉伸性能。小直径管(相关标准或协议未做规定时,小直径管是指外径不超过 18mm 的管子)焊接接头可采用整管拉伸试样。典型的横向拉伸试样如图 7-44 所示。

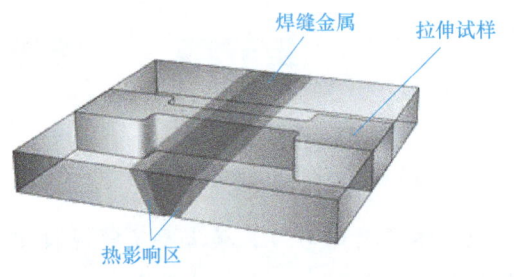

图 7-44 横向拉伸试样

取样采用的机械加工或热加工方法,不得对试样性能产生影响。当采用可能对切割面性能造成影响的切割方法时,应确保所有切割面距离试样的表面至少 8mm。平行于焊件或试件原始表面的切割,不应采用热切割方法。

试样制备的最后阶段应进行机加工,应采取预防措施避免在表面产生变形硬化或过热。试样表面应没有垂直于试样平行长度方向的划痕或切痕,不得除去咬边,除非相关标准另有要求。超出试样表面的焊缝金属应通过机加工除去。除非另有要求,对于有熔透焊道的整管试样应保留管内焊缝。

2)试验方法。试验前需准确测量试样的尺寸,并依据 GB/T 228.1—2021 的规定对试样连续加载。

3)数据分析。抗拉强度是将测得的最大载荷除以试验前样品的横截面积。拉伸实验报告中应注明断裂位置,可采用宏观浸蚀试样侧面的方式确定焊缝位置,还应对断口表面进行检查,并记录在断口上可能对试验产生有害影响的缺欠,如缺欠类型、尺寸、数量等。

4)合格标准。接头母材为同钢号时,每个试样的抗拉强度不应小于该母材标准中相应规格规定的下限;接头母材为两种钢号组合时,每个试样的抗拉强度不应小于两种母材标准中相应规格规定下限值的较低者;厚板分层取样时,取平均值。

(2)焊缝拉伸试验(熔敷金属拉伸试验) 焊缝拉伸试验按 GB/T 2652—2022 和焊接材料相关标准规定的方法进行,以评价熔敷金属的强度是否满足标准要求。焊缝拉伸实验可测量抗拉强度、屈服强度、伸长率、断面收缩率等。

1)试样制备。拉伸试样应从焊缝或熔敷金属试件上沿焊缝纵向截取,加工完成后试样的平行长度应全部由焊缝金属（熔敷金属）组成，如图 7-45 所示。典型的焊缝金属拉伸试样如图 7-46 所示。取样采用的机械加工或热加工方法，不得对试样性能产生影响。当采用可能对切割面性能造成影响的切割方法时，应确保所有切割面距离试样的表面至少 8mm 以上。

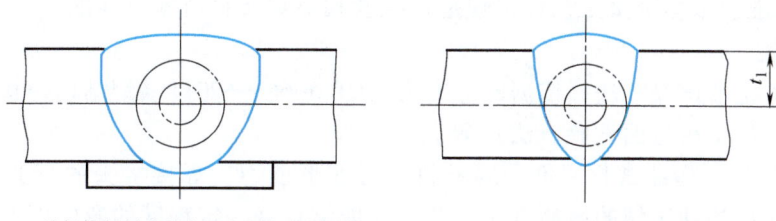

a) 从焊接材料熔敷金属中制备拉伸试样　　b) 从焊缝中制备拉伸试样

图 7-45　熔敷金属拉伸试样的制备

2) 试验方法。试验前需准确测量试样的尺寸，如直径 d、标距 L_o 等，并依据 GB/T 228.1—2021 的规定对试样连续加载，并将引伸计附着在试样平行长度上，以测量试件的屈服强度和抗拉强度。

3) 数据分析。典型的应力-应变曲线如图 7-47 所示。

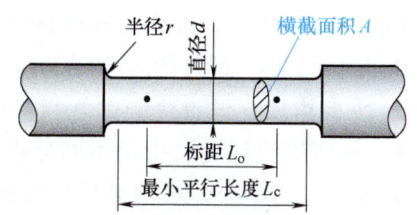

图 7-46　典型焊缝（熔敷金属）拉伸试样

焊缝（熔敷金属）拉伸试验可得到以下强度相关技术数据。即：

① 抗拉强度 R_m（MPa），试样承受最大力时所对应的应力。

② 屈服强度 R_e（MPa），当金属材料呈现屈服现象时，在试验期内达到发生塑性变形而力不增加的应力点，可区分为上屈服强度 R_{eH} 和下屈服强度 R_{eL}。

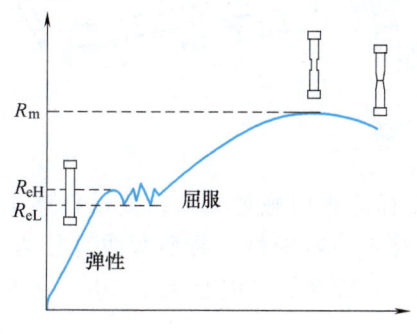
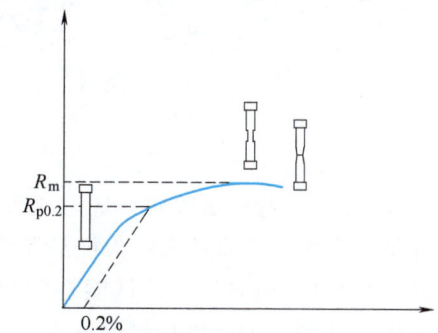

a) 有明显屈服点的应力-应变曲线　　b) 无明显屈服点的应力-应变曲线

图 7-47　典型的应力-应变曲线

③ 上屈服强度 R_{eH}（MPa），试样发生屈服而力首次下降前的最大应力（图 7-47a）。

④ 下屈服强度 R_{eL}（MPa），在屈服期间，不计初始瞬时效应时的最小应力（图 7-47a）。

⑤ 规定非比例强度 $R_{p0.2}$（MPa），对无明显屈服点的拉伸试样，当试样达到规定的引申标距 0.2% 时对应的应力。

⑥ 伸长率 A（%），其计算公式为

伸长率 A =（试验后标距−试验前标距）/试验前标距×100%

⑦ 断面收缩率 Z（%），其计算公式为

断面收缩率 Z =（试样的原始面积−断裂后的面积）/试样的原始面积×100%

4）合格标准。依据焊接工艺评定规范标准及相关焊接材料验收标准。

2. 弯曲试验

弯曲试验为定性试验方法，依据的标准为：GB 50661—2011《钢结构焊接规范》、GB/T 2653—2008《焊接接头弯曲试验方法》等。

（1）试验目的　弯曲试验评价金属材料的可变形能力，焊接接头的弯曲试验是检验对接焊缝是否存在低塑性区域的简易方法，若试样能够承受一定程度的弯曲而不发生破断或开裂，则证明该材料具有满意的塑性。

（2）试样分类

1）根据试件焊缝轴线与弯曲试样轴线的关系分类：

① 横向弯曲，试件焊缝轴线与弯曲试样轴线垂直的弯曲。

② 纵向弯曲，试件焊缝轴线与弯曲试样轴线平行的弯曲。

2）根据弯曲试样受拉面不同分类（图7-48）：

① 面弯（正弯），弯曲试样的受拉面为焊缝正面的弯曲。

② 背弯，弯曲试样的受拉面为焊缝背面的弯曲。

③ 侧弯，弯曲试样的受拉面为焊缝横截面的弯曲。面弯、背弯适用于厚度不大于14mm的对接焊缝。侧弯适用于厚度大于14mm的对接焊缝，侧弯试样高度为焊缝的厚度。

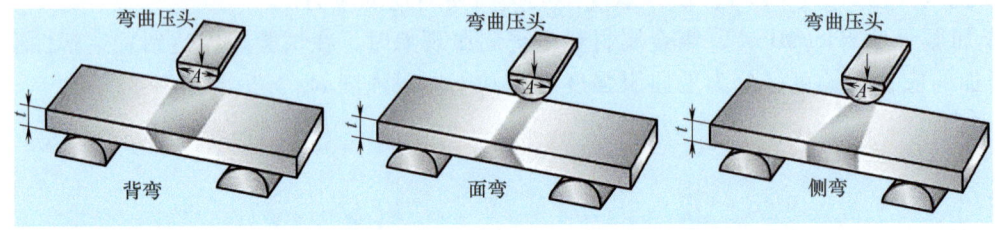

图7-48　弯曲试验示意图

3）试验方法。弯曲试验中，通过压头垂直于弯曲样品表面施加载荷，使试样逐渐连续弯曲。弯曲压头的直径通常表示为样品厚度的倍数。对于一般钢材，典型弯曲直径为 $4t$（t 为弯曲试样厚度）。但对具有较低塑性的材料，弯曲压头的直径可能会大于 $10t$。弯曲角度通常是180°，达到弯曲角度后试验完成。

4）合格标准。《钢结构焊接规范》规定：

对试件厚度小于14mm的对接接头，需要进行2个面弯和2个背弯试验；对于试件厚度不小于14mm的对接接头，需要进行4个侧弯试验。弯曲后合格标准为：

① 各试样任何方向裂纹及其他缺欠单个长度不应大于3mm。

② 各试样任何方向不大于3mm的裂纹及其他缺欠的总长不应大于7mm。

③ 4个试样各种缺欠总长不应大于24mm。

3. 冲击试验

冲击试验为定量试验方法，依据的标准为：GB 50661—2011《钢结构焊接规范》、GB/T 2650—2022《金属材料焊缝破坏性试验 冲击试验》、GB/T 229—2020《金属材料 夏比摆锤冲击试验方法》等。

（1）试验目的　冲击试验评价材料抵抗变形和断裂的能力，即在塑性变形和断裂过程中吸收能量的能力。常用的冲击试验，是V形缺口试样摆锤式冲击试验（即夏比试验），是国际公认的评价材料抗脆断能力的方法。它通过测量在冲击载荷作用下，标准尺寸样品的缺口处裂纹产生和扩展所消耗的能量（图7-49）。

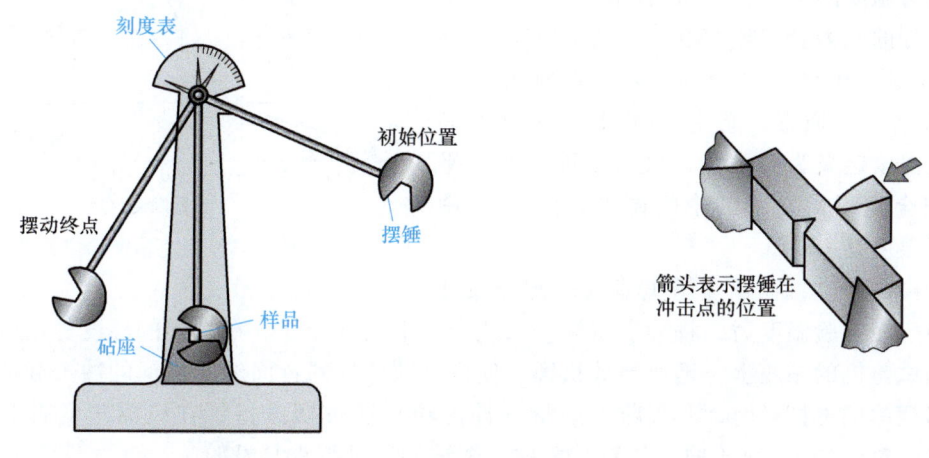

图7-49　冲击试验示意图

（2）试样制备　冲击样品从焊接试件上制取。V形缺口冲击试样的标准尺寸如图7-50所示，其规格为55mm×10mm×10mm。当试件不够制备标准尺寸试样时，可以使用小尺寸试样，如50mm×10mm×7.5mm、50mm×10mm×5mm、50mm×10mm×2.5mm。当采用非标准试样时，应在冲击试验报告中注明非标准试样的尺寸。

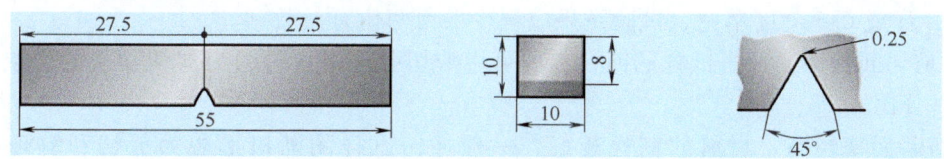

图7-50　典型冲击试验样品规格示意图

冲击试样缺口的位置依据试验的要求确定，通常在焊缝、熔合区、热影响区三个位置（图7-51），为准确定位缺口位置，可将冲击试样打磨抛光后浸蚀显示出焊接接头各区域。

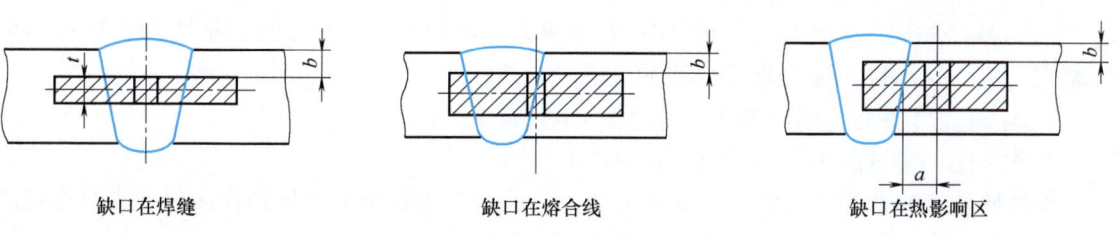

图7-51　缺口位置示意图

① 焊缝区冲击试样，缺口的轴线与焊缝横截面的中心线重合。

② 熔合区冲击试样，缺口的轴线与熔合区相交后，一半通过焊缝区一半通过热影响区。

③ 热影响区冲击试样，缺口轴线至试样轴线与熔合线交点的距离大于零，并尽可能多通过热影响区。

冲击试样缺口的轴线应垂直于焊接试件表面。

（3）试验方法　冲击试验温度是冲击试验的重要参数，必须与该部件的设计使用温度一致。

随着温度的降低，碳-锰钢和低合金钢的抗脆性断裂的能力会急剧变化。在室温有非常高韧性的钢，在低于零度时可能非常脆，如图 7-52 所示。通常，碳-锰钢和低合金钢的韧脆转变温度定义为上平台（最大韧性）和下平台（完全脆断）之间的中间温度，图 7-52 中的转变温度是-20℃。

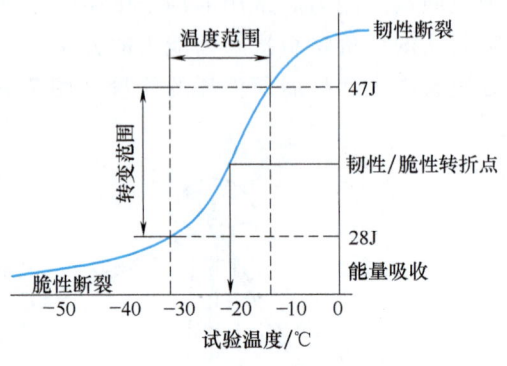

图 7-52　韧脆转变温度曲线

冲击试验时，在隔热槽里盛入冷却介质并使其稳定在试验温度后，将冲击试样浸入此介质中进行冷却。在试样的温度稳定后，将其迅速移到试验机的砧座上，迅速释放摆锤，使样品缺口处的背面经受摆锤的冲击载荷。

当摆捶撞击试样时，其吸收的能量（冲击功）通过摆捶指针在机器刻度表上的位置显示出来，单位是 J。对于同一位置，要取三个试件，进行重复试验。

（4）数据分析　冲击试验报告中通常包括：试样尺寸、缺口的位置和方向、试验温度、冲击功、断口特征、可能影响试验结果的异常情况等内容。

冲击试验可以得到以下相关技术数据：

1）冲击功。冲击功是冲击试验最常用的评定指标，在冲击试验机上就可以直接读出。记录每一个试验结果，计算在同一条件下三个试样结果的平均值。每个试样的冲击功应至少估读到 0.5J 或 0.5 刻度单位，试验结果应至少保留两位有效数字。

2）剪切断面率。冲击试样的断口表面可用剪切断面率评价，为剪切断裂的形貌占整个断面的百分比。

剪切断面率越高，材料的韧性越好，一般冲击试样的断口形貌为剪切和解理断裂的混合状态（图 7-53）。剪切断口为显微断口（韧性断口），解理断口为晶状断口（脆性断口），0%的剪切断口即为 100%的解理断口。因断口评价的主观性强，一般不作为技术规范。

3）侧膨胀值 L_E（侧向膨胀量）。侧膨胀值 L_E 是指缺口背面试样宽度的增加。侧膨胀值 L_E 越大，样品的冲击韧性越好。图 7-54 为冲断为两截的冲击试样断面，w 为冲击试样的原始宽度，A_1、A_2、A_3、A_4 分别为两侧的突出量，即：

若 $A_1>A_2$，$A_3=A_4$，则侧膨胀值 $L_E=A_1+A_3$（或 A_4）；

若 $A_1>A_2$，$A_3>A_4$，则侧膨胀值 $L_E=A_1+A_3$。

脆性样品呈现整齐的破断，并断面平整，几乎没有侧膨胀值。韧性样品仅会有很小程度的裂纹扩展，样品不会断裂，且会有较大的侧膨胀值。

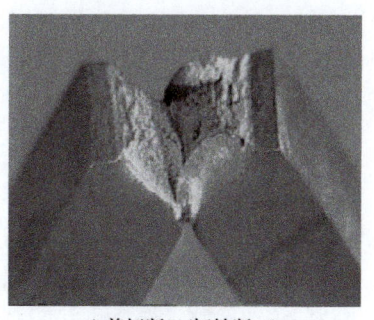

a) 剪切断口(韧性断口)　　　　b) 解理断口(脆性断口)

图 7-53　冲击试样断口形貌

4. 硬度实验

硬度试验为定量试验方法，依据的标准为：GB 50661—2011《钢结构焊接规范》、GB/T 2654—2008《焊接接头硬度试验方法》等。

（1）试验目的　硬度是材料抵抗局部变形，特别是塑性变形的能力，是衡量材料软硬程度的力学性能指标。它是通过测量该金属被某一特定类型压头压出的压痕来确定的。

硬度高于某一极限的钢焊缝在加工时或在服役中易产生裂纹。对于某些钢材和某种应用，焊接工艺评定试验要求对试验焊缝进行硬度测量，以确保焊缝所有区域的硬度不会超过规定的范围。用于宏观观察的样品，也可以用来对焊缝各个部位的硬度进行检测。

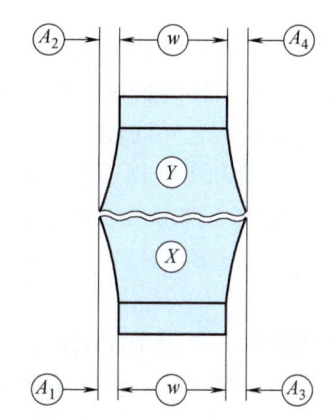

图 7-54　冲击试样断后的侧膨胀值

（2）试验方法　常用的硬度试验方法有三种，即维氏硬度（HV）（图 7-55）、布氏硬度（HBW）（图 7-56a）、洛氏硬度（HRC）（图 7-56b）。通过测量压痕的大小来确定硬度值，压痕越小，金属硬度越高。另外，在工程现场中更多采用便携里氏硬度计，测量在役构件的硬度。

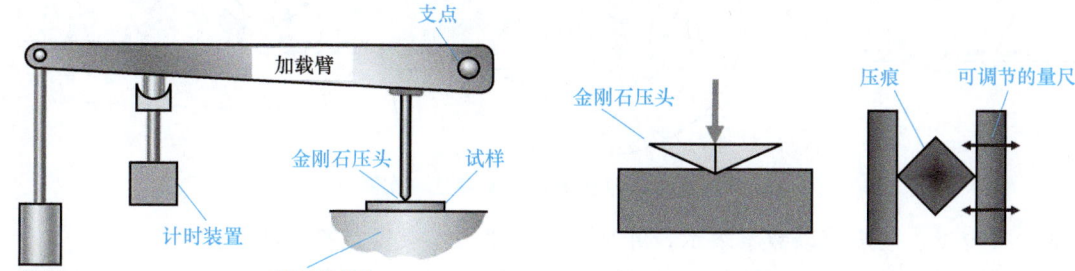

图 7-55　维氏硬度试验方法

维氏硬度试验——使用呈正方形的金刚石棱锥形压头，压痕呈正方形，可以根据相关表格将压痕对角线的长度换算成硬度值，硬度可以用下列载荷测量 HV5（5kg 载荷）、HV10

（10kg 载荷）等。

布氏硬度试验——使用球形压头，通过硬度计刻度盘指针读数。

洛氏硬度试验——使用金刚石圆锥形压头或钢球，通过硬度计刻度盘指针读数。

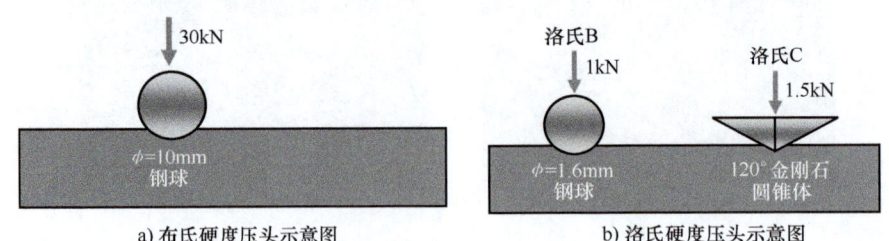

图 7-56　布氏硬度和洛氏硬度压头示意图

由于不同硬度试验方法的测试原理不同，所测得的硬度值的物理意义也有所差异。因此理论上不同方法测得的硬度值是不能换算的，但经过大量工程数据统计，已经找到了工程上可应用的硬度值之间的经验换算关系，即 GB/T 1172—1999《黑色金属硬度及强度换算值》。

（3）试验制备　硬度测试试样的制备和试验方法按照 GB/T 231.1—2018《金属材料 布氏硬度试验 第 1 部分：试验方法》、GB/T 230.1—2018《金属材料 洛氏硬度试验 第 1 部分：试验方法》或 GB/T 4340.1—2024《金属材料 维氏硬度试验 第 1 部分：试验方法》的要求进行。

焊缝宏观、显微金相试样，适合进行维氏和洛氏硬度测试。典型的硬度测试位置，包括焊缝金属、焊缝两边的热影响区及母材金属。布氏硬度的压头太大，不能精确测量热影响区特殊区域的硬度，主要是用于测量母材金属的硬度。焊接接头维氏硬度测试分布如图 7-57 所示。焊接接头各区域硬度测点为 3 点，其中部分焊透对接与角接组合焊缝在焊缝区和热影响区测点可为 2 点，若热影响区狭窄不能并排分布时，该区域测点可平行于焊缝熔合线排列。

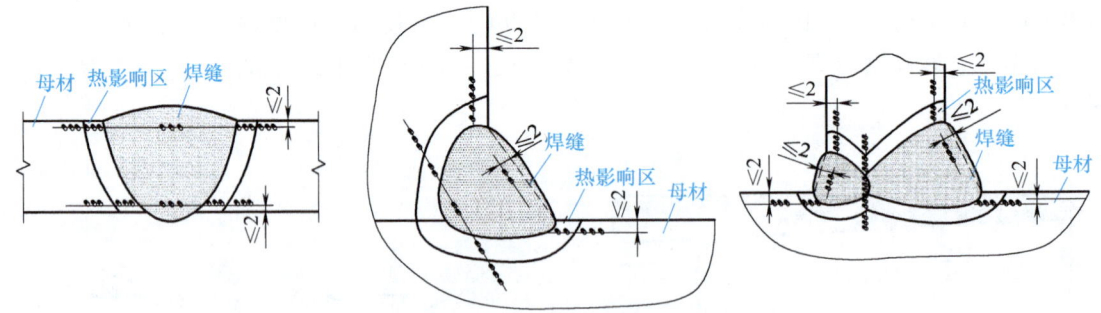

图 7-57　焊接接头维氏硬度测试分布图

试验报告上，硬度值以数字表示，并加以字母来表示硬度试验方法，如：

240HV10：硬度值 240，维氏硬度方法，10kg 载荷。

22HRC：硬度值 22，洛氏硬度方法，金刚石圆锥压痕（刻度 C）。

238HBW：硬度值 238，布氏硬度方法，钨球压痕。

（4）合格标准　《钢结构焊接规范》规定：

1）Ⅰ类钢材（屈服强度不大于 295MPa）焊缝及母材热影响区维氏硬度值不得

超 HV280。

2）Ⅱ类钢材（屈服强度大于295MPa，且不超过370MPa）焊缝及母材热影响区维氏硬度值不得超过 HV350。

3）Ⅲ类（屈服强度大于370MPa，且不超过420MPa）和Ⅳ类钢材（屈服强度大于420MPa）焊缝及母材热影响区硬度，根据工程要求评定。

三、化学成分分析

化学分析是钢结构质量评定的重要环节，如钢厂的熔炼分析、原材料入厂复验、焊材验收等，都要通过化学成分分析以判定材料是否合格或可用；对在役设备，可通过化学成分分析，检验材质有无劣化变质等。

1. 试验方法

（1）化学分析方法　化学溶液溶解样屑，是最为常用的方法，也是仲裁使用的方法，依据 GB/T 223 系列标准进行。

（2）直读光谱分析方法　块状金属样品，待测元素含量可同时由测试仪器给出，依据 GB/T 4336—2016《碳素钢和中低合金钢　多元素含量的测定　火花放电原子发射光谱法（常规法）》等标准进行。

（3）荧光分析方法　块状金属样品或经压实的粉末样品，待测元素含量可同时由测试仪器给出，是半定量的分析方法。

（4）便携光谱分析方法　现成光谱分析，非破坏性分析方法。

（5）其他分析方法　针对某些特定元素的分析方法如下：

1）碳、硫，采用红外碳硫分析仪测定碳、硫元素含量。

2）氧、氮、氢，采用氧、氮、氢分析仪测定氧、氮、氢气体元素含量；另外，焊接接头或焊接材料的扩散氢可按照 GB/T 3965—2012《熔敷金属中扩散氢测定方法》进行。

2. 试验制备

焊接材料熔敷金属化学成分分析试样，依据 GB/T 25777—2010《焊接材料熔敷金属化学分析试样制备方法》制作加工。

焊接接头的取样：

（1）取样部位　焊接接头化学分析取样，取样位置应明确，区分焊缝区、熔合区和热影响区，并区分不同焊接方法、不同焊接工艺。

（2）取样方法　常采用钻取、车取等方法，不得使用气割方法。

（3）试验结果　化学成分分析报告中应包括试样名称、批次、化学分析方法及依据的相关标准、化学元素含量、取样位置以及其他可能影响试验结果的情况。

四、断裂实验

1. 角焊缝断裂试验

角焊缝断裂试验为定性试验方法，依据的标准为：GB/T 25774.3—2023《焊接材料的检验　第3部分：T型接头角焊缝的制备及检验》等。

（1）试验目的　施加载荷使角焊缝试件断裂，通过检查断口来评价角焊缝的质量，判断有无缺陷。这种方法可用来代替宏观检测评估角焊缝的质量。在某些标准里，此方法可用于焊工资格考试，但不用于焊接工艺评定。

（2）试样制备　试验焊缝按照 GB/T 25774.3 规定的方法制备，然后从试验焊缝切割一定长度的试样（通常>50mm），如图 7-58 所示，并在焊缝纵向加工一个切口，切口可以是 V 形或 U 形。

（3）试验方法　向角焊缝试样施加冲击载荷（锤击）或压载荷（图 7-59），使其在焊缝喉部断裂，断口应沿切口直至焊缝根部（图 7-60a）。角焊缝断裂试验的数量应根据相应标准确定，通常为 2 个。

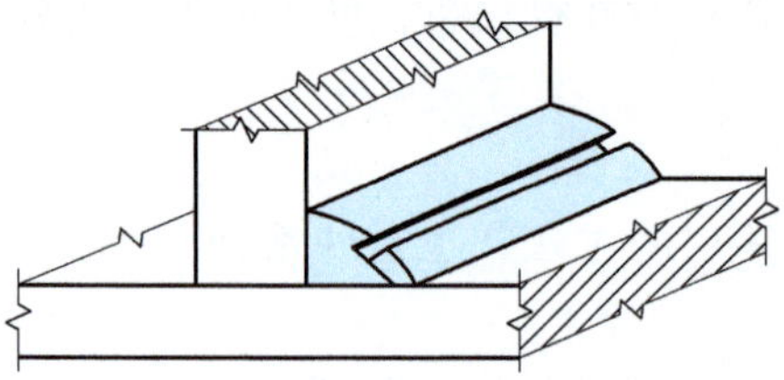

图 7-58　角焊缝断裂试样

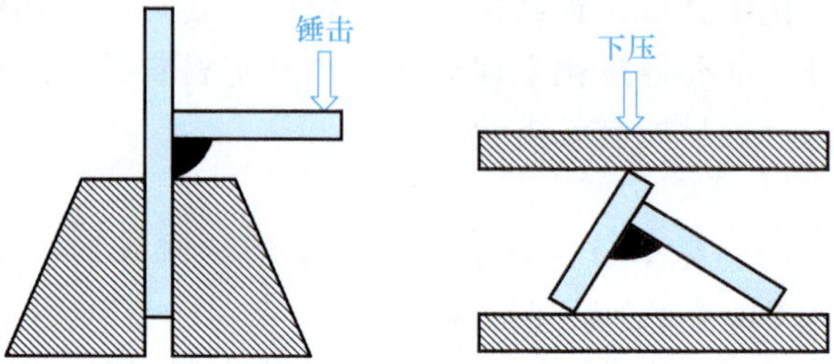

图 7-59　角焊缝断裂试验方法

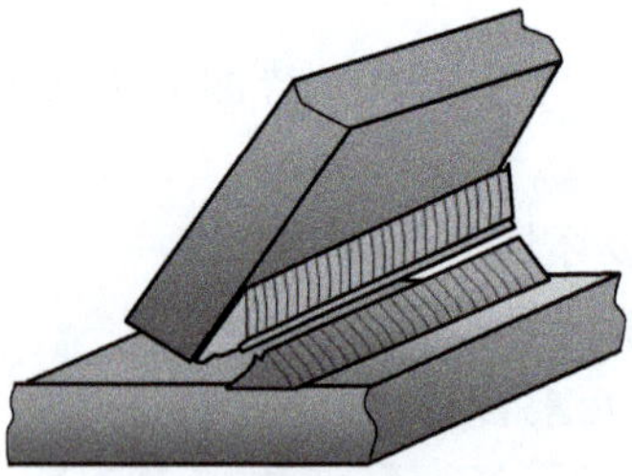

a）断裂从切口到焊缝根部 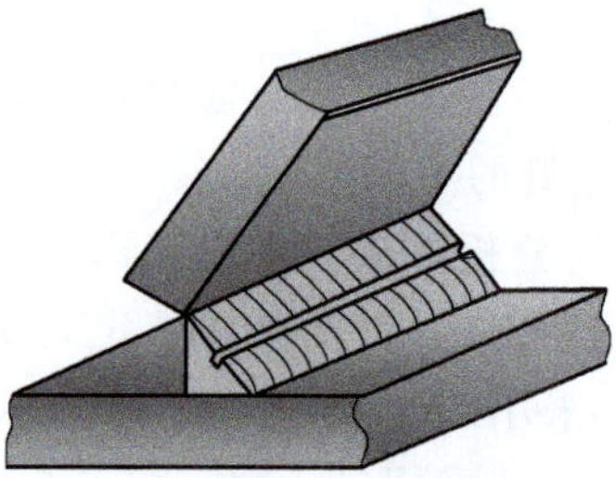　　b）有未焊透缺陷的断裂

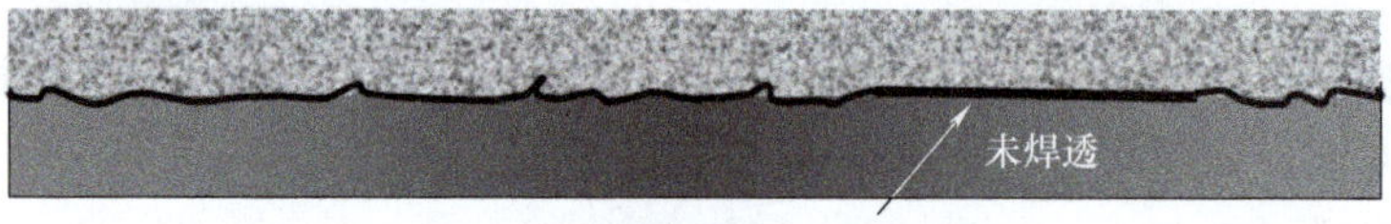

c）断裂截面

图 7-60　断裂后的角焊缝

（4）合格标准　根据相关的标准规定对缺陷进行判定，如接头根部有未焊透、夹渣、气孔等缺陷。图 7-60b、c 给出了有未焊透缺陷的角焊缝断裂后的典型特征。试验报告应该叙述断面的形貌以及缺陷的位置。

2. 缺口断裂试验

（1）试验目的　施加载荷使对接试件断裂，通过检查断口来评价接头的质量，判断有无缺陷。这种方法可用来代替宏观检测评估对接接头的质量。在某些标准里，此方法可代替射线照相对焊工资格进行考核，但不用于焊接工艺评定。

（2）试样制备　试样从对接焊缝制取，开口位于焊缝的中部，以确保断裂路径位于焊缝的中部。典型的试件类型如图 7-61 所示。图 7-61a 为在对接接头的两侧分别加工（可用钢锯切割）2mm 深的切口，焊缝余高可以保留也可以去除。图 7-61b 为另一种缺口断裂试样，试样四周都有缺口。

（3）试验方法　通过锤击或三点弯曲使试样断裂。

（4）合格标准　根据相应的焊工考试或焊接标准，对缺陷进行判定，缺陷包括未熔合、夹渣、气孔等。试验报告应该叙述断面的形貌以及缺陷的位置。

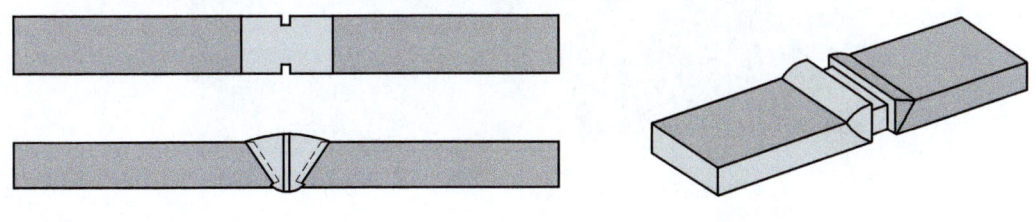

a) 两侧有切口的断裂试样　　　　　　　　b) 四面有切口的断裂试样

图 7-61　典型缺口断裂试样

五、金相分析

焊接接头金相分析的目的，是为设计选材、焊接检验、事故分析提供依据。在焊接接头成分已知的前提下，通过金相分析可以观察金相组织的形态、分布、数量，了解夹杂物、腐蚀产物、碳化物、硬质相等形态，还可以检验各种缺陷的性质、数量及形态分布，如气孔、夹渣、未焊透、未熔合、裂纹、夹钨、缩孔、偏析、白点等。金相分析可以为评价焊接接头性能优劣、焊接参数是否合适、焊后热处理是否适当、焊接接头耐腐蚀性有无保障提供依据。

焊接接头的金相分析分为两大类：一是宏观金相分析，即用肉眼或放大镜观察金相组织；二是微观金相分析，用光学显微镜或电子显微镜观察金相组织。另外可以采用现场金相对在役钢结构进行非破坏性金相分析。

1. 宏观金相分析

焊接接头的宏观金相分析主要检查焊接缺陷和焊缝金属的宏观形貌，如焊接工艺评定中的角焊缝试件检验、冲击试样熔合线和热影响区位置的确定、检验焊层焊道的排列，焊道之间及焊道与母材之间的熔合情况。

宏观金相分析试样的取样位置一般为焊接接头的横截面，取样数量按照相关标准的规定执行。取样时不得采用对焊接接头有热影响的切割方法。典型的宏观金相分析照片如图 7-62a 所示。

焊接接头宏观分析试样的大小只要包括全部焊缝区、熔合区、热影响区即可，观察面应磨光抛光，多采用5%的硝酸酒精溶液浸蚀以显示焊接接头。

合格标准按《钢结构焊接规范》规定：试样接头焊缝及热影响区表面不应有肉眼可见的裂纹、未熔合等缺陷，并应测定根部焊透情况及焊脚尺寸、两侧焊脚尺寸差、焊缝余高等。

2. 微观金相分析

焊接接头的微观金相分析主要研究焊缝区和热影响区的显微组织结构，如图 7-62b 所示。

a) 宏观分析　　　　　　　　　b) 微观分析

图 7-62　典型金相分析照片

微观金相分析的要点：

1）选取有代表性的检验点。焊接接头的各部位、各区域的显微组织都不相同且极其复杂，应选取焊接接头最薄弱部位、有代表性、典型的显微组织形貌。

2）焊接接头显微组织鉴别。即使同一钢种焊接，采用不同的焊接工艺，焊接接头的显微组织也会有很大差异，而且焊缝金属成分偏小也会造成显微组织差异。需要根据各种类型显微组织的形貌特征进行鉴别，必要时利用显微硬度计、电子探针、透射电镜晶格分析加以辅助鉴别。

单元五　焊接接头耐压及泄漏试验

学习目标及技能要求

通过本单元的学习，读者可掌握耐压试验和泄漏试验的目的，熟悉耐压试验和泄漏试验的程序并了解其注意事项。

目前，承压设备已广泛应用于化工、电力、能源、航天等领域，承压设备的制造质量直接关系到生产设备的安全运行。对承压设备的容器、管道和其他受压部件，应按相应技术监督规程的要求做压力试验，以检验结构和焊接接头的整体强度和密封性。

压力试验包括耐压试验和泄漏试验。耐压试验主要用于强度检验，包括液压试验（主要是水压试验）和气压试验；泄漏试验主要用于结构上可拆连接部位和焊接接头的密封性检验，也称为致密性试验。

一、耐压试验

液压试验与气压试验的安全性相差极大，主要原因在于气体具有可压缩性。气压试验时一旦发生破坏事故，不仅要释放积聚的能量，而且要以最快的速度恢复在升压过程中被压缩的体积，其破坏力极大，相当于爆炸时产生的冲击波。GB 150.1—2011《压力容器 第 1 部分：通用要求》中要求气压试验应采取安全措施，该安全措施须经试验单位技术总负责人批准，并经本单位安全部门检查监督。为了保证气压试验的安全性，GB 150.4—2024《压力容器 第 4 部分：制造、检验和验收》规定，对进行气压试验容器的 A、B 类焊接接头，应进行100%射线或超声检测。

综上所述，耐压试验应优先选择液压试验，一般只有在下列情况下允许采用气压试验：当容器充满液体介质后，会因自重和液体的重量导致容器本身或基础破坏，这主要是指直径大、压力低且充满气态介质的容器；或者因结构原因，液压试验后难以将残存液体吹干排净，而使用时容器内又不允许残存任何液体。

1. 耐压试验前的准备

1）压力容器各连接部位的紧固螺栓，必须装配齐全，紧固妥当。

2）耐压试验时应至少采用两个量程相同且经过检定合格的压力表，压力表安装在容器顶部便于观察的部位。

3）对压力容器上焊接的临时受压元件应采取适当的措施，保证其强度和安全性。

4）耐压试验场地应当有可靠的安全防护设施，并且经过使用单位技术负责人和安全部门检查认可。

2. 耐压试验通用要求

1）耐压试验过程中，检验人员与使用单位压力容器管理人员到试验现场进行检验。检验时不得进行与试验无关的工作，无关人员不得在试验现场停留。

2）保压期间不得采用连续加压的方法维持试验压力不变，耐压试验过程中，不得带压拧紧紧固件或对受压元件施加外力。

3）耐压试验后，由于焊接接头或接管泄漏而进行返修的，或者返修深度大于其厚度1/2的压力容器，应当重新进行耐压试验。

3. 耐压试验程序

（1）液压试验

1）试验时，容器顶部应设排气口，充液时应将容器内的空气排尽。试验过程中，应保持容器观察表面的干燥。

2）当压力容器的壁温与液体温度接近时，试验压力应缓慢上升，达到规定试验压力后，保压时间一般不少于30min；然后将压力降至规定试验压力的80%并保持足够长的时间，以对所有焊缝和连接部位进行检查，如有渗漏，应在修补后重新进行试验。不得采用连续加压的方法维持试验压力不变。

3）对于夹套容器，先进行内筒液压试验，合格后再焊夹套，然后进行夹套内的液压试验。

4）液压试验完毕后，应将液体排尽，并用压缩空气将内部吹干。

对于内筒外表面仅部分被夹套覆盖的压力容器，应分别进行内筒与夹套的液压试验；对于内筒外表面大部分被夹套覆盖的压力容器，只进行夹套的液压试验。

（2）气压试验　试验时，压力应缓慢上升至规定试验压力的10%，保压5min，然后对所有焊缝和连接部位进行初次泄漏检查，如果有泄漏，应在修补后重新进行试验。初次泄漏检查合格后，再继续缓慢升压至规定试验压力的50%，若无异常，则按规定试验压力的10%逐级增至规定试验压力，保压10min。然后降至设计压力，保压足够长的时间进行检查，检查期间压力应保持不变。如果有泄漏，修补后再按上述规定重新试验。

（3）试验介质、温度和压力

1）试验介质

① 凡在试验时不会导致发生危险的液体，在低于其沸点的温度下，都可以用作液压试验介质，一般采用水。当采用可燃性液体进行液压试验时，试验温度必须低于可燃性液体的闪点，试验场地附近不得有火源，并且须配备合适的消防器材。

② 以水为介质进行液压试验时，所用的水必须是洁净的。奥氏体不锈钢制压力容器用水进行液压试验时，水中的氯离子含量不得超过 25mg/L。

③ 气压试验一般选用干燥、洁净的空气、氮气或其他惰性气体作为试验介质。

2）试验温度。进行液压和气压试验时，试验温度（容器壁金属温度）应比容器壁金属无塑性转变温度至少高 30℃ 或按有关标准规定执行。如果由于板厚等因素造成材料无塑性转变温度升高，则应相应提高试验温度。

3）试验压力。

① 液压试验。内压容器的液压试验压力为

$$p_T = 1.25p \frac{[\sigma]}{[\sigma]'}$$

式中　p_T——试验压力最低值（MPa）；
　　　p——设计压力（MPa）；
　　　$[\sigma]$——试验温度下材料的许用应力（MPa）；
　　　$[\sigma]'$——设计温度下材料的许用应力（MPa），当 $[\sigma]/[\sigma]'$ 的值大于 1.8 时，取 1.8。

外压容器与真空容器按内压容器进行液压试验。试验压力为设计压力的 1.25 倍。

夹套容器应在图样上分别注明内筒和外筒的试验压力。对于内筒，当其设计压力为正值时，按内压容器确定试验压力；当其设计压力为负值时，按外压容器确定试验压力。夹套按内压容器确定试验压力。在确定了试验压力后，必须校核内筒在试验压力下的稳定性，如不能满足要求，则在进行夹套液压试验时，须使内筒保持一定压力，以便在整个试验过程中，内筒和夹套的压力差不超过规定值。

② 气压试验。内压容器的气压试验压力为

$$p_T = 1.1p \frac{[\sigma]}{[\sigma]'}$$

各符号的含义同液压试验压力公式。对于外压容器，试验压力为设计压力的 1.1 倍。

4. 合格条件

（1）液压试验　容器无渗漏，无可见的变形，试验过程中无异常的响声。

（2）气压试验　压力容器无异常响声，经肥皂液或其他检漏液检查无漏气，无可见的变形。

5. 气液组合压力试验

对于因承重等原因无法注满液体的压力容器，可根据承重能力先注入部分液体，然后注入气体，进行气液组合压力试验。气液组合压力试验的危险性与气压试验相当，因此，其升降压要求、安全防护要求及合格标准和气压试验完全一致。

二、泄漏试验

泄漏试验是专门检验液体或气体从承压容器中漏出或从外面渗入真空容器中的无损检测技术。随着现代工业和科学技术的发展，核工业设备和容器、化工容器和管道、冶金、航天等领域对产品、设备密封性的要求越来越高，为了保证产品的安全可靠，防止易燃、易爆、有毒、腐蚀介质的漏出，或为了获得真空，泄漏检测技术变得越来越重要。

压力容器在制造完成后进行泄漏检测是十分必要的，因为压力容器在焊接过程中会不可避免地产生各种各样的缺陷。对于一些小缺陷，如果在无损检测或耐压试验中没有发现，一旦发生泄漏，会对整个系统的生产造成影响，有时会引起有毒、有害物质泄漏到空气中，造成人畜伤亡，对于易燃易爆物质还会引起燃烧和爆炸。

泄漏检测是根据密闭容器内外存在压差时，流体能够从漏道（指气体或液体从壁的一侧渗漏到另一侧的孔洞、缝隙）渗入或渗出的原理来检测容器或系统的密封性，因此也称为致密性试验。常见的泄漏检测方法分类见表 7-5。

表 7-5 泄漏检测方法分类

名称	试验方法	应用范围
气密性试验	将焊接容器组装密封后，按设计图样规定的气密试验要求通入压缩空气，在焊缝外涂肥皂水进行检查，以不产生肥皂泡为合格	密封容器
吹气试验	用压缩空气对着焊缝的一面猛吹，焊缝的另一面涂肥皂水，以不产生气泡为合格。试验时，要求压缩空气的压力大于 405kPa，喷嘴与焊缝表面的距离不得超过 30mm	敞口容器
载水试验	将容器充满水，观察焊缝外表面，无渗水为合格	敞口容器
水冲试验	对着焊缝的一面用高压水流喷射，在焊缝的另一面观察，无渗水为合格。水流的喷射方向与试验焊缝表面的夹角不小于 70°，水管喷嘴直径在 15mm 以上，水压应使垂直面上的反射水环直径大于 400mm；检查竖直焊缝时，应从下往上移动喷嘴	大型敞口容器，如船甲板等密封焊缝的检查
沉水试验	先将容器浸到水中，再向容器内充入压缩空气，使检验焊缝位于水面 50mm 左右的深处，无气泡浮出为合格	小型容器
煤油试验	煤油的黏度小、表面张力小、渗透性强，具有可透过极小的贯穿性缺陷的能力。试验时，将焊缝表面清理干净，涂以白粉水溶液，待干燥后，在焊缝的另一面涂上煤油浸润，经 30min 后白粉无油浸为合格	敞口容器，如储存石油、汽油的固定式储器和同类型的其他产品
氨检漏试验	在检验焊缝上贴上比焊缝宽的石蕊试纸或涂料显色剂，然后向容器内通入规定压力的含氨压缩空气，保压 5~30min，检查试纸或涂料，未发现变色为合格	致密性要求较高的密封容器，如尿素设备的焊缝检验
氦检漏试验	氦气是惰性气体，不易与其他物质发生反应；氦气的密度小，能穿过微小的空隙。氦检漏试验是向被检容器充氦气或用氦气包围容器后，检查容器是否漏氦和漏氦的程度	对致密性要求很高的压力容器

按照 TSG 21—2016《固定式压力容器安全技术监察规程》的规定，对固定式压力容器应用的泄漏检测方法介绍如下，其中最为常用的是气密性试验。

1. 气密性试验

气密性试验是将容器密封，按图样规定的压力通入压缩空气，保压足够长的时间后，经检查无泄漏为合格。

气密性试验的目的是检查压力容器的致密性，包括对焊缝的检查（对接焊缝的针孔缺陷、角焊缝的焊接质量等）、对设备法兰密封性能的检查及对接管法兰密封性能的检查（管道、安全附件的连接法兰等）。

气密性试验的常见要求包括：

1）气密性试验应在液压试验合格后进行，而设计图样上要求做气压试验的压力容器是否需要再做泄漏试验，应当在设计图样上规定。

2）气密性试验所用气体应为干燥、清洁的空气、氮气或其他惰性气体。

3）进行气密性试验时，一般应将安全附件（安全阀、减压阀等）装配齐全。

4）进行气密性试验时，压力应缓慢上升，达到规定压力后，保压时间不少于30min，然后降至设计压力后保压进行泄漏试验。若有泄漏，应在修补后重新进行液压试验和气密性试验；经检查无泄漏，则设备泄漏检测合格。

5）碳素钢和低合金钢制压力容器，其试验用气体的温度根据标准规定应不低于5℃，其他材料制成的压力容器按设计图样规定的温度进行试验。

2. 气密性试验程序

1）进行气密性试验前，应清理干净容器的被检部位，不得有油污或其他杂质。用于气密性试验的气源（压缩空气或氮气）、压力表、瓶装肥皂水及其他器具，如抹布（检测前后清理设备表面）、手电筒（增强光照度，便于检测）、软棉布或毛笔（涂抹肥皂水）等均应准备妥当。

2）容器耐压试验后，不拆去联接螺栓，直接将氮气瓶通过压力表、气管连接到容器上。

3）缓慢松开氮气瓶阀门，同时观察压力表，当压力达到0.6MPa时，用肥皂水检查容器所有连接部位、密封面、焊缝，在没有泄漏的情况下继续升压到试验压力，保压时间不少于30min；同时用干净的毛笔或软棉布蘸上肥皂水，均匀地涂抹在被检处（四周都涂），全面检查容器上的所有连接部位、密封面、焊缝。过几分钟后，借助手电筒仔细观察所有连按部位、密封面、焊缝上是否有气泡产生。

4）气密性试验结束后，稍开启瓶阀放气，缓慢放气完成后，将容器表面擦干。若容器上所有连接部位、密封面、焊缝无肥皂泡产生，即表明无泄漏，则说明该容器气密性试验检测合格；若有肥皂泡出现，即表明该处有泄漏，则该容器气密性试验检测不合格，须在容器泄漏处做好明显标记，以待处理。

工匠风采

程平，华能国际电力股份有限公司国际焊接技术顶尖专家。他研制出了司太立硬质合金真空水冷堆焊修复工艺，填补了国内空白，而且推广应用于深海探测、航空航天等领域。

程平与他的团队研发的折叠式焊渣防火伞、弧光收集再利用面罩，入选首届大国工匠展示推广产品。程平团队首创的"高压阀门结合面堆焊修复"项目荣获一带一路金砖国家技能发展与技术创新大赛暨第五届"国际焊接大赛创新表演赛金奖"。2019年9月，程平带领团队发明的手工氩弧焊自动送丝器，赢得了国内外同仁广泛赞誉，再次荣获第七届嘉克杯国际焊接大赛创新表演赛特等奖。程平带领他的创新团队先后完成电力焊接技术攻关30余项，发表国家核心论文6篇，发明专利10项，获省部级职工创新奖4项，其中两项成果在首届大国工匠成果展示会和联合国第八届世界技能日主会场进行展出，并成功签约社会转化，为社会、企业转型升级做出了突出贡献。曾先后荣获"一带一路国际焊接大赛创新赛金牌"、中央企业百名杰出工匠、"全国五一劳动奖章"、泰山产业领军人才、第十五届"全国技术能手"、第十季"大国工匠"等荣誉称号。

8

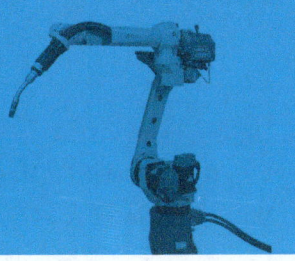

模块八
焊接机器人的离线编程及应用

技能目标：能安装离线编程软件，通过软件编写焊接程序并了解如何建立虚拟焊接机器人工作站。

素养目标：具备对前沿知识拓展的能力和自主学习的能力。

单元一　工业机器人离线编程软件的安装

学习目标及技能要求

通过本单元学习，读者可了解常见的工业机器人离线编程软件，并安装 RobotStudio 软件。

机器人离线软件有很多，按生产厂商划分的话可以分为二类，一类是机器人厂家自己开发的离线软件，另一类是第三方开发的离线软件。机器人厂家开发的软件的优点是对自家品牌的机器人兼容性比较好，缺点是只支持自己一家的品牌。第三方开发的机器人软件可以支持很多种机器人品牌，缺点就是兼容性不好，处理一些复杂的离线仿真要求往往会捉襟见肘。

一、由机器人厂家开发的软件

目前市场上机器人占有率最高的四种机器人品牌分别是：ABB 机器人，Fanuc 机器人，安川机器人，库卡机器人。这些品牌的机器人都有自己独立开发的离线编程软件，如 ABB 的 RobotStudio、Fanuc 的 ROBOGUIDE、安川的 MotoSim EG-VRC 、库卡的 KUKA Sim。还有一些国产机器人品牌，如新松、埃夫特等机器人品牌也有自己的离线编程软件。

二、第三方厂家开发的软件

1. RobotArt

RobotArt 是国内开发较好的离线编程软件，支持很多种品牌的工业机器人，如 ABB、KUKA、Fanuc、Yaskawa、史努比尔、KEBA 系列、新时达、广数等，满足一般的离线编程，效果很好。缺点是和一些工业机器人的兼容性不强，想要做一些深层次的仿真比较难。

2. FASTSUITE 飞思德

FASTSUITE 飞思德是一款德国人开发的离线编程和仿真软件，这几年刚进入国内市场，支持大部分主流品牌的工业机器人、机床和连接器，针对焊接、切割、喷涂、无损检测等不同工艺提供适用参数集和优化策略。软件有虚拟调试模块，支持多种可编程逻辑控制器。软件有中文版。

3. RobotMaster

RobotMaster 由 MasterCAM 演化而来，后面加入了机器人路径仿真，RobotMaster 继承了 MastereoCAM 强大的产品仿真能力，可以按照产品数模，生成程序，适用于切割、铣削、焊接、喷涂等。独家的优化功能，运动学规划和碰撞检测非常精确。

4. ROBCAD

ROBCAD 软件重点在支持多台机器人仿真与非机器人运动机构仿真，拥有精确的节拍仿真能力，对于路径仿真不如 RobotMaster。

另外还有一些其他的仿真软件，如 RobotWorks、DELMIA、RoboMove 等。

本书主要介绍 ABB 的 RobotStudio 软件的使用及其安装。RobotStudio 具有非常强大的机器人仿真程序设计功能，可以开发专业的机器人程序。RobotStudio 的界面非常清晰，它具有非常人性化的设计理念，可帮助用户更好地操作、编辑需要的各种程序语句，并支持各种功能，可以轻松制作一个虚拟机器人来离线编程，更好地提高我们的学习及生产效率。

以 ABB 的 RobotStudio 软件为例，其操作步骤见表 8-1。

表 8-1 操作步骤（以 ABB 的 RobotStudio 软件为例）

序号	操作步骤	操作演示	补充说明
1	解压和安装前先退出 360、电脑管家等所有杀毒软件，且 WIN10 需要关闭"设置-更新与安全-Windows 安全中心-病毒和威胁防护-管理设置-实时保护-关"，防止安装失败		
2	选中下载的压缩包，然后单击鼠标右键，选择解压到"RobotStudio6.08"		
3	打开刚刚解压的文件夹，双击打开"RobotStudiosetup"文件夹，鼠标右键单击"setup.exe"选择"以管理员身份运行"		
4	选择语言为"中文（简体）"，单击"确定"		
5	单击"下一步"		

模块八 焊接机器人的离线编程及应用

（续）

序号	操作步骤	操作演示	补充说明
6	单击"我接受…"，单击"下一步"	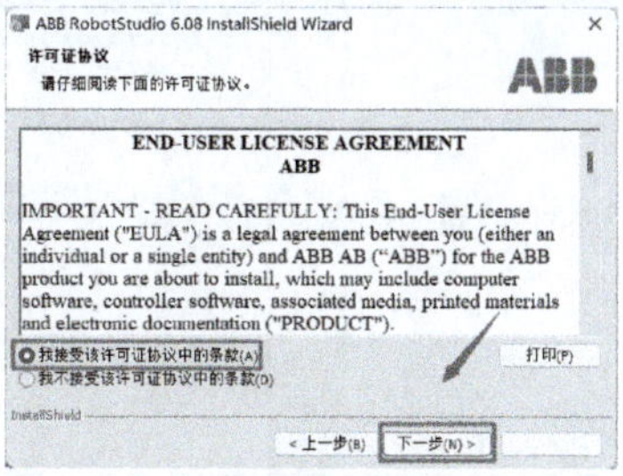	
7	单击"接受"	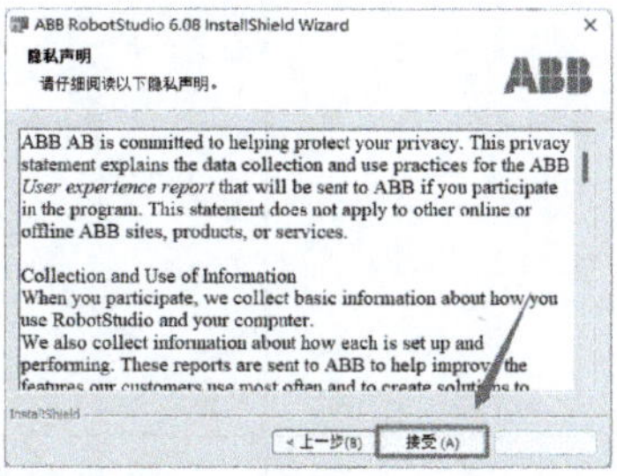	
8	单击"更改"选择软件安装路径，建议和教程中的保持一致，本例安装到D盘（将路径地址中的首字符C改为D表示安装到D盘，安装路径不要出现中文），单击"下一步"	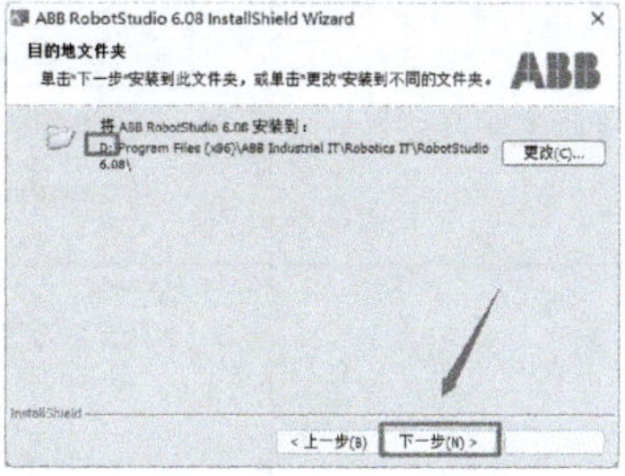	
9	单击"下一步"	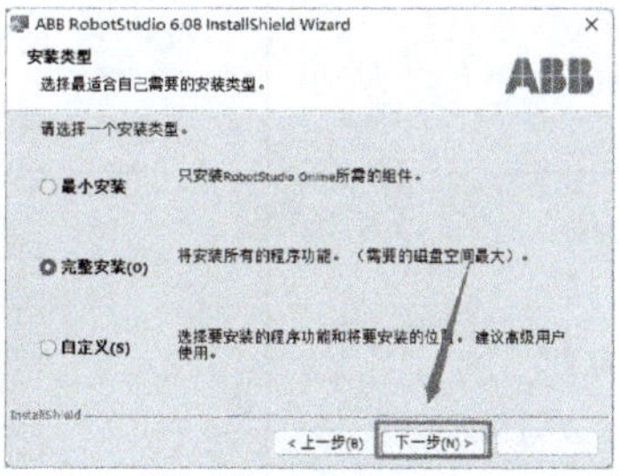	
10	单击"安装"	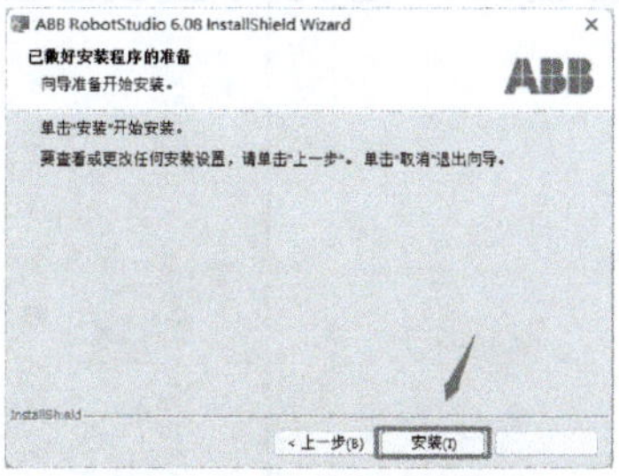	

213

（续）

序号	操作步骤	操作演示	补充说明
11	软件安装需要一些时间，请耐心等待		
12	单击"完成"		
13	返回之前解压的"RobotStudio-6.08"文件夹，双击运行"RobotStudio注册" 温馨提示：根据电脑系统对应选择运行即可		
14	单击"是"		
15	单击"确定"		
16	双击图标，运行软件		
17	安装完成		

单元二 虚拟焊接机器人工作站的建立与应用

学习目标及技能要求

本单元主要介绍如何建立虚拟焊接工作站。读者通过虚拟工作站中对机器人的学习，可有效避免在实际操作中，误操作机器人引起不必要的危险和错误，同时也为后期更好的学习离线编程打下基础。

为了更好的学习焊接机器人，让大家更加熟练的掌握焊接机器人的操作和功能。工业机器人的离线编程软件，将是非常有利的学习载体。不论你身边有没有真正的焊接机器人，都可以利用离线编程软件很好的学习。这也为操作真正的焊接机器人，打下了良好的基础。

在学习焊接机器人之前，我们必须要做好准备工作，也就是建立焊接机器人的虚拟工作站。下面以 ABB 机器人的 RobotStudio 软件为例，介绍一下建立虚拟工作站的基本步骤，详见表 8-2。

表 8-2 建立虚拟焊接机器人工作站的步骤

序号	操作步骤	操作演示	补充说明
1	双击图标打开"RobotStudio"软件		
2	单击"工作站"，更改保存位置，单击"创建"		尽量不要保存到 C 盘，且保存路径上不得出现中文字符（包括系统用户名）
3	熟悉软件的界面及利用鼠标控制视角	单击鼠标左键：选中被单击的物体 Ctrl+Shift+鼠标左键：旋转工作站 Ctrl+鼠标左键：整体移动工作站 Ctrl+鼠标右键：放大或缩小工作站	
4	单击"ABB 模型库"，选择一款机器人导入		尽量按实际选取，建议选择"IRB 1520ID"机器人

（续）

序号	操作步骤	操作演示	补充说明
5	单击"导入模型库"，选择"设备"，选择一款焊枪		建议选用头比较尖的工具，以便于后期的学习。推荐选用最下面的"MyTool"工具
6	按住鼠标左键拖动"MyTool"工具到机器人本体上		
7	对话框提示，是否更新位置，单击"是"，完成工具安装		
8	单击"ABB 模型库"，选择一款变位机导入		建议导入"IRBP A"变位机
9	选中机器人，右击鼠标选择"位置"，单击"偏移位置"		

模块八 焊接机器人的离线编程及应用

（续）

序号	操作步骤	操作演示	补充说明
10	将机器人沿着Z轴提升500mm，再重复移动命令，把变位机向X方向移动800mm		
11	转动视角，观察机器人和变位机的位置是否合适		
12	单击"建模""固体""矩形体"创建一个长方体的机器人底座		长度400mm，宽度400mm，高500mm；X和Y的角点为-200，其余均为0
13	单击"建模""固体""矩形体"创建一个长方体的机器人变位机工作平台		长度800mm，宽度800mm，高20mm；X和Y的角点为-400，其余均为0
14	安装工作平台至变位机		按住鼠标左键拖动刚建的"部件-2"焊接平台到变位机上，完成安装

217

（续）

序号	操作步骤	操作演示	补充说明
15	单击"机器人系统"，"从布局..."，生成机器人工作站的系统		
16	连续单击"下一个"，直至"系统选项"窗口		
17	单击"选项"，勾选需要增加的功能		
18	修改系统语言为中文		
19	增加"弧焊包"功能		选择"Arc"，勾选"633-4 Arc"

(续)

序号	操作步骤	操作演示	补充说明
20	单击"完成"		
21	打开"控制器"选项卡,单击"示教器""虚拟示教器"		
22	单击"虚拟控制柜",选择"手动模式",点击虚拟使动装置"Enable",观察上电灯是否常亮		
23	长按"控制杆"的方向键,观察机器人是否会运动		会运动,说明系统和机器人已经成功关联了
24	单击"导入几何体","浏览几何体"或者按住"Ctrl+G",导入工件		支持sat、stl等常用三维软件创建的模型导入

(续)

序号	操作步骤	操作演示	补充说明
25	按住鼠标左键拖动想要安装的工件到变位机，完成安装		
26	选择要调整位置的工件，单击鼠标右键，选择"位置"，通过"旋转""偏移""放置"等功能，将工件移动至合适位置		
27	完成焊接机器人工作站的建立		

完成焊接机器人工作站的建立后，就可以在虚拟工作站中模拟仿真环境，参照本书上述学习内容，在没有实际焊接机器人设备的情况下，学习各种焊接机器人的操作。

工匠风采

孔建伟，中国东方电气集团东方锅炉股份有限公司工艺部焊接管理室电焊工、室主任、焊接高级技师。他先后为公司和兄弟单位培训出合格焊工上千人次。他所带领成立的劳模创新工作室，在2013年被人力资源和社会保障部命名为国家级"孔建伟技能大师工作室"，成为东方电气集团首个国家级技能大师工作室。2014年成为四川省首个由中华全国总工会命名的"全国示范性劳模创新工作室"，享受国务院特殊津贴、获得"全国劳动模范"光荣称号，全国技术能手。

参 考 文 献

[1] 孙慧平. 焊接机器人系统操作、编程与维护 [M]. 北京：化学工业出版社，2018.
[2] 人力资源社会保障部教材办公室. 焊工（基本素质）[M]. 北京：中国劳动社会保障出版社，2019.
[3] 戴建树. 机器人焊接工艺 [M]. 北京：机械工业出版社，2019.